细说 Linux 系统管理

（第 2 版）

沈　超　编著

電子工業出版社
Publishing House of Electronics Industry
北京•BEIJING

内 容 简 介

本书在第 1 版的基础之上，全面升级为 CentOS 7.x 版本。CentOS 7.x 和旧版本 Linux 相比，变化较大，本书全面介绍了 CentOS 7.x 系统管理的相关内容。全书共 9 章，内容涵盖 Linux 系统管理所需的知识点，讲解了 Linux 日常管理操作的方方面面，由浅入深，内容全面，案例丰富，实战性强。

本书依次讲解了 Linux 的高级文件系统管理，包括磁盘配额、LVM（逻辑卷管理）和 RAID（磁盘阵列）；Shell 基础，包括 Bash 操作环境的构建、输入/输出重定向、管道符、变量的设置和使用等；Shell 编程，包括正则表达式、字符截取和替换命令、字符处理命令、条件判断、流程控制等知识，以及 Shell 编程的实例脚本演示；Linux 启动管理，包括 CentOS 7.x 系统启动过程详解、启动引导程序（Boot Loader）、系统修复模式和内核模块管理；服务管理，包括服务的分类、管理、自启动的设置等；系统管理，包括进程管理、工作管理、系统资源查看和系统定时任务；日志管理，包括日志服务 rsyslogd、日志轮替、日志分析工具；备份与恢复，包括数据备份的原理和原则、备份和恢复命令；SELinux 管理，包括 SELinux 的安装与启动管理、安全上下文管理、日志查看、策略规则等。

本书广泛适用于各种基于 Linux 平台服务部署及运维、开发的技术人员，以及大学计算机相关专业的学生，也是云计算学习的必备入门书籍。

图书在版编目（CIP）数据

细说 Linux 系统管理 / 沈超编著. —2 版. —北京：电子工业出版社，2020.3
ISBN 978-7-121-38266-6

Ⅰ. ①细… Ⅱ. ①沈… Ⅲ. ①Linux 操作系统 Ⅳ. ①TP316.85

中国版本图书馆 CIP 数据核字（2020）第 021124 号

责任编辑：李　冰　　　特约编辑：田学清
印　　刷：北京捷迅佳彩印刷有限公司
装　　订：北京捷迅佳彩印刷有限公司
出版发行：电子工业出版社
　　　　　北京市海淀区万寿路 173 信箱　　　邮编：100036
开　　本：787×1092　1/16　印张：21.5　字数：523 千字
版　　次：2018 年 1 月第 1 版
　　　　　2020 年 3 月第 2 版
印　　次：2024 年 3 月第 4 次印刷
定　　价：89.00 元

凡所购买电子工业出版社图书有缺损问题，请向购买书店调换。若书店售缺，请与本社发行部联系，联系及邮购电话：（010）88254888，88258888。

质量投诉请发邮件至 zlts@phei.com.cn，盗版侵权举报请发邮件到 dbqq@phei. com.cn。

本书咨询联系方式：libing@phei.com.cn。

前 言

2018年，我和李明老师合作，共同出版了《细说Linux基础知识》和《细说Linux系统管理》。书籍一经推出，承蒙读者厚爱。和书籍配套的“史上最牛的Linux视频”教程在B站上的浏览量超过百万，位居“Linux类”视频第一名。我们会继续努力，不断完善《细说Linux》系列图书。

今年我们对这两本书进行了改版与升级，推出了第2版。第1版和第2版的主要区别在于使用的Linux系统版本，我们从CentOS 6.x升级到了最新版本的CentOS 7.x版本。这次Linux的版本升级，内核从2.6.x升级到了3.10.x，本书超过70%的内容是重新编写的。

《细说Linux系统管理（第2版）》是《细说Linux基础知识（第2版）》的延续。《细说Linux基础知识（第2版）》主要讲解的是Linux系统的安装、基本命令、常用软件部署等基础内容。本书则从高级文件系统管理开始，涉及Shell编程、启动管理、系统管理、日志管理、备份与恢复、SELinux管理等工作中常用的系统管理知识，相对难度更高。

我在2003年开始接触与学习Linux，那时Linux技术普及度不高，我记得面试的问题是“你会用Linux吗？”就是这样的情况，我有幸进入了一家目前已经是国内二线游戏厂商龙头的上市公司，职位是Linux运维工程师。随着云计算技术的普及，更是给Linux运维工程师带来了巨大的机遇。

从2006年开始，我开始接触Linux职业教育，最开始是兼职上课，后来变成了专职的Linux讲师，最终变成了我从事十几年的事业。

在这十几年中，我们培训了超过万名的学员，录制过浏览量超过千万的爆款视频，在长期的教学实践当中，越来越发现编写一本适合初学者、思路清晰、通俗易懂、由浅入深的教材的重要性。我们立志把复杂的技术简单化，同时保持足够的深度与难度，编写一本最适合初学者学习的Linux教材。

本书是我们十几年技术与教学经验的总结，我们试图通过通俗易懂的方式、由浅入深的讲解、步骤清晰的实验，给予每位Linux初学者帮助。

最后，感谢参与本书编写的黄惠娟老师，也感谢李明老师一直以来的合作。特别感谢李冰编辑，没有她的帮助，就没有本书的面世。

由于作者水平有限，书中不足及错误之处在所难免，敬请各位读者批评指正、给予建议，联络微博：http://weibo.com/lampsc。

沈　超

2020 年 1 月 3 日

目 录

第1章 运筹帷幄，操控全盘：高级文件系统管理

学前导读

本章将讲解高级文件系统管理，主要包括磁盘配额、LVM（逻辑卷管理）和RAID（磁盘阵列）。其中，磁盘配额用来限制普通用户在分区中可以使用的磁盘容量和文件个数；LVM可以在不停机和不损失数据的情况下修改分区大小；RAID由几块硬盘或分区组成，拥有数据冗余功能，当其中的某块硬盘或分区损坏时，在硬盘或分区中保存的数据不会丢失。

本章内容

1.1 磁盘配额

1.1.1 什么是磁盘配额

磁盘配额（Quota）是指在Linux系统中，用来限制普通用户或用户组在指定的分区或目录中所占用的磁盘容量或文件个数的限制。在这个概念中，需要强调以下几个重点：

- 在EXT文件系统中（CentOS 6.x以前的版本），磁盘配额只能限制在整个分区上用户所占用的磁盘容量与文件个数，而不能限制某个目录所占用的磁盘容量；在XFS文件系

统中（CentOS 7.x 以后的版本），磁盘配额的功能增强了，不仅可以限制整个分区，也能限制目录所占用的磁盘空间大小。这是 CentOS 7.x 和 CentOS 6.x 在磁盘配额方面的不同，本书会按照 CentOS 7.x 版本进行讲解。如果需要了解 CentOS 6.x 中磁盘配额的概念，请购买本书的第 1 版。

- 如果磁盘配额是针对分区进行限制的，则限制的是用户在本分区中所占用的磁盘空间大小，限制的主体是用户。这时，只有普通用户会被限制，而超级用户不会被限制。
- 如果磁盘配额是针对目录进行限制的，则限制的是目录在本分区中所占用的磁盘空间大小，限制的主体是目录。这时，不论是超级用户还是普通用户，在目录中所占用的磁盘空间大小和文件个数都受配额限制。
- 磁盘配额既能限制用户所占用的磁盘容量大小（block），也能限制用户允许占用的文件个数（inode）。

磁盘配额在实际工作中是很常见的。比如，我们的邮箱容量不管有多大，都是有限制的，不可能无限制地存储邮件；可以上传文件的服务器也是有容量限制的；网页中的个人空间也不可能被无限制地使用。

磁盘配额就好像出租写字楼，虽然整栋楼的空间非常大，但是租用整栋楼的成本太高。我们可以分开出租，用户如果觉得不够用，还可以租用更大的空间。不过，租用是不能随便进行的，有几条规矩必须遵守：第一，我的楼是租给外来用户的（普通用户），可以租给一个人（用户），也可以租给一家公司（用户组），但是这栋楼的所有权是我的，所以不能租给我自己（root 用户）；第二，如果要租用，则只能在每层租用一定大小的空间，而不能在一个房间中再划分出子空间来租用（配额只能针对分区，而不能限制某个目录）；第三，租户既可以决定在某层租用多大的空间（磁盘容量限制），也可以在某层租用几个人员名额，这样只有这几个人员才能进入本层（文件个数限制）。

要想正常使用磁盘配额，有几个前提条件。

- 内核必须支持磁盘配额。CentOS 7.x 版本的 Linux 默认支持磁盘配额，不需要做任何修改。如果不放心，则可以查看内核配置文件，看是否支持磁盘配额。命令如下：

```
[root@localhost ~]# grep CONFIG_QUOTA  /boot/config-3.10.0-862.el7.x86_64
CONFIG_QUOTA=y
CONFIG_QUOTA_NETLINK_INTERFACE=y
# CONFIG_QUOTA_DEBUG is not set
CONFIG_QUOTA_TREE=y
CONFIG_QUOTACTL=y
CONFIG_QUOTACTL_COMPAT=y
```

可以看到，内核已经支持磁盘配额。如果内核不支持磁盘配额，就需要重新编译内核，加入 quota supper 功能。

- 如果安装启动了 SELinux（在 CentOS 7.x 中默认是安装的），那么必须关闭 SELinux，或者手工修改 SELinux 规则，否则磁盘配额功能无法正常使用。关闭 SELinux 的方法如下：

```
[root@localhost ~]# vi /etc/selinux/config
#修改SELinux配置文件
# This file controls the state of SELinux on the system.
# SELINUX= can take one of these three values:
#    enforcing - SELinux security policy is enforced.
#    permissive - SELinux prints warnings instead of enforcing.
#    disabled - No SELinux policy is loaded.
SELINUX=enforcing
#把enforcing改为disabled
# SELINUXTYPE= can take one of three two values:
#    targeted - Targeted processes are protected,
#     minimum - Modification of targeted policy. Only selected processes are
protected.
#    mls - Multi Level Security protection.
SELINUXTYPE=targeted

[root@localhost ~]# reboot
#在修改配置文件之后，重启系统（SELinux是由内核加载生效的，必须重启系统才能永久关闭）
```

- 要支持磁盘配额的分区必须开启磁盘配额功能。这项功能需要手工开启，不再是默认开启的。

1.1.2 磁盘配额中的常见概念

1. 用户配额和用户组配额

用户配额是指针对用户个人在分区中所占用磁盘空间大小和文件个数的配额，而用户组配额是指针对整个用户组的配额。如果需要限制的用户数量并不多，则可以给每个用户单独指定配额。如果需要限制的用户数量比较多，那么单独限制太过麻烦，这时先把用户加入某个用户组，然后给用户组指定配额，就会简单得多。需要注意的是，用户组中的用户是共享空间或文件个数的。也就是说，如果用户 user1、user2 和 user3 都属于 tg 用户组，给 tg 用户组分配 100MB 的磁盘空间，那么，这 3 个用户不是平均分配这 100MB 空间的，而是先到先得的，谁先占用，谁就有可能占满这 100MB 空间，后来的就没有空间可用了。

2. 目录配额

目录配额指的是限制目录在分区中占用的磁盘空间大小的限制，任何用户，包括超级用户，在此目录下写入的数据都计算在配额限制内。

3. 磁盘容量限制和文件个数限制

除了可以通过限制用户可用的 block 数量来限制用户可用的磁盘容量，也可以通过限制用户可用的 inode 数量来限制用户可以上传或新建的文件个数。

4．软限制和硬限制

软限制可以理解为警告限制，硬限制就是真正的限制了。比如，规定软限制为 100MB，硬限制为 200MB，那么，当用户使用的磁盘空间为 100～200MB 时，还可以继续上传和新建文件，但在每次登录时都会收到一条警告消息，告诉用户磁盘将满。

5．宽限时间

如果用户的磁盘占用量处于软限制和硬限制之间，那么系统会在用户登录时警告用户磁盘将满。但是这个警告不会一直发出，而是有时间限制的，这个时间就是宽限时间，默认是 7 天。如果到达宽限时间，用户的磁盘占用量仍超过软限制，那么软限制就会升级为硬限制。也就是说，如果软限制是 100MB，硬限制是 200MB，宽限时间是 7 天，此时用户占用了 120MB，那么今后 7 天，在用户每次登录时都会出现磁盘将满的警告。如果用户置之不理，那么 7 天后，对这个用户的硬限制就会变成 100MB，而不是 200MB 了。

1.1.3　用户和用户组配额的实现过程

本小节先进行用户和用户组配额实验，下一小节再来尝试目录配额实验。首先来规划一下我们的实验。

- 由于磁盘配额是用来限制普通用户在分区上所使用的磁盘容量和文件个数的，所以需要指定一个分区。那么，我们手工建立一个容量为 5GB 的/dev/sdb1 分区，把它挂载到/disk 目录当中。不建议直接用根目录来做磁盘配额，因为这样会使文件系统变得无比复杂。
- 建立需要被限制的用户和用户组。假设需要限制 user1、user2 和 user3 用户，这 3 个用户均属于 tg 用户组。
- tg 用户组的磁盘容量硬限制为 500MB，软限制为 450MB，文件个数没有限制。user1 用户为了便于测试，设定磁盘容量硬限制为 50MB，软限制为 40MB；文件个数硬限制为 10 个，软限制为 8 个。user2 和 user3 用户的磁盘容量硬限制为 300MB，软限制为 250MB，文件个数没有限制。
- 可以发现，user1、user2 和 user3 用户加起来的磁盘容量硬限制为 650MB，超过了 tg 用户组的磁盘容量硬限制 500MB。这样一来，某个用户可能还达不到自己的用户限制，而在达到用户组限制时就不能再写入数据了。也就是说，如果用户限制和用户组限制同时存在，那么，哪个限制更小，哪个限制优先生效。
- 系统宽限时间为 8 天。

规划好了实验，下面开始进行磁盘配额的设置。

1．建立要指定配额的分区

我们按照实验规划，划分容量为 5GB 的/dev/sdb1 分区（划分分区的过程在《细说 Linux

基础知识》中已经详细介绍过，在这里直接看结果），并将它挂载到/disk 目录中，然后查看这个分区。命令如下：

```
[root@localhost ~]# df  -hT
文件系统          类型          容量    已用     可用     已用%    挂载点
/dev/sda3         xfs           17G     1.3G     16G      8%       /
devtmpfs          devtmpfs      481M    0        481M     0%       /dev
tmpfs             tmpfs         492M    0        492M     0%       /dev/shm
tmpfs             tmpfs         492M    7.5M     485M     2%       /run
tmpfs             tmpfs         492M    0        492M     0%       /sys/fs/cgroup
/dev/sdb1         xfs           5.0G    33M      5.0G     1%       /disk
/dev/sda1         xfs           1014M   130M     885M     13%      /boot
tmpfs             tmpfs         99M     0        99M      0%       /run/user/0

[root@localhost ~]# mount | grep /dev/sdb1
/dev/sdb1 on /disk type xfs (rw,relatime,seclabel,attr2,inode64,noquota)
```

2．建立需要被限制的用户和用户组

命令如下：

```
[root@localhost ~]# groupadd tg
[root@localhost ~]# useradd -g tg user1
[root@localhost ~]# useradd -g tg user2
[root@localhost ~]# useradd -g tg user3
#添加测试用户组和测试用户
[root@localhost ~]# echo 123 | passwd --stdin user1
[root@localhost ~]# echo 123 | passwd --stdin user2
[root@localhost ~]# echo 123 | passwd --stdin user3
#给测试用户设定初始密码
```

建立 user1、user2 和 user3 用户，并把它们加入 tg 用户组中。

注意：如果要想测试用户组配额，那么 tg 用户组必须是 user1、user2 和 user3 用户的初始组，用户组配额才能生效；否则用户组配额不起作用。

3．在分区上开启磁盘配额功能

在 CentOS 6.x 以前的系统中，可以通过“mount -o remount,usrquota,grpquota /disk”命令来临时开启分区的磁盘配额功能。但是，在 CentOS 7.x 中，磁盘配额功能是在挂载的时候就生效的，不能再通过 remount 选项来临时开启磁盘配额功能。只能通过先修改/etc/fstab 文件开启磁盘配额功能，然后卸载分区，再重新挂载分区的方式来开启磁盘配额功能。命令如下：

```
[root@localhost ~]# vi /etc/fstab
/dev/sdb1    /disk        xfs     defaults,usrquota,grpquota         0 0
#修改/etc/fstab 文件
```

注意：这里加入的是“usrquota”和“grpquota”这样两个不常见的缩写单词，中间用逗号隔开。在修改/etc/fstab 文件时一定要小心，因为一旦改错，就有可能导致系统无法正常启动。

解释一下/etc/mtab 和/etc/fstab 这两个文件的区别：在/etc/mtab 文件中记录的是操作系统已经挂载的文件系统（分区），包括操作系统建立的虚拟文件系统；而在/etc/fstab 文件中记录的是操作系统准备挂载的文件系统，也就是在下次启动后系统会挂载的文件系统，所以，如果磁盘配额功能是永久生效的，就应该修改这个文件。

在开启分区的磁盘配额功能之后，还需要卸载分区，再重新挂载分区。命令如下：

```
[root@localhost ~]# umount  /dev/sdb1
#卸载分区
[root@localhost ~]# mount -a
#挂载分区
```

4. 设置磁盘配额

在 CentOS 7.x 中，如果按照旧版本的方式，使用 quotacheck 命令来生成配额文件，就会报错。我们来试试：

```
[root@localhost ~]# quotacheck -avug
quotacheck: Skipping /dev/sdb1 [/disk]
quotacheck: Cannot find filesystem to check or filesystem not mounted with quota
option.
```

注意：这里的报错英文原意是“找不到检测的文件系统或文件系统没有挂载磁盘配额选项”。很多读者以为引起这个报错的原因是分区没有开启磁盘配额功能，或者内核没有开启磁盘配额模块。其实都不是，真实的原因是 XFS 文件系统不再使用 quotacheck 命令来进行磁盘配额，而需要使用 xfs_quota 命令来进行磁盘配额。

下面介绍 xfs_quota 命令。这个命令比较复杂，先来看看通用的命令格式。

```
[root@localhost ~]# xfs_quota -x -c "命令" [挂载点]
选项:
    -x:          专家模式。要想用-c 来指定命令，必须使用专家模式
    -c "命令":   通过命令来实现配额、查看配额
命令:
    limit:       设置用户与用户组配额
    timer:       设置宽限时间
    project:     设置目录配额
    report:      列出磁盘配额的限制值。主要用于查看磁盘配额的限制值，以及使用情况
    state:       列出配额状态。主要用于查看分区是否开启了磁盘配额功能，以及查看宽限时间
    print:       打印命令。用于打印文件系统（分区）的基本情况
    df:          列出文件系统的使用情况。和系统命令 df 非常类似，支持的选项也类似
    disable:     暂时关闭磁盘配额功能
```

```
    enable:      开启磁盘配额功能。可以开启使用 disable 命令关闭的磁盘配额功能
    off:         完全关闭磁盘配额功能。在使用 off 命令关闭磁盘配额功能之后，不能使用 enable 命
                 令开启，必须在卸载分区之后重新挂载分区才能再次开启。如果只是需要关闭磁盘配额功
                 能，则使用 disable 命令。只有在需要使用 remove 命令时才会用到 off 命令
    remove:      删除磁盘配额的配置，需要在 off 状态下进行
```

xfs_quota 命令确实比较复杂，我们逐个命令来使用。先来看看如何设置用户与用户组配额，需要使用 xfs_quota 命令中的 limit 命令。

```
[root@localhost ~]# xfs_quota -x -c "limit [选项] 用户名/用户组名" [挂载点]
limit 命令的选项：
    -u:          设置用户配额
    -g:          设置用户组配额
    -p:          设置目录配额
    bsoft=n:     block 软限制，可以指定单位
    bhard=n:     block 硬限制，可以指定单位
    isoft=n:     inode 软限制
    ihard=n:     inode 硬限制
```

知道了 xfs_quota 命令中 limit 命令的格式，就可以按照实验规划来设置我们的配额实验了。先设置用户配额。

```
[root@localhost ~]# xfs_quota -x -c "limit -u bsoft=40M bhard=50M isoft=8
ihard=10 user1" /disk
#设置 user1 用户在/disk 分区中，磁盘容量软限制为 40MB，硬限制为 50MB
#文件个数软限制为 8 个，硬限制为 10 个
[root@localhost ~]# xfs_quota -x -c "limit -u bsoft=250M bhard=300M user2" /disk
[root@localhost ~]# xfs_quota -x -c "limit -u bsoft=250M bhard=300M user3" /disk
#设置 user2 和 user3 用户在/disk 分区中，磁盘容量软限制为 250MB，硬限制为 300MB
#文件个数不限制
```

再设置用户组配额。

```
[root@localhost ~]# xfs_quota -x -c "limit -g bsoft=450M bhard=500M tg" /disk
#设置 tg 用户组在/disk 分区中，磁盘容量软限制为 450MB，硬限制为 500MB
#文件个数不限制
```

5. 查看磁盘配额

在 xfs_quota 命令中，先来看一下用于查看的命令的常见选项。

```
[root@localhost ~]# xfs_quota -x -c "查看命令" [挂载点]
查看命令：
    report:      列出磁盘配额的限制值。主要用于查看磁盘配额的限制值，以及使用情况
        -u:      查看用户配额
        -g:      查看用户组配额
        -p:      查看目录配额
```

```
    -b:       查看 block 限制的大小
    -i:       查看 inode 限制的大小
    -h:       人性化显示
  state:      列出配额状态。主要用于查看分区是否开启了磁盘配额功能，以及查看宽限时间
  print:      打印命令。用于打印文件系统（分区）的基本情况
  df:         列出文件系统的使用情况。和系统命令 df 非常类似，支持的选项也类似
    -h:       人性化显示
```

例子 1：查看用户配额的限制值。

```
[root@localhost ~]# xfs_quota -x -c "report -ubih" /disk/
#查看用户配额的限制值
User quota on /disk (/dev/sdb1)
                    Blocks                            Inodes
User ID      Used   Soft   Hard Warn/Grace     Used   Soft   Hard Warn/Grace
---------- --------------------------------- ---------------------------------
root           0      0      0   00 [------]      3      0      0  00 [------]
user1          0    40M    50M   00 [------]      0      8     10  00 [------]
user2          0   250M   300M   00 [------]      0      0      0  00 [------]
user3          0   250M   300M   00 [------]      0      0      0  00 [------]
#用户名             block 限制情况                     inode 限制情况
```

这里查看的信息分为 Blocks 和 Inodes 两部分，每部分都包含 4 项内容。

- Used：当前用户已经占用的 block/inode。
- Soft：block/inode 的软限制。
- Hard：block/inode 的硬限制。
- Warn/Grace：系统宽限时间。

例子 2：查看用户组配额的限制值。

要想查看用户组配额的限制值，只要把“-u”选项替换为“-g”选项即可。

```
[root@localhost ~]# xfs_quota -x -c "report -gbih" /disk/
Group quota on /disk (/dev/sdb1)
                    Blocks                            Inodes
Group ID     Used   Soft   Hard Warn/Grace     Used   Soft   Hard Warn/Grace
---------- --------------------------------- ---------------------------------
root           0      0      0  00 [------]      3      0      0  00 [------]
tg             0   450M   500M  00 [------]      0      0      0  00 [------]
#用户组名           block 限制情况                     inode 限制情况
```

例子 3：查看分区的配额开启状态。

```
[root@localhost ~]# xfs_quota -x -c "state" /disk/
User quota state on /disk (/dev/sdb1)
  Accounting: ON
```

```
  Enforcement: ON
  Inode: #67 (2 blocks, 2 extents)
#/disk 分区开启了用户配额功能
Group quota state on /disk (/dev/sdb1)
  Accounting: ON
  Enforcement: ON
  Inode: #68 (2 blocks, 2 extents)
#/disk 分区开启了用户组配额功能
Project quota state on /disk (/dev/sdb1)
  Accounting: OFF
  Enforcement: OFF
  Inode: #68 (2 blocks, 2 extents)
#/disk 分区没有开启目录配额功能
Blocks grace time: [7 days]
Inodes grace time: [7 days]
Realtime Blocks grace time: [7 days]
#宽限时间
```

例子 4：查看分区的挂载参数。

```
[root@localhost ~]# xfs_quota -x -c "print" /disk/
Filesystem          Pathname
/disk              /dev/sdb1 (uquota, gquota)
#查看分区的挂载参数
```

例子 5：查看磁盘配额分区的空间使用情况。

这个命令的作用和系统命令 df 的作用基本类似，而且也支持“-h”选项。

```
[root@localhost ~]# xfs_quota -x -c "df -h" /disk/
Filesystem     Size   Used  Avail Use% Pathname
/dev/sdb1      5.0G  32.2M   5.0G   1% /disk
#命令的输出结果也和系统命令 df 的输出结果非常类似
```

6. 设置宽限时间

设置宽限时间需要使用 xfs_quota 命令中的 timer 命令。命令格式如下：

```
[root@localhost ~]# xfs_quota -x -c "timer [-u|-g|-p] [-bir] ndays" [挂载点]
timer 命令的选项：
    -u:      用户配额
    -g:      用户组配额
    -p:      目录配额
    -b:      block 限制
    -i:      inode 限制
    -r:      实时块限制
```

宽限时间默认是 7 天，一般不需要修改。如果真要修改，则可以使用如下命令：

```
[root@localhost ~]# xfs_quota -x -c "timer -ub 8days" /disk/
#修改 block 的宽限时间为 8 天

[root@localhost ~]# xfs_quota -x -c "state" /disk/
#查看分区的配额状态
User quota state on /disk (/dev/sdb1)
  Accounting: ON
  Enforcement: ON
  Inode: #67 (2 blocks, 2 extents)
Group quota state on /disk (/dev/sdb1)
  Accounting: ON
  Enforcement: ON
  Inode: #68 (2 blocks, 2 extents)
Project quota state on /disk (/dev/sdb1)
  Accounting: OFF
  Enforcement: OFF
  Inode: #68 (2 blocks, 2 extents)
Blocks grace time: [8 days]
Inodes grace time: [7 days]
Realtime Blocks grace time: [7 days]
#block 的宽限时间已经修改
```

7. 测试配额是否生效

磁盘配额设置成功后，需要测试一下，看看是否生效。首先需要修改/disk 分区的权限，让 user1、user2 和 user3 用户对这个分区拥有写入权限。命令如下：

```
[root@localhost ~]# chgrp tg /disk/
#修改/disk 分区的所属组为 tg 用户组
[root@localhost ~]# chmod 775 /disk/
#修改权限
[root@localhost ~]# ll -d /disk/
drwxrwxr-x. 2 root tg 6 5月  15 08:51 /disk/
#查看
```

- 测试 user1 用户的磁盘配额限制。

先尝试一下文件个数限制，看看是否被限制。针对 user1 用户，磁盘容量硬限制为 50MB，软限制为 40MB；文件个数硬限制为 10 个，软限制为 8 个。验证一下：

```
[root@localhost ~]# su - user1
#切换为 user1 用户
[user1@localhost ~]$ cd /disk/
#进入测试分区
```

```
[user1@localhost disk]$ touch {1..11}.txt
touch: 无法创建"11.txt": 超出磁盘限额
#尝试创建 1.txt~11.txt 共 11 个空文件，可以发现在创建 11.txt 文件时报错
[user1@localhost disk]$ ls
10.txt  1.txt  2.txt  3.txt  4.txt  5.txt  6.txt  7.txt  8.txt  9.txt
#只创建了 10 个文件，可以看到文件个数限制已经生效
```

既然文件个数限制已经生效，那么我们来查看一下。命令如下：

```
[root@localhost ~]# xfs_quota -x -c "report -ubih" /disk/
#在查看的时候记得切换回 root 身份
User quota on /disk (/dev/sdb1)
                        Blocks                          Inodes
User ID      Used   Soft   Hard  Warn/Grace     Used   Soft   Hard  Warn/Grace
---------- --------------------------------- ---------------------------------
root           0      0      0  00 [0 days]       3      0      0  00 [------]
user1          0    40M    50M  00 [------]      10      8     10  00 [6 days]
user2          0   250M   300M  00 [------]       0      0      0  00 [------]
user3          0   250M   300M  00 [------]       0      0      0  00 [------]
#user1 用户的文件个数已经占满 10 个，宽限时间也开始计算了
```

再测试针对 user1 用户的磁盘容量限制是否生效。命令如下：

```
[root@localhost ~]# su - user1
#切换为 user1 用户
[user1@localhost ~]$ cd /disk/
#进入测试分区
[user1@localhost disk]$ rm -rf 10.txt
#删除 10.txt 文件，否则文件个数占满，无法写入其他文件
[user1@localhost disk]$ dd if=/dev/zero of=test bs=1M count=60
#if 用于定义输入项，of 用于定义输出项，bs 用于指定一次写入多少数据，count 用于指定共写入多少次
#尝试创建一个大小为 60MB 的文件。如果磁盘容量限制成功，则文件大小会被限制在 50MB 以内
dd: 写入"test" 出错: 超出磁盘限额                        ←报错，超出磁盘限额
记录了 51+0 的读入
记录了 50+0 的写出
52428800 字节(52 MB)已复制，1.63017 秒，32.2 MB/秒

[user1@localhost disk]$ ll -h test
-rw-rw-r--. 1 user1 user1 50M 5月  16 13:58 test
#限制成功，test 文件的大小只有 50MB
```

既然磁盘容量限制已经生效，那么我们来查看一下。命令如下：

```
[root@localhost ~]# xfs_quota -x -c "report -ubih" /disk/
#在查看的时候记得切换回 root 身份
[root@localhost ~]# xfs_quota -x -c "report -ubih" /disk/
```

```
User quota on /disk (/dev/sdb1)
                    Blocks                              Inodes
User ID      Used   Soft   Hard Warn/Grace      Used   Soft   Hard Warn/Grace
---------- -------------------------------- ---------------------------------
root            0      0      0  00 [0 days]     3      0      0  00 [------]
user1         50M    40M    50M  00 [7 days]    10      8     10  00 [6 days]
user2           0   250M   300M  00 [------]     0      0      0  00 [------]
user3           0   250M   300M  00 [------]     0      0      0  00 [------]
#user1 用户的 block 限制已经占满 50MB 的硬限制了，宽限时间也开始计时了
```

- 测试其他用户的磁盘配额限制。

针对 tg 用户组的磁盘容量硬限制为 500MB，软限制为 450MB，文件个数没有限制。针对 user2 和 user3 用户的磁盘容量硬限制为 300MB，软限制为 250MB，文件个数没有限制。这样一来，针对 user1+user2+user3 用户的磁盘容量硬限制为 650MB，超出了针对 tg 用户组的磁盘容量硬限制 500MB。

我们来看看会出现什么情况。先测试针对 user2 用户的磁盘容量限制。命令如下：

```
[root@localhost ~]# su - user2
#切换为 user2 用户
[user2@localhost ~]$ cd /disk/
#进入被限制的目录
[user2@localhost disk]$ dd if=/dev/zero of=test2.txt bs=1M count=310
#尝试创建一个大小大于 300MB 的文件，看看是否限制成功
dd: 写入"test2.txt" 出错: 超出磁盘限额                      ←报错，超出磁盘限额
记录了 301+0 的读入
记录了 300+0 的写出
314572800 字节(315 MB)已复制，9.03108 秒，34.8 MB/秒
 [user2@localhost disk]$ ll -h test2.txt
-rw-rw-r--. 1 user2 user2 300M 5月  16 14:26 test2.txt
#查看文件，文件大小被限制在 300MB 以内
```

再查看组配额限制。命令如下：

```
[root@localhost ~]# xfs_quota -x -c "report -gbih" /disk/
Group quota on /disk (/dev/sdb1)
                    Blocks                              Inodes
Group ID     Used   Soft   Hard Warn/Grace      Used   Soft   Hard Warn/Grace
---------- -------------------------------- ---------------------------------
root            0      0      0  00 [0 days]     2      0      0  00 [------]
tg           350M   450M   500M  00 [------]    12      0      0  00 [------]
#可以发现 tg 用户组的组配额已经被占用了 350MB
```

接下来看看 user3 用户是否可以写满 300MB。如果 user3 用户只能写入 150MB，就证明组配额已经生效。另外，组配额不是平均分配空间的，而采用的是先到先得的原则。我们试试：

```
[root@localhost ~]# su - user3
[user3@localhost ~]$ cd /disk/
[user3@localhost disk]$  dd if=/dev/zero of=test3.txt bs=1M count=310
#尝试写入大小为 310MB 的文件
[user3@localhost disk]$ ll -h test3.txt
-rw-r--r--. 1 user3 tg 150M 5月  16 14:54 test3.txt
#最终 test3.txt 文件的大小只有 150MB，证明组配额生效了
```

最终 test3.txt 文件的大小只有 150MB，证明组配额确实生效了。查看一下组配额的情况，命令如下：

```
[root@localhost ~]# xfs_quota -x -c "report -gbih" /disk/
Group quota on /disk (/dev/sdb1)
                         Blocks                              Inodes
Group ID     Used   Soft   Hard Warn/Grace       Used   Soft   Hard Warn/Grace
---------- --------------------------------- ---------------------------------
root            0      0      0  00 [0 days]      2      0      0  00 [------]
tg           500M   450M   500M  00 [7 days]      13      0      0  00 [------]
#可以看到 tg 用户组的磁盘容量限制已经占满，宽限时间也开始计算了
```

8．关闭或删除配额

如果需要关闭磁盘配额功能，或者需要删除配额选项，则可以使用以下命令。

```
[root@localhost ~]# xfs_quota -x -c "命令"[挂载点]
命令：
   disable:       暂时关闭磁盘配额功能
       -u:        用户配额（以下命令都支持这 3 个选项）
       -g:        用户组配额
       -p:        目录配额
   enable:        开启磁盘配额功能。可以开启使用 disable 命令关闭的磁盘配额功能
   off:           完全关闭磁盘配额功能。在使用 off 命令关闭磁盘配额功能之后，不能使用 enable 命
                  令开启，必须在卸载分区之后重新挂载分区才能再次开启。如果只是需要关闭磁盘配额功
                  能，则使用 disable 命令。只有在需要使用 remove 命令时才会用到 off 命令
   remove:        删除磁盘配额的配置，需要在 off 状态下进行
```

如果需要暂时关闭磁盘配额功能，但是不清除配额的各项限制，则可以直接使用 disable 命令关闭，也可以使用 enable 命令重新开启。

```
[root@localhost ~]# xfs_quota -x -c "disable -ug" /disk/
#暂时关闭用户和用户组配额
[root@localhost ~]# xfs_quota -x -c "state" /disk/
User quota state on /disk (/dev/sdb1)
  Accounting: ON
  Enforcement: OFF                              ←暂时关闭
  Inode: #67 (2 blocks, 2 extents)
```

```
Group quota state on /disk (/dev/sdb1)
  Accounting: ON
  Enforcement: OFF                               ←暂时关闭
  Inode: #68 (2 blocks, 2 extents)
Project quota state on /disk (/dev/sdb1)
  Accounting: OFF
  Enforcement: OFF
  Inode: #68 (2 blocks, 2 extents)
Blocks grace time: [8 days]
Inodes grace time: [7 days]
Realtime Blocks grace time: [7 days]

[root@localhost ~]# xfs_quota -x -c "enable -ug" /disk/
#重新开启磁盘配额功能
```

先使用 disable 命令关闭磁盘配额功能，再使用 enable 命令重新开启，是不影响配额限制的。查看一下，配额限制依然正常。

```
[root@localhost ~]# xfs_quota -x -c "report -ubih" /disk/
User quota on /disk (/dev/sdb1)
                        Blocks                              Inodes
User ID      Used   Soft   Hard Warn/Grace     Used   Soft   Hard Warn/Grace
---------- --------------------------------- ---------------------------------
root            0      0      0  00 [0 days]      3      0      0  00 [------]
user1         50M    40M    50M  00 [7 days]     10      8     10  00 [6 days]
user2        300M   250M   300M  00 [7 days]      1      0      0  00 [------]
user3        150M   250M   300M  00 [------]      1      0      0  00 [------]
#各项配额限制依然存在
```

如果想要删除配额限制，就需要先使用 off 命令彻底关闭磁盘配额功能，再使用 remove 命令删除配额限制。我们试试：

```
[root@localhost ~]# xfs_quota -x -c "off -ug" /disk/
#彻底关闭磁盘配额功能
[root@localhost ~]# xfs_quota -x -c "remove -ug" /disk/
#清除用户和用户组配额
[root@localhost ~]# umount  /dev/sdb1
#卸载
[root@localhost ~]# mount -a
#按照/etc/fstab 文件重新挂载分区
[root@localhost ~]# xfs_quota -x -c "report -ubih" /disk/
User quota on /disk (/dev/sdb1)
                        Blocks                              Inodes
User ID      Used   Soft   Hard Warn/Grace     Used   Soft   Hard Warn/Grace
---------- --------------------------------- ---------------------------------
```

```
root          0       0       0  00 [------]       3       0       0  00 [------]
user1       50M       0       0  00 [------]      10       0       0  00 [------]
user2      300M       0       0  00 [------]       1       0       0  00 [------]
user3      150M       0       0  00 [------]       1       0       0  00 [------]
#查看配额，发现配额限制消失
```

1.1.4 目录配额的实现过程

目录配额是 XFS 文件系统中新增的功能，限制的是目录在本分区中占用的磁盘空间大小，限制的主体是目录。这时，不论是超级用户还是普通用户，在目录中占用的磁盘空间大小和文件个数都受配额限制。也就是说，目录配额可以限制超级用户。

1. 在分区上开启目录配额功能

首先需要开启分区的目录配额项。在之前的实验中已经清除了用户和用户组配额，在这里重新配置目录配额。

```
[root@localhost ~]# vi /etc/fstab
/dev/sdb1               /disk           xfs     defaults,prjquota       0 0
#修改/etc/fstab 文件，注意不要写错文件名
[root@localhost ~]# umount  /dev/sdb1
#卸载
[root@localhost ~]# mount -a
#按照/etc/fstab 文件重新挂载
[root@localhost ~]# mount | grep /dev/sdb1
/dev/sdb1 on /disk type xfs (rw,relatime,seclabel,attr2,inode64,prjquota)
#查看/dev/sdb1 分区的挂载属性，目录配额功能已经开启
```

2. 给目录设置项目名称和项目 ID

如果需要做目录配额，则需要给目录起一个项目名称和项目 ID，而且需要写入/etc/projects 和/etc/projid 这两个文件中。需要注意的是，这两个文件默认不存在，需要手工建立。注意不要写错文件名，否则实验会失败。

既然限制的是目录，就不能直接限制/disk 目录了，因为/disk 是一个独立的分区。建立一个测试目录/disk/quota。

```
[root@localhost ~]# mkdir /disk/quota
#建立要限制的测试目录，目录名可以自定义
[root@localhost ~]# echo "11:/disk/quota" >> /etc/projects
#建立项目 ID 和目录名的对应关系，项目 ID 可以自定义
[root@localhost ~]# echo "scquota:11" >> /etc/projid
#建立项目名称和项目 ID 的对应关系，项目名称可以自定义
```

3. 初始化项目名称

初始化项目名称需要使用 xfs_quota 命令中的 project 命令，我们来看看这个命令。

```
[root@localhost ~]# xfs_quota -x -c "project [选项] 项目名"
选项:
    -s:      初始化项目名称
```

我们试一下：

```
[root@localhost ~]# xfs_quota -x -c "project -s scquota"
Setting up project scquota (path /disk/quota)...
Processed 1 (/etc/projects and cmdline) paths for project scquota with recursion
depth infinite (-1).
#初始化项目名称，命令会有提示，是正常内容
```

接下来就可以查看目录配额功能了。

```
[root@localhost ~]# xfs_quota -x -c "print" /disk
Filesystem          Pathname
/disk               /dev/sdb1 (pquota)
/disk/quota         /dev/sdb1 (project 11, scquota)
#可以看到项目 ID 是 11，项目名称是 scquota
```

4. 设置目录配额限制

给实验目录/disk/quota 设置磁盘容量硬限制为 500MB，软限制为 450MB。设置目录配额限制的命令依然是 xfs_quota 命令中的 limit 命令，选项也和之前的选项一致。

```
[root@localhost ~]# xfs_quota -x -c "limit -p bsoft=450M bhard=500M scquota"
/disk
#设置目录配额
#-p      设置目录配额
```

设置配额之后的查看方法也和之前的查看方法是一致的。例如：

```
[root@localhost ~]# xfs_quota -x -c "report -pbih" /disk
#查看目录在/disk 分区上占用的配额情况
#-p      查看目录配额
Project quota on /disk (/dev/sdb1)
                        Blocks                            Inodes
Project ID   Used   Soft   Hard  Warn/Grace     Used   Soft   Hard  Warn/Grace
---------- --------------------------------- ---------------------------------
scquota         0   450M   500M  00 [------]       1      0      0  00 [------]
#限制的主体不再是用户，而是目录对应的项目名称
```

5. 测试目录配额

目录配额限制的是目录在本分区中占用的磁盘空间大小，限制的主体是目录。所以，不论

是什么身份，哪怕是 root 用户写入也会受到限制。下面用 root 用户来测试一下。

```
[root@localhost quota]#dd if=/dev/zero of=/disk/quota/test.root bs=1M count=510
#尝试写入大小为 510MB 的文件
dd: 写入"/disk/quota/test.root" 出错: 设备上没有空间
记录了 501+0 的读入
记录了 500+0 的写出
524288000 字节(524 MB)已复制, 2.16906 秒, 242 MB/秒
#目录配额生效
[root@localhost quota]# ll -h /disk/quota/test.root
-rw-r--r--. 1 root root 500M 5月  16 16:37 /disk/quota/test.root
#最终写入的文件大小只有 500MB，目录配额生效了
```

1.2 LVM（逻辑卷管理）

在实际使用 Linux 服务器的时候，总会遇到一个让人头疼的问题：分区到底应该分多大呢？分得太大，会浪费硬盘空间；分得太小，又会面临分区不够用的情况。如果在安装系统时规划不合理，这种困扰就会经常出现。如果真出现了分区不够用的情况，应该怎么解决呢？在以往（2.4 内核以前）要想调整分区大小，要么先新建一个更大的分区，然后复制旧分区中的内容到新分区，最后使用软链接来替代旧分区；要么使用调整分区大小的工具（如 parted）。parted 虽然可以调整分区大小，但是要在卸载分区之后才可以进行，也就是说，需要停止服务。LVM 最大的好处就是可以随时调整分区大小，分区中的现有数据不会丢失，并且不需要卸载分区、停止服务。

1.2.1 LVM 的概念

LVM 是 Logical Volume Manager 的简称，译为中文就是逻辑卷管理。它是 Linux 系统对硬盘分区的一种管理机制。LVM 先在硬盘分区之上建立一个逻辑层，这个逻辑层让多块硬盘或多个分区看起来像一块逻辑硬盘，然后将这块逻辑硬盘分成逻辑卷使用，从而大大提高了分区的灵活性。我们把真实的物理硬盘或分区称作物理卷（Physical Volume，PV）；由多个物理卷组成一块大的逻辑硬盘，叫作卷组（Volume Group，VG）；将卷组划分成多个可以使用的分区，叫作逻辑卷（Logical Volume，LV）。在 LVM 中，保存数据的最小单元不再是 block，而是物理扩展（Physical Extend，PE）。我们通过图 1-1 来看看这些概念之间的联系。

- 物理卷：可以把分区或整块硬盘划分成物理卷。如果把分区划分成物理卷，则需要把分区 ID 改为 8e00（LVM 的标识 ID）。如果把整块硬盘划分成物理卷，则可以直接划分，不需要提前把整块硬盘划分成一个分区。
- 卷组：将多个物理卷合起来就组成了卷组。组成同一个卷组的物理卷既可以是同一块硬

盘上的不同分区，也可以是不同硬盘上的不同分区。可以把卷组想象为一块逻辑硬盘。

- 逻辑卷：卷组是一块逻辑硬盘，硬盘必须在分区之后才能使用，我们把这个分区称作逻辑卷。逻辑卷可以被格式化和写入数据。可以把逻辑卷想象为分区。
- 物理扩展：PE 是用来保存数据的最小单元，我们的数据实际上都是被写入 PE 当中的。PE 的大小是可以配置的，默认为 4MB。不要把 PE 和 block 搞混了，block 是在格式化的时候写入文件系统时划分的，而 PE 是在划分 VG 的时候划分的。

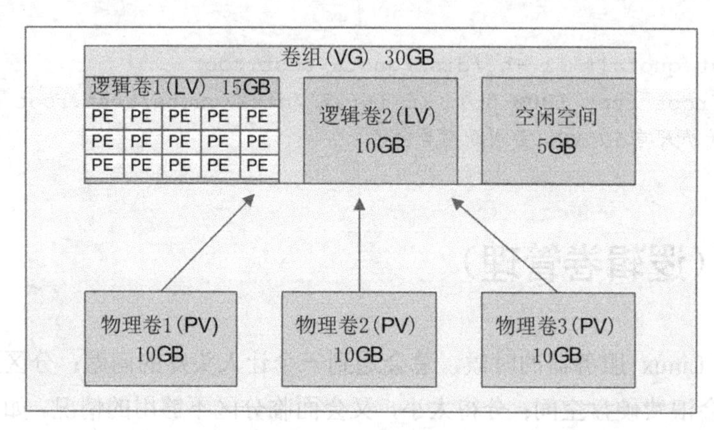

图 1-1 LVM 示意图

也就是说，在建立 LVM 的时候，需要按照以下步骤进行：

（1）把物理硬盘划分成分区，并把分区 ID 改为 8e00。当然也可以直接使用整块硬盘。如果直接使用整块硬盘，则不需要把硬盘提前分区。

（2）把物理分区建立成物理卷。也可以直接把整块硬盘建立成物理卷。

（3）把物理卷整合为卷组。在建立卷组的时候需要划分 PE，默认大小为 4MB。卷组可以动态地调整大小。既可以把物理分区加入卷组中，也可以把物理分区从卷组中删除。

（4）把卷组再划分成逻辑卷。逻辑卷也是可以直接调整大小的。

（5）这时，逻辑卷就可以直接被当作分区来使用了。需要把逻辑卷格式化，之后挂载，就可以存储数据了。

其实，在采用图形界面安装 Linux 系统时就可以直接把硬盘配置成 LVM（RAID 也可以在安装时直接配置），但在当时我们只分配了基本分区。那是因为 LVM 最主要的作用是调整分区大小，所以，就算在安装 Linux 系统时已经安装了 LVM，我们仍然需要学习 LVM 的命令。下面我们就一步一步地实现 LVM。

1.2.2 在采用图形界面安装 Linux 系统时建立 LVM

还记得我们在安装 Linux 系统的时候只分配了基本分区吗？其实，在安装 Linux 系统的过程中，采用图形界面也是可以建立 LVM 的。采用光盘启动图形安装界面的方法，进入“安装信息摘要”界面，如图 1-2 所示。

图 1-2　安装信息摘要

在“安装信息摘要”界面上选择“安装位置”，进入“安装目标位置”界面，如图 1-3 所示。

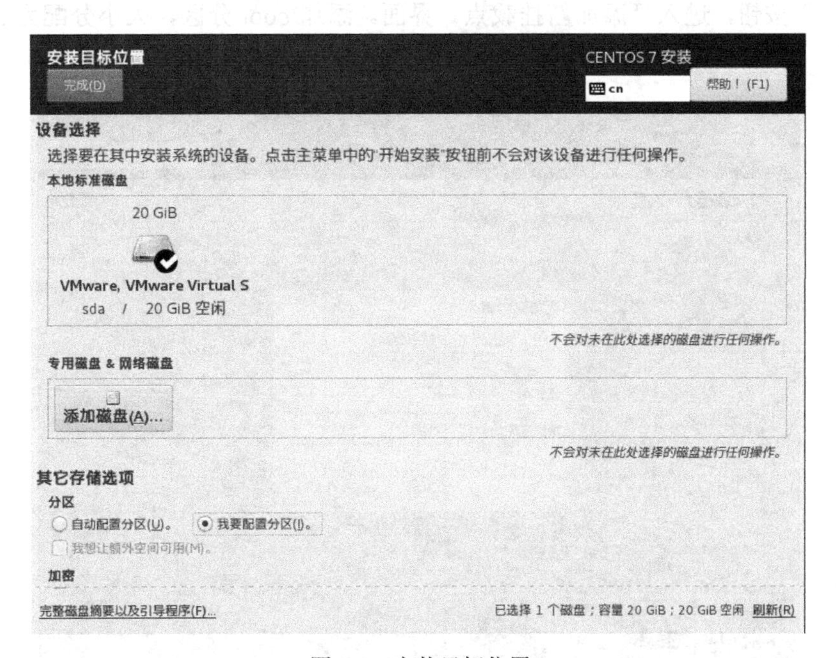

图 1-3　安装目标位置

在“安装目标位置”界面上选择“我要配置分区”单选按钮，然后单击“完成”按钮，进入“手动分区”界面，如图 1-4 所示。

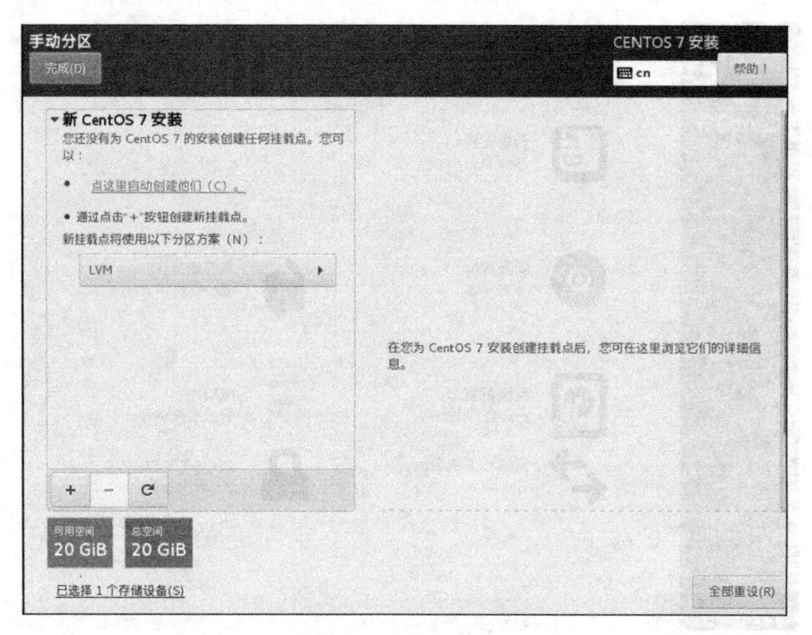

图 1-4　手动分区 1

在“手动分区”界面中，把“新挂载点将使用以下分区方案”选择为“LVM”。

单击“+”按钮，进入“添加新挂载点”界面。添加/boot 分区，大小分配为 500MB，如图 1-5 所示。

图 1-5　添加新挂载点 1

单击“添加挂载点”按钮，/boot 分区分配完成，返回“手动分区”界面，如图 1-6 所示。

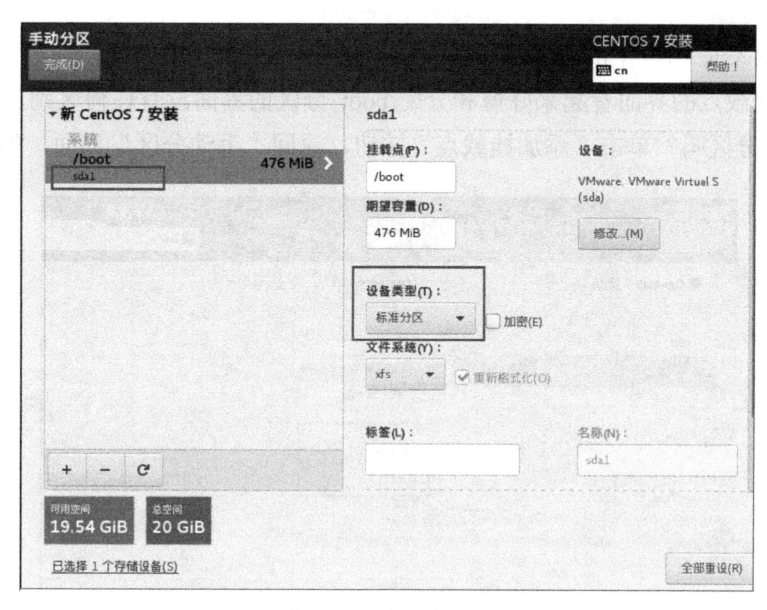

图 1-6　手动分区 2

这时我们会发现，明明选择的是 LVM 分区方案，但/boot 分区依然是“标准分区”，设备文件名依然是/sda1。

需要注意的是，就算选择的是 LVM 分区方案，在启动/boot 分区时也必须使用标准分区，而不能使用 LVM 分区，否则系统会报错。所以要先建立一个标准分区作为/boot 分区，后续的分区才能使用 LVM 分区。

再次单击“+”按钮，接着进入“添加新挂载点”界面，添加 swap 分区，如图 1-7 所示。

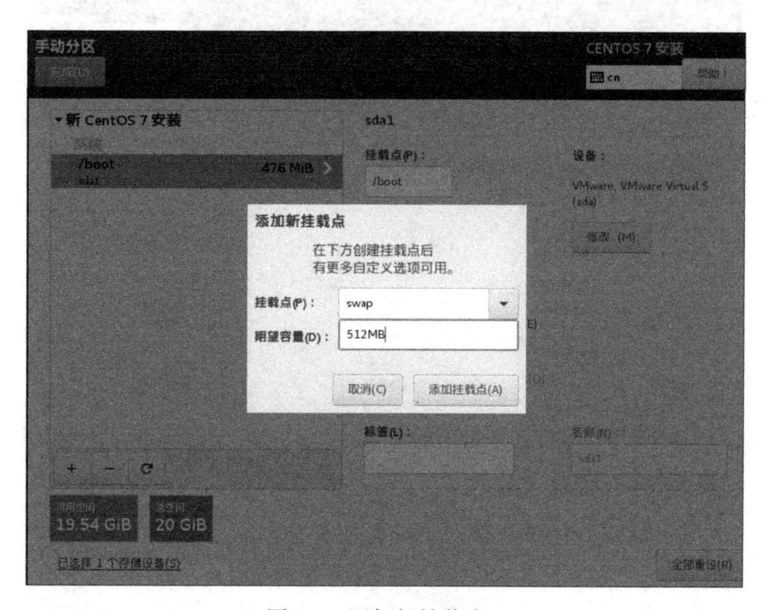

图 1-7　添加新挂载点 2

给 swap 分区分配 512MB 空间。注意，在 swap 前面没有“/”，因为 swap 是一种独立的文件系统类型，而不是“/”下的目录。

这个添加挂载点的界面看起来好像和分配/boot 分区的界面没有任何区别，这样分配出来的分区是 LVM 分区吗？单击“添加挂载点”按钮，返回“手动分区”界面，如图 1-8 所示。

图 1-8　手动分区 3

我们会发现，swap 分区的“设备类型”是“LVM”。“Volume Group”选项就是卷组名，将其改为“scvg”；“名称”选项就是逻辑卷名，将其改为“lvswap”，如图 1-9 所示。

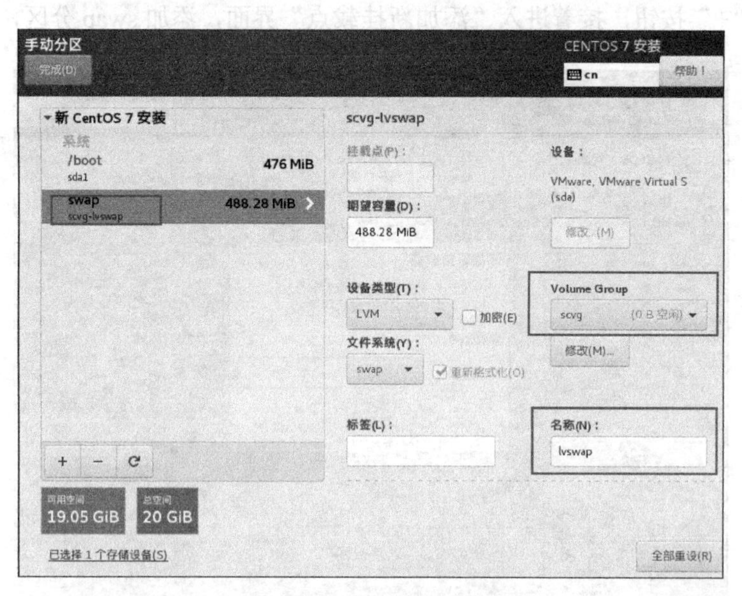

图 1-9　修改卷组名和逻辑卷名

再次单击“+”按钮，准备添加“/”分区，如图 1-10 所示。因为我们打算就分这 3 个基本分区，所以把所有剩余空间都分配给“/”分区。

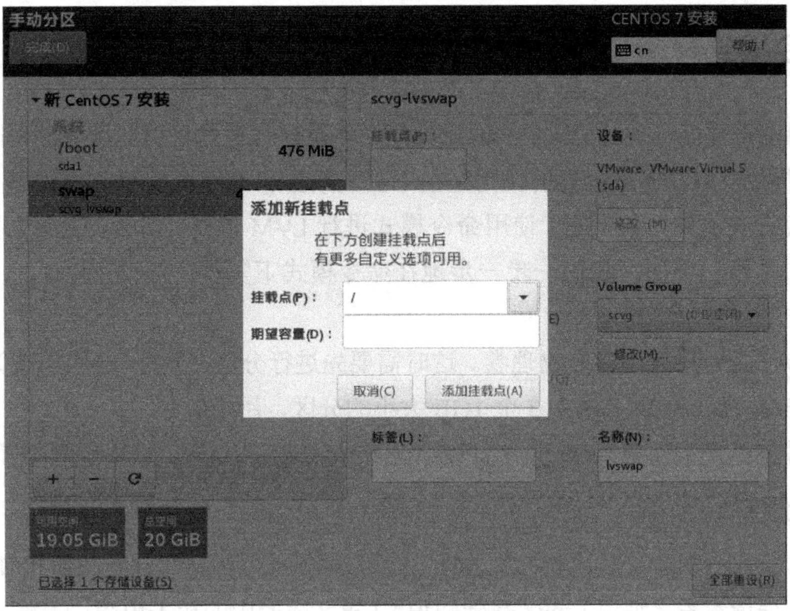

图 1-10　添加新挂载点 3

这里的“期望容量”不要输入大小，代表把所有剩余空间分配给“/”分区。单击“添加挂载点”按钮就完成了分配，如图 1-11 所示。

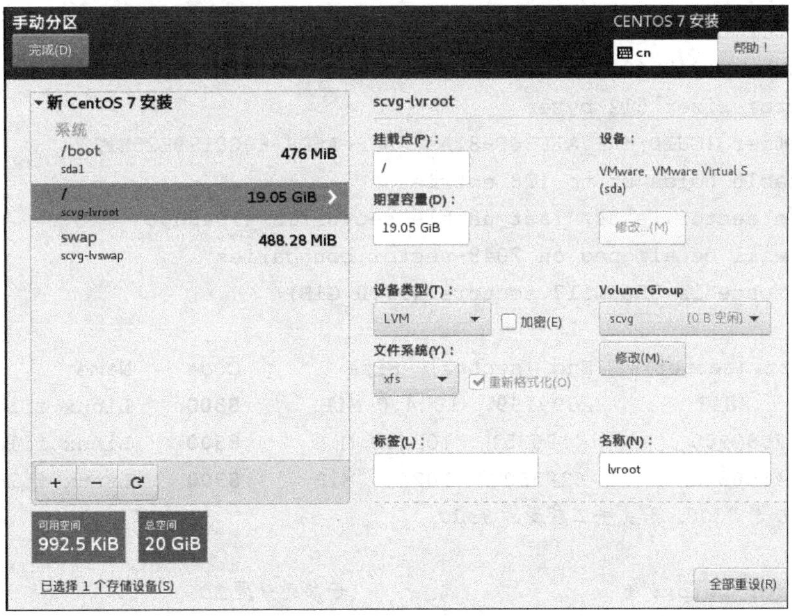

图 1-11　LVM 分区完成

因为在添加 swap 分区的时候修改过卷组名，所以“/”分区的卷组名默认是“scvg”，不用再修改了。把“/”分区的逻辑卷名改为“lvroot”，最终在系统中“/”分区的设备文件名是“/dev/scvg/lvroot”。

1.2.3 命令模式管理 LVM——物理卷管理

虽然使用图形界面方式建立 LVM 更加方便，但是这种方式只能在新安装 Linux 系统的时候才可以使用。因为 LVM 最主要的作用是在不丢失数据和不停机的情况下调整分区大小，所以我们一定会在安装完系统之后，使用命令模式进行 LVM 调整。那么，在命令模式下，LVM 管理反而更加常用。下面，我们一步一步地在命令模式下实现 LVM 吧。

有两种方法可以建立物理卷。

- 一种方法是使用分区建立物理卷。这时需要先进行分区，并把分区 ID 改为 8e00。我们打算在/dev/sdb 硬盘上建立 3 个 1GB 大小的分区，用于实验。
- 另一种方法是直接把整块/dev/sdc 硬盘建立成物理卷。这时，整块硬盘不需要提前分区。

1. 硬盘分区

首先建立所需的物理分区，建立方式就是使用 gdisk 交互命令。在这里直接使用了 GPT 分区表，建立过程请参考《细说 Linux 基础知识》（第 2 版）中的相关内容。

需要注意的是，分区 ID 不再是 Linux 默认的分区 ID 8300，而要改成 LVM 的 ID 8e00。在/dev/sdb 硬盘上建立 3 个分区，每个分区的大小为 1GB。命令如下：

```
[root@localhost ~]# gdisk /dev/sdb
#省略建立分区的命令
Command (? for help): p                              ←查看
Disk /dev/sdb: 41943040 sectors, 20.0 GiB
Logical sector size: 512 bytes
Disk identifier (GUID): F7A1F34F-81A5-48FB-A6D8-E0C0179E25EF
Partition table holds up to 128 entries
First usable sector is 34, last usable sector is 41943006
Partitions will be aligned on 2048-sector boundaries
Total free space is 35651517 sectors (17.0 GiB)

Number  Start (sector)    End (sector)  Size       Code    Name
   1          2048        2099199   1024.0 MiB    8300    Linux filesystem
   2       2099200         4196351   1024.0 MiB    8300    Linux filesystem
   3       4196352         6293503   1024.0 MiB    8300    Linux filesystem
#分区的默认 ID 是 8300，需要手工修改为 8e00

Command (? for help): t                              ←修改分区 ID
Partition number (1-3): 1                            ←修改第一个分区
Current type is 'Linux filesystem'
Hex code or GUID (L to show codes, Enter = 8300): 8e00     ←改为 8e00
Changed type of partition to 'Linux LVM'
#把/dev/sdb1 分区的 ID 改为 8e00，其他两个分区也如此修改
```

```
Command (? for help): p                          ←查看
Disk /dev/sdb: 41943040 sectors, 20.0 GiB
Logical sector size: 512 bytes
Disk identifier (GUID): F7A1F34F-81A5-48FB-A6D8-E0C0179E25EF
Partition table holds up to 128 entries
First usable sector is 34, last usable sector is 41943006
Partitions will be aligned on 2048-sector boundaries
Total free space is 35651517 sectors (17.0 GiB)

Number  Start (sector)    End (sector)  Size       Code  Name
   1          2048         2099199   1024.0 MiB   8E00  Linux LVM
   2       2099200         4196351   1024.0 MiB   8E00  Linux LVM
   3       4196352         6293503   1024.0 MiB   8E00  Linux LVM
#修改完成，记得用 w 保存退出
```

2. 建立物理卷

建立物理卷的命令如下：

```
[root@localhost ~]# pvcreate [设备文件名]
```

在建立物理卷时，既可以把整块硬盘建成物理卷，也可以把某个分区建成物理卷。如果要把整块硬盘建成物理卷，那么这块硬盘不需要提前分区，直接建成物理卷即可。命令如下：

```
[root@localhost ~]# pvcreate /dev/sdc
  Physical volume "/dev/sdc" successfully created.
#把/dev/sdc 整块硬盘建成物理卷，不需要提前分区
```

因为在我们的实验中需要把分区建成物理卷，所以执行以下命令：

```
[root@localhost ~]# pvcreate /dev/sdb1
  Physical volume "/dev/sdb1" successfully created.
[root@localhost ~]# pvcreate /dev/sdb2
  Physical volume "/dev/sdb2" successfully created.
[root@localhost ~]# pvcreate /dev/sdb3
  Physical volume "/dev/sdb3" successfully created.
```

3. 查看物理卷

查看物理卷的命令有两个。第一个查看命令是 pvscan，用来查看系统中有哪些硬盘或分区是物理卷。命令如下：

```
[root@localhost ~]# pvscan
  PV /dev/sdb3                    lvm2 [1.00 GiB]
  PV /dev/sdb2                    lvm2 [1.00 GiB]
  PV /dev/sdc                     lvm2 [20.00 GiB]
  PV /dev/sdb1                    lvm2 [1.00 GiB]
```

```
  Total: 4 [23.00 GiB] / in use: 0 [0   ] / in no VG: 4 [23.00 GiB]
```

可以看到，在我们的系统中，/dev/sdb1～3 这 3 个分区是物理卷，/dev/sdc 这块硬盘也是物理卷。上述代码最后一行的意思是：共有 4 个物理卷[大小] / 使用了 0 个物理卷[大小] / 空闲 4 个物理卷[大小]。

第二个查看命令是 pvdisplay，使用它可以查看更详细的物理卷状态。命令如下：

```
[root@localhost ~]# pvdisplay
  "/dev/sdb5" is a new physical volume of "1.01 GiB"
  --- NEW Physical volume ---
  PV Name               /dev/sdb3 ←PV 名
  VG Name                         ←属于的 VG 名。因为还没有分配，所以 VG 名是空白的
  PV Size               1.01 GiB  ←PV 大小
  Allocatable            NO       ←是否已经分配
  PE Size               0         ←PE 大小。因为还没有分配，所以 PE 大小也没有指定
  Total PE              0         ←PE 总数
  Free PE               0         ←空闲 PE 数
  Allocated PE          0         ←可分配的 PE 数
  PV UUID               CEsVz3-f0sD-e1w0-wkHZ-iaLq-O6aV-xtQNTB    ←PV 的 UUID
…其他 3 个 PV 省略…
```

4. 删除物理卷

如果不再需要物理卷，则使用 pvremove 命令将其删除。命令如下：

```
[root@localhost ~]# pvremove /dev/sdb3
  Labels on physical volume "/dev/sdb3" successfully wiped
#当然，在我们的后续实验中还要用到/dev/sdb3 物理卷，所以在删除完成后，记得把它添加回来
```

在删除物理卷时，物理卷必须不属于任何卷组，也就是需要先将物理卷从卷组中删除，再删除物理卷。其实，所有的删除操作都是把建立过程反过来的，在建立时不能缺少某个步骤，在删除时同样不能跳过某个步骤直接删除。

1.2.4 命令模式管理 LVM——卷组管理

我们已经建立了物理分区，也把物理分区建成物理卷，按照步骤，接下来就要建立卷组了。可以把卷组想象成基本分区中的硬盘，它是由多个物理卷组成的。因为卷组可以动态地调整大小，所以，当卷组空间不足时，可以向卷组中添加新的物理卷。

1. 建立卷组

建立卷组使用的命令是 vgcreate，具体命令格式如下：

```
[root@localhost ~]# vgcreate [选项] 卷组名 物理卷名
```

```
选项：
    -s PE 大小：  指定 PE 大小，单位可以是 MB、GB、TB 等。如果不写，则默认 PE 大小是 4MB
```

我们有 4 个物理卷，分别是/dev/sdb1、/dev/sdb2、/dev/sdb3 和/dev/sdc。先把/dev/sdc 和/dev/sdb1 加入卷组 scvg 中，留着/dev/sdb2 和/dev/sdb3 一会儿实验调整卷组大小。命令如下：

```
[root@localhost ~]# vgcreate scvg /dev/sdc /dev/sdb1
  Volume group "scvg" successfully created
```

我们把/dev/sdc 和/dev/sdb1 两个物理卷加入卷组 scvg 中，卷组的名称是可以自定义的。

2. 查看卷组

查看卷组的命令同样有两个：vgscan 命令主要用于查看系统中是否有卷组；vgdisplay 命令则用于查看卷组的详细状态。命令如下：

```
[root@localhost ~]# vgscan
  Reading volume groups from cache.
  Found volume group "scvg" using metadata type lvm2
#scvg 卷组确实存在

[root@localhost ~]# vgdisplay
#查看卷组的详细状态
  --- Volume group ---
  VG Name               scvg                          ←卷组名
  System ID
  Format                lvm2
  Metadata Areas        2
  Metadata Sequence No  1
  VG Access             read/write                    ←卷组访问状态
  VG Status             resizable                     ←卷组状态
  MAX LV                0
  Cur LV                0
  Open LV               0
  Max PV                0
  Cur PV                2                             ←当前物理卷数
  Act PV                2
  VG Size               20.99 GiB                     ←卷组大小
  PE Size               4.00 MiB                      ←PE 大小
  Total PE              5374                          ←PE 总数
  Alloc PE / Size       0 / 0                         ←已用 PE 数量/大小
  Free  PE / Size       5374 / 20.99 GiB              ←空闲 PE 数量/大小
  VG UUID               qlYXNK-UY0M-CFWw-TrYF-ilpD-13kP-msxioT
```

3. 增加卷组容量

现在要把/dev/sdb2 和/dev/sdb3 两个物理卷加入卷组 scvg 中，使用的命令是 vgextend。命令如下：

```
[root@localhost ~]# vgextend scvg /dev/sdb2
 Volume group "scvg" successfully extended
[root@localhost ~]# vgextend scvg /dev/sdb3
 Volume group "scvg" successfully extended
#把物理卷/dev/sdb2 和/dev/sdb3 加入卷组 scvg 中

[root@localhost ~]# vgdisplay
 --- Volume group ---
 VG Name               scvg
 System ID
 Format                lvm2
 Metadata Areas         4
 Metadata Sequence No  3
 VG Access              read/write
 VG Status              resizable
 MAX LV                0
 Cur LV                0
 Open LV               0
 Max PV                0
 Cur PV                4
 Act PV                4
 VG Size               22.98 GiB                    ←卷组总大小增加了 2GB
 PE Size               4.00 MiB
 Total PE              5884
 Alloc PE / Size        0 / 0
 Free  PE / Size        5884 / 22.98 GiB
 VG UUID               qlYXNK-UY0M-CFWw-TrYF-ilpD-13kP-msxioT
```

4．缩减卷组容量

既然可以增加卷组容量，当然也可以缩减卷组容量。可以使用 vgreduce 命令在卷组中删除物理卷。命令如下：

```
[root@localhost ~]# vgreduce scvg /dev/sdb3
 Removed "/dev/sdb3" from volume group "scvg"
#在卷组中删除/dev/sdb3 物理卷

[root@localhost ~]# vgreduce -a
#删除所有未使用的物理卷
```

使用 LVM 的目的是在硬盘空间不足时进行扩容，绝不是觉得硬盘空间太大了，需要缩减，所以缩减卷组容量不符合实际使用习惯。另外，LVM 采用的是线性存储模式，也就是说，如果卷组是由两个物理卷组成的，则会先把第一个物理卷写满，再向第二个物理卷中写入数据。

这样一旦把有数据的物理卷删除，数据是会丢失的。所以，我们并不建议缩减卷组容量。

当然，缩减之后记得添加回来，以便用于后续实验。

5. 删除卷组

删除卷组的命令是 vgremove。命令如下：

```
[root@localhost ~]#  vgremove scvg
  Volume group "scvg" successfully removed
```

只有在删除卷组之后，才能删除物理卷。还要注意的是，在 scvg 卷组中还没有添加任何逻辑卷，如果拥有了逻辑卷，则记得先删除逻辑卷，再删除卷组。再次强调，删除就是安装的反过程，每一步都不能跳过。

当然，删除之后记得建立回来，否则逻辑卷的实验就不能完成了。命令如下：

```
[root@localhost ~]# vgcreate scvg /dev/sdb1 /dev/sdb2 /dev/sdb3 /dev/sdc
  Volume group "scvg" successfully created
#这次 4 个物理卷就一起加入卷组中了
```

1.2.5 命令模式管理 LVM——逻辑卷管理

在建立了卷组后，需要把卷组划分为逻辑卷。可以把逻辑卷想象成分区，那么，这个逻辑卷也需要被格式化和挂载。

逻辑卷也是可以动态调整大小的。如果要增加逻辑卷，那么逻辑卷中的数据是不会丢失的；如果要缩减逻辑卷，那么逻辑卷中的数据是有可能丢失的，所以不建议缩减逻辑卷，也不符合实际使用习惯。在调整逻辑卷大小的时候，不用卸载逻辑卷。

1. 建立逻辑卷

我们现在已经拥有了 23GB 大小的卷组 scvg，接下来需要在卷组中建立逻辑卷。命令格式如下：

```
[root@localhost ~]# lvcreate [选项] [-n 逻辑卷名] 卷组名
选项：
    -L 容量：      指定逻辑卷大小，单位为 MB、GB、TB 等
    -l 个数：      按照 PE 个数指定逻辑卷大小。这个参数需要换算容量，太麻烦
-n 逻辑卷名：指定逻辑卷名
```

建立一个 3GB 大小的逻辑卷 disklv，命令如下：

```
[root@localhost ~]# lvcreate -L 3G -n disklv scvg
  Logical volume "disklv" created.
#在卷组 scvg 中建立一个 3GB 大小的逻辑卷 disklv
```

建立完逻辑卷，还要在格式化和挂载之后才能正常使用。此时的格式化和挂载命令与操作

普通分区时的格式化和挂载命令是一样的，需要注意的是，逻辑卷的设备文件名是“/dev/卷组名/逻辑卷名”，例如，逻辑卷 disklv 的设备文件名是“/dev/scvg/disklv”。具体命令如下：

```
[root@localhost ~]# mkfs -t xfs /dev/scvg/disklv
#格式化
[root@localhost ~]# mkdir /disklvm
[root@localhost ~]# mount /dev/scvg/disklv /disklvm/
#建立挂载点，并挂载
[root@localhost ~]# mount | grep disklv
/dev/mapper/scvg-disklv on /disklvm type xfs (rw,relatime,attr2,inode64,noquota)
#已经挂载了
```

当然，如果需要开机后自动挂载，则要修改/etc/fstab 文件。

逻辑卷的设备文件名“/dev/scvg/disklv”和“/dev/mapper/scvg-disklv”都是“/dev/dm-0”的软链接。换句话说，这 3 个设备文件名代表同一个逻辑卷。

2. 查看逻辑卷

查看逻辑卷的命令同样有两个。第一个查看命令 lvscan 只能查看系统中是否拥有逻辑卷。命令如下：

```
[root@localhost ~]# lvscan
  ACTIVE            '/dev/scvg/disklv' [3.00 GiB] inherit
#能够看到激活的逻辑卷，大小是 3GB
```

第二个查看命令 lvdisplay 可以查看逻辑卷的详细信息。命令如下：

```
[root@localhost ~]# lvdisplay
  --- Logical volume ---
  LV Path                /dev/scvg/disklv          ←逻辑卷的设备文件名
  LV Name                disklv                    ←逻辑卷名
  VG Name                scvg                      ←所属的卷组名
  LV UUID                cwK6VI-a9gd-ziN5-nkIQ-eET5-9U5L-0hPa3S  ←UUID
  LV Write Access         read/write
  LV Creation host, time localhost.localdomain, 2019-05-17 22:03:55 +0800
  LV Status               available
  # open                 1
  LV Size                3.00 GiB                  ←逻辑卷大小
  Current LE              768
  Segments               1
  Allocation              inherit
  Read ahead sectors       auto
  - currently set to       8192
  Block device            253:0
```

3．调整逻辑卷大小

可以使用lvresize命令调整逻辑卷大小。和缩减卷组是同样的道理，我们不推荐缩减逻辑卷的空间，因为这非常容易导致逻辑卷中的数据丢失，而且不符合实际使用习惯。lvresize命令的具体格式如下：

```
[root@localhost ~]# lvresize [选项] 逻辑卷的设备文件名
选项：
  -L 容量：     按照容量调整逻辑卷大小，单位为KB、GB、TB等。使用+代表增加空间，使用-代表缩
                减空间。如果直接写容量，则代表设定逻辑卷大小为指定大小
  -l 个数：     按照PE个数调整逻辑卷大小。需要计算，不常用
```

先在/disklvm分区中建立一些测试文件，在调整完大小后，再看看数据是否丢失了。

```
[root@localhost ~]# cd /disklvm/
[root@localhost disklvm]# touch testf
[root@localhost disklvm]# mkdir testd
[root@localhost disklvm]# ls
testd  testf
```

逻辑卷disklv的大小是3GB，而卷组scvg的大小是23GB，所以还有20GB的剩余空间。那么，增加逻辑卷disklv的大小到6GB。命令如下：

```
[root@localhost disklvm]# lvresize -L 6G /dev/scvg/disklv
  Size of logical volume scvg/disklv changed from 3.00 GiB (768 extents) to 6.00
GiB (1536 extents).
  Logical volume scvg/disklv successfully resized.
#增加逻辑卷disklv的大小到6GB
#此命令可以写成lvresize -L +3G /dev/scvg/disklv

[root@localhost disklvm]# lvdisplay
  ACTIVE            '/dev/scvg/disklv' [6.00 GiB] inherit
[root@localhost disklvm]#
[root@localhost disklvm]# lvdisplay
  --- Logical volume ---
  LV Path                /dev/scvg/disklv
  LV Name                disklv
  VG Name                scvg
  LV UUID                cwK6VI-a9gd-ziN5-nkIQ-eET5-9U5L-0hPa3S
  LV Write Access         read/write
  LV Creation host, time localhost.localdomain, 2019-05-17 22:03:55 +0800
  LV Status              available
  # open                 1
  LV Size                6.00 GiB            ←逻辑卷的大小已经调整
  Current LE              1536
```

```
  Segments               1
  Allocation             inherit
  Read ahead sectors      auto
  - currently set to      8192
  Block device           253:0
```

逻辑卷的大小已经改变了，但是好像有如下一些问题：

```
[root@localhost disklvm]# df -h /disklvm/
文件系统                      容量   已用    可用    已用%   挂载点
/dev/mapper/scvg-disklv 3.0G  33M    3.0G    2%     /disklvm
```

为什么/disklvm 分区的大小还是 3GB？刚刚只是逻辑卷的大小改变了，如果要让分区使用这个新逻辑卷，则还要使用 xfs_growfs 命令来调整分区的大小。不过，这里就体现出了 LVM 的优势：不需要卸载分区，可以直接调整分区的大小。

我们已经把逻辑卷的大小调整到 6GB，这时需要把整个逻辑卷加入/disklvm 分区中。命令如下：

```
[root@localhost disklvm]# xfs_growfs /disklvm/
#已经调整了分区大小

[root@localhost disklvm]# df -h /disklvm/
文件系统                         容量    已用    可用    已用%   挂载点
/dev/mapper/scvg-disklv      6.0G    33M    6.0G    1%     /disklvm
#分区大小已经是 6GB 了
[root@localhost ~]# ls /disklvm/
lost+found  testd  testf
#而且数据并没有丢失
```

如果要缩减逻辑卷的容量，则只需把增加步骤反过来做一遍。不过，我们并不推荐缩减逻辑卷的容量，因为这有可能导致数据丢失。

4. 删除逻辑卷

删除了逻辑卷，其中的数据就会丢失，所以要确定你真的需要删除这个逻辑卷。命令格式如下：

```
[root@localhost ~]# lvremove 逻辑卷的设备文件名
```

删除逻辑卷 lamplv，记得在删除时要先卸载。命令如下：

```
[root@localhost ~]# umount /dev/scvg/disklv
[root@localhost ~]# lvremove /dev/scvg/disklv
Do you really want to remove active logical volume disklv? [y/n]: n
  Logical volume lamplv not removed
#这里选择的是 no，因为一会儿还要做实验，所以就不真的删除了
```

当然，在删除逻辑卷后，里面的所有数据都会被清空。

1.2.6　LVM 快照

LVM 还有一个常用功能，就是 LVM 快照。可以把 LVM 快照理解为虚拟机的快照，用于把当前状态保存下来，如果状态发生了改变，则可以使用快照区中的数据进行恢复，从而保证数据不丢失。

1. LVM 快照的原理

在 LVM 中，要想创建快照，需要注意快照区和被快照的逻辑卷必须在同一个卷组中，因为快照区与被快照的逻辑卷有很多物理扩展是通用的。那是怎么造成这种情况的呢？

当给原始 LV 建立一个快照时，在快照区中只写入原始 LV 的“元数据”（元数据是 LVM 的必需数据，主要记录卷组相关数据、逻辑卷相关数据等），如图 1-12 所示。

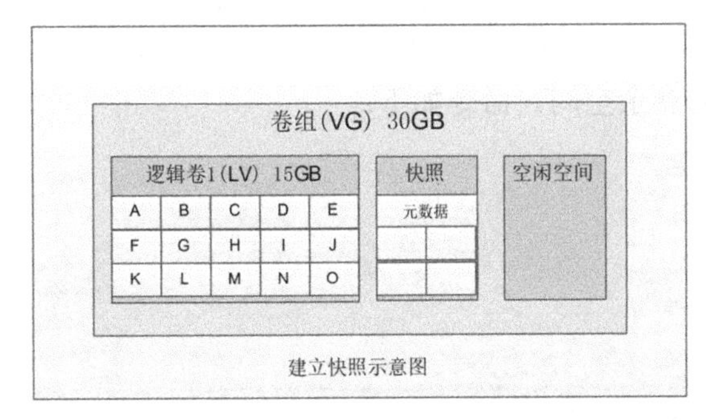

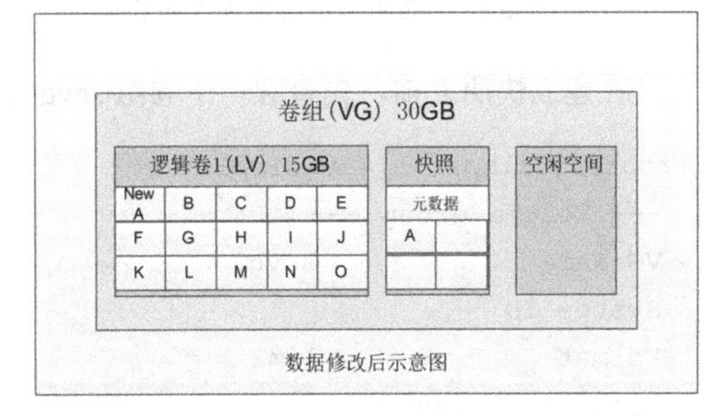

图 1-12　LVM 快照

图 1-12 左图是建立快照时的情况，快照区不会真实地复制原始 LV 中的数据，只是记录了原始 LV 的元数据。这时，快照区的 PE 是空白的，快照区共享了原始 LV 中的 PE。所以会看到快照区与原始 LV 的大小一致，内容也完全一样。

当原始 LV 中的数据被修改后，原始 LV 在数据更新之前，会先把原始数据在快照区中备份一份。如图 1-12 右图所示，在把 A 写成 New A 之前，先将 A 备份至快照区的一个 PE 中，然后原始 LV 中的数据才更新为 New A。这样，不论原始 LV 中的数据如何变化，快照区中保存的都是建立快照时的数据。

需要注意的是，快照也是有大小限制的。如果原始 LV 中的数据变化量小于快照区的大小，那么快照正常生效；但是，如果原始 LV 中的数据变化量大于快照区的大小，那么快照马上就会失效。为了解决这个问题，提出两个建议。

- 在建立完快照之后，马上把快照区中的数据进行备份，这样就不用担心数据快照失效的问题了。但是，这样做和直接备份原始 LV 中的数据是没有什么区别的。
- 把快照区建立得和原始 LV 一样大，这样就不用考虑快照失效的问题了。

2. 建立 LVM 快照

在建立 LVM 快照之前，先向原始 LV 中复制一些测试数据。命令如下：

```
[root@localhost ~]# cp -r /etc/ /disklvm/
[root@localhost ~]# cp -r /usr/share/ /disklvm/
[root@localhost ~]# df -h /disklvm/
文件系统                        容量  已用  可用 已用% 挂载点
/dev/mapper/scvg-disklv  6.0G  404M  5.6G   7% /disklvm
#向原始 LV 中复制一些测试数据
```

建立 LVM 快照依然要使用 lvcreate 命令。命令格式如下：

```
[root@localhost ~]# lvcreate [选项] [-n 快照名] 逻辑卷名
选项:
  -s:         建立快照，是 snapshot 的意思
  -L 容量:    指定快照大小，单位为 MB、GB、TB 等
  -l 个数:    按照 PE 个数指定快照大小。这个参数需要换算容量，太麻烦
  -n 快照名:  指定快照的设备文件名
```

在建立快照之前，先查看一下卷组 scvg 中的剩余空间。命令如下：

```
[root@localhost ~]# vgdisplay
  --- Volume group ---
  VG Name               scvg
  System ID
  Format                lvm2
  Metadata Areas        4
  Metadata Sequence No  5
  VG Access             read/write
  VG Status             resizable
  MAX LV                0
  Cur LV                1
  Open LV               1
  Max PV                0
  Cur PV                4
  Act PV                4
  VG Size               22.98 GiB
  PE Size               4.00 MiB
  Total PE              5884
  Alloc PE / Size       1536 / 6.00 GiB
  Free  PE / Size       4348 / 16.98 GiB        ←剩余 4348 个 PE，共 16.98GB
  VG UUID               qlYXNK-UY0M-CFWw-TrYF-ilpD-13kP-msxioT
```

给逻辑卷/dev/scvg/disklv 建立一个 2GB 大小的快照。命令如下：

```
[root@localhost ~]# lvcreate -s -L 2G -n lvsnap1 /dev/scvg/disklv
  Logical volume "lvsnap1" created.
#给/dev/scvg/disklv 这个逻辑卷建立一个 2GB 大小的快照 lvsnap1
```

快照建立完成，查看一下。命令如下：

```
[root@localhost ~]# lvdisplay  /dev/scvg/lvsnap1
#查看快照
  --- Logical volume ---
  LV Path                /dev/scvg/lvsnap1
  LV Name                lvsnap1
  VG Name                scvg
  LV UUID                PL07RQ-pjsB-l6MW-va73-9ZB3-X2V5-J5aj9c
  LV Write Access        read/write
  LV Creation host, time localhost.localdomain, 2019-05-20 17:00:54 +0800
  LV snapshot status     active destination for disklv
  LV Status              available
  # open                 0
  LV Size                6.00 GiB                  ←原始 LV 大小
  Current LE             1536
  COW-table size         2.00 GiB                  ←快照大小
  COW-table LE           512
  Allocated to snapshot  0.00%                     ←快照已经占用的流量
  Snapshot chunk size    4.00 KiB
  Segments               1
  Allocation             inherit
  Read ahead sectors     auto
  - currently set to     8192
  Block device           253:3
```

在快照建立完成之后，也需要完成挂载才能正常使用。命令如下：

```
[root@localhost ~]# mkdir /snap1
#建立挂载点
[root@localhost ~]# mount -o nouuid /dev/scvg/lvsnap1  /snap1/
#挂载快照分区
```

注意：在挂载快照分区的时候，需要使用“-o nouuid”选项，因为快照区和原始 LV 的 UUID 是同一个，在 XFS 文件系统中不允许具有相同 UUID 的分区同时挂载。

在挂载之后，查看原始 LV 和快照区中的数据。命令如下：

```
[root@localhost ~]# df -hT /disklvm/ /snap1/
文件系统                      类型  容量   已用   可用   已用%  挂载点
/dev/mapper/scvg-disklv     xfs   6.0G   404M   5.6G   7%    /disklvm
/dev/mapper/scvg-lvsnap1 xfs   6.0G   404M   5.6G   7%    /snap1
#原始 LV 和快照区占用的磁盘空间大小一致
[root@localhost ~]# ls /disklvm/
etc  share  testd  testf
[root@localhost ~]# ls /snap1/
```

```
etc  share  testd  testf
#原始LV和快照区中的数据一致
```

3. 利用 LVM 快照恢复数据

我们来测试一下如何利用 LVM 快照恢复数据。在当前实验中，不能直接删除原始 LV（/disklvm）中的数据，然后把快照区（/snap1）中的数据复制过去，从而完成数据恢复。因为如果原始 LV（/disklvm）中的数据变化量大于快照区（/snap1）的大小，那么部分数据无法完全复制到快照区（/snap1），就会导致快照失效，数据丢失。

如果原始 LV 中的数据发生变化，不论是数据增长，还是数据丢失，都可以通过快照区中的数据进行恢复。先向原始 LV 中增加数据，命令如下：

```
[root@localhost ~]# dd if=/dev/zero of=/disklvm/test.zer bs=1M count=300
#向原始LV中写入大小为300MB的测试数据
[root@localhost ~]# df -hT  /disklvm/  /snap1/
文件系统                    类型    容量    已用    可用    已用%   挂载点
/dev/mapper/scvg-disklv     xfs     6.0G    704M    5.4G    12%     /disklvm
/dev/mapper/scvg-lvsnap1    xfs     6.0G    404M    5.6G    7%      /snap1
#原始LV和快照区中的数据已经不一致了
```

必须事先备份快照区中的数据，然后才能删除原始 LV 中的数据。命令如下：

```
[root@localhost ~]# tar -zcvf  /tmp/lvmsnap1.tar.gz /snap1/
#打包备份快照区中的数据
```

在备份之后，开始卸载原始 LV，并重新格式化，删除原始 LV 中的所有数据。命令如下：

```
[root@localhost ~]# umount /disklvm/
#卸载原始LV
[root@localhost ~]# mkfs -t xfs -f /dev/scvg/disklv
#格式化原始LV。-f意为强制，用于已有文件系统的分区强制格式化
[root@localhost ~]# mount /dev/scvg/disklv  /disklvm/
#重新挂载
[root@localhost ~]# df -h  /disklvm/  /snap1/
文件系统                    容量    已用    可用    已用%   挂载点
/dev/mapper/scvg-disklv     6.0G    33M     6.0G    1%      /disklvm
/dev/mapper/scvg-lvsnap1    6.0G    404M    5.6G    7%      /snap1
#在重新挂载之后，原始LV和快照区中的数据已经不一致了
```

这时，如果需要恢复原始 LV 中的数据，则只需要还原备份的数据。命令如下：

```
[root@localhost ~]# tar -zxvf /tmp/lvmsnap1.tar.gz -C /disklvm/
#解压缩并还原到原始LV中
```

在这里是通过打包压缩的方式进行数据备份和恢复的，当然也可以利用其他的复制命令来进行数据备份和恢复。

对于 LVM 快照的思考：采用以上方法进行快照和恢复，中间需要手工备份和恢复数据，才能保证数据不丢失。既然需要手工备份，那么，为什么不直接打包备份原始 LV 中的数据，反而还需要创建快照？这不是多此一举吗？这样看来，只有把快照区创建得和原始 LV 一样大小，才不用考虑快照失效的问题，才能真正利用快照来保护数据。

1.3 RAID（磁盘阵列）

LVM 最大的优势在于可以在不卸载分区和不损坏数据的情况下进行分区容量的调整，但是，万一硬盘损坏了，那么数据一定会丢失。RAID（磁盘阵列）的优势在于硬盘的读/写性能更好，而且具有一定的磁盘容错功能（部分硬盘损坏，数据不会丢失）。

1.3.1 RAID 简介

RAID（Redundant Arrays of Inexpensive Disks）翻译过来就是廉价的、具有冗余功能的磁盘阵列。其原理是通过软件或硬件将多块容量较小的硬盘或分区组合成一个容量较大的磁盘组。这个容量较大的磁盘组的读/写性能更好，更重要的是具有磁盘容错功能。什么是磁盘容错呢？从字面上理解，冗余就是多余的、重复的。在磁盘阵列中，冗余是指由多块硬盘组成一个磁盘组，在这个磁盘组中，数据存储在多块硬盘的不同地方，这样即使某块硬盘出现问题，数据也不会丢失，也就是磁盘数据具有了保护功能。组成 RAID 的可以是几块硬盘，也可以是几个分区，而硬盘更加容易理解，所以我们在讲解原理时使用硬盘举例，但是大家要知道，不同的分区也可以组成 RAID。

常见的 RAID 有这样几种级别。

1. RAID 0

RAID 0 也叫 Stripe 或 Striping（带区卷），是 RAID 级别中读/写性能最好的。RAID 0 最好由相同容量的两块或两块以上的硬盘组成，每块硬盘的品牌与型号最好也一致，这样性能最佳。在这种模式下，会先把硬盘分隔成大小相等的区块，当有数据需要写入硬盘中时，会把数据也划分成大小相等的区块，然后分别写入各块硬盘中。这样就相当于把一个文件分成几部分，同时写入不同的硬盘中，数据的读/写速度就会非常快。比如，由两块等容量的硬盘组成 RAID 0，有一个大小为 100MB 的文件要写入此 RAID 中，那么，在每块硬盘中会写入 50MB 的数据，速度当然更快。

从理论上讲，由几块硬盘组成 RAID 0，比如，由 3 块硬盘组成 RAID 0，数据的写入速度就是同样的数据向一块硬盘中写入速度的 3 倍。RAID 0 示意图如图 1-13 所示。

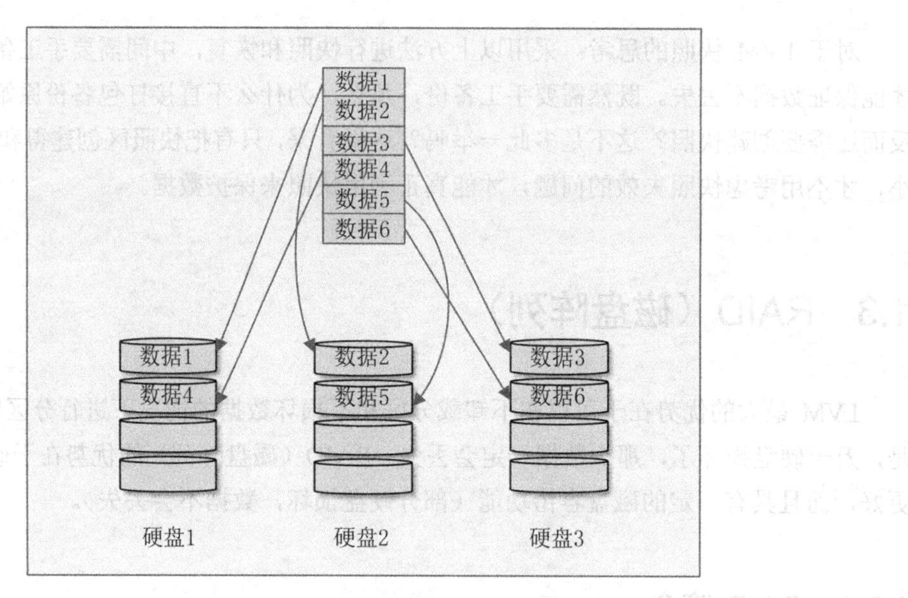

图 1-13　RAID 0 示意图

解释一下这张示意图。我们准备了 3 块硬盘，组成了 RAID 0，每块硬盘都划分了大小相等的区块。当有数据写入 RAID 0 中时，首先把数据按照区块大小进行分割，然后把数据依次写入不同的硬盘中。每块硬盘负责的数据写入量都是整体数据的 1/3，当然写入时间也只有原始时间的 1/3。所以，从理论上讲，由几块硬盘组成 RAID 0，数据的写入速度就是只写入一块硬盘中速度的几倍。

RAID 0 的优点如下：

- 由两块或两块以上的硬盘组成，每块硬盘的容量最好一致。
- 通过把数据分割成大小相等的区块，分别存入不同的硬盘中，加快了数据的读/写速度。数据的读/写性能是几种 RAID 中最好的。
- 由多块硬盘合并成 RAID 0，几块小容量的硬盘组成了更大容量的硬盘，而且没有容量损失。RAID 0 的总容量就是几块硬盘的容量之和。

RAID 0 也有一个明显的缺点，那就是没有磁盘容错功能，RAID 0 中的任何一块硬盘损坏，RAID 0 中保存的所有数据都将丢失。也就是说，由几块硬盘组成 RAID 0，数据的损毁概率是只写入一块硬盘中数据损毁概率的几倍。

我们刚刚说了，组成 RAID 0 的硬盘的容量最好是相同的。如果只有两块容量不同的硬盘，难道就不能组成 RAID 0 了吗？答案是可以的。假设有两块硬盘，其中一块硬盘的容量是 100GB，另一块硬盘的容量是 200GB。由这两块硬盘组成 RAID 0，那么，当最初的 200GB 数据被写入时，是被分别存放在两块硬盘当中的；但是，当数据量大于 200GB 之后，第一块硬盘就写满了，以后的数据就只能被写入第二块硬盘中，读/写性能也就随之下降了。

一般不建议企业用户使用 RAID 0，因为数据的损毁概率更高。如果对数据的读/写性能要求非常高，但对数据的安全要求不高，那么使用 RAID 0 非常合适。

2．RAID 1

RAID 1 也叫 Mirror 或 Mirroring（镜像卷），由两块硬盘组成。两块硬盘的容量最好一致，否则总容量以容量小的那块硬盘为主。RAID 1 具有磁盘容错功能，因为这种模式是把同一份数据同时写入两块硬盘中的。比如，有两块硬盘，组成了 RAID 1，当有数据写入时，相同的数据既被写入硬盘 1 中，也被写入硬盘 2 中，当然分区的容量就只有两块硬盘总容量的 50% 了。这就相当于给数据做了备份，所以，任何一块硬盘损坏，数据都可以在另一块硬盘中找回。RAID 1 示意图如图 1-14 所示。

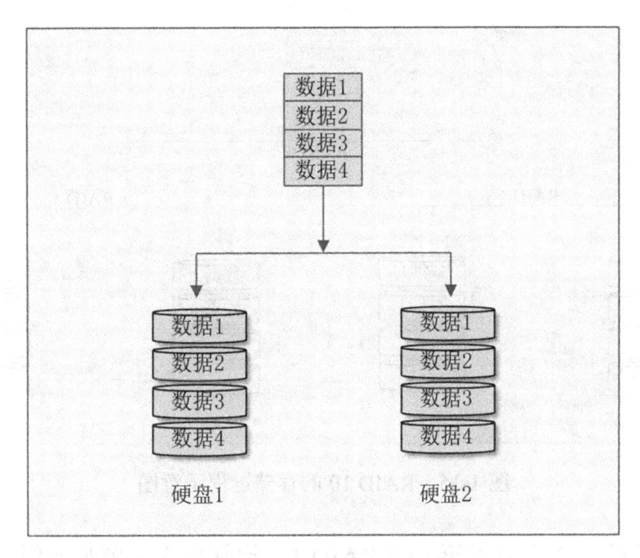

图 1-14　RAID 1 示意图

虽然 RAID 1 具有了磁盘容错功能，但是硬盘的容量却减少了 50%，因为两块硬盘中保存的数据是一样的，所以两块硬盘中实际上只保存了一块硬盘中所保存的数据，这也是我们把 RAID 1 称作镜像卷的原因。

RAID 1 的优点如下：

- 只能由两块硬盘组成，每块硬盘的容量最好一致。
- 具有磁盘容错功能，任何一块硬盘出现故障，数据都不会丢失。
- 数据的读取性能虽然不如 RAID 0，但是比单一硬盘要好，因为数据有两份备份在不同的硬盘上，当多个进程读取同一数据时，RAID 会自动分配读取进程。

RAID 1 的缺点也同样明显。

- RAID 1 的容量只有两块硬盘总容量的 50%，因为每块硬盘中保存的数据都一样。
- 数据写入性能较差，因为相同的数据会被写入两块硬盘中，相当于写入数据的总容量变大了。虽然 CPU 的速度足够快，但是负责数据写入的南桥芯片只有一个。

3．RAID 10 或 RAID 01

我们发现，RAID 0 虽然数据读/写性能非常好，但是没有磁盘容错功能；RAID 1 虽然具有磁盘容错功能，但是数据写入速度实在太慢了（尤其是软 RAID）。那么，能不能把 RAID 0 和 RAID 1 组合起来使用呢？当然可以，这样既拥有了 RAID 0 非常好的数据读/写性能，又拥有了 RAID 1 的磁盘容错功能。

先用两块硬盘组成 RAID 1，再用两块硬盘组成另一个 RAID 1，最后把这两个 RAID 1 组成 RAID 0，这种 RAID 方法称作 RAID 10。如果先组成 RAID 0，再组成 RAID 1，那么这种 RAID 方法称作 RAID 01。通过示意图来看看 RAID 10 的存储过程，如图 1-15 所示。

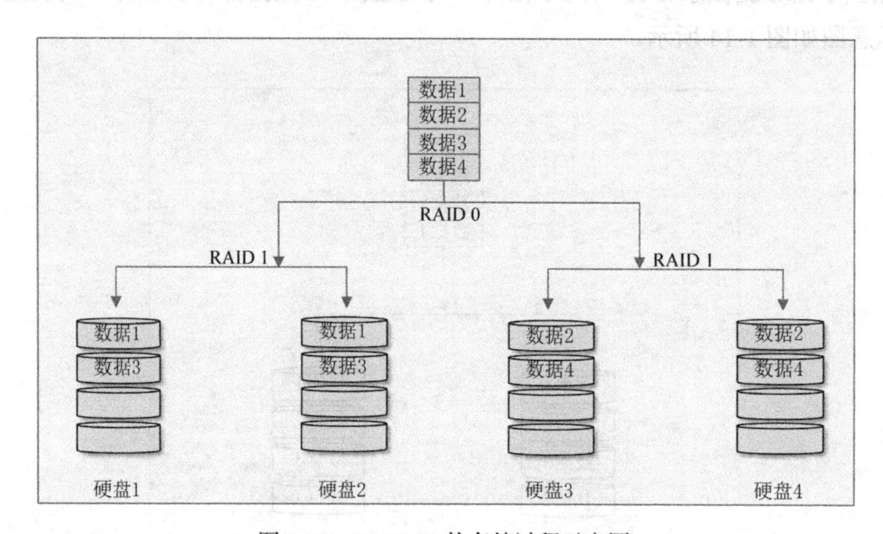

图 1-15　RAID 10 的存储过程示意图

我们把硬盘 1 和硬盘 2 组成了第一个 RAID 1，把硬盘 3 和硬盘 4 组成了第二个 RAID 1，把这两个 RAID 1 组成了 RAID 0。因为先组成 RAID 1，再组成 RAID 0，所以这个 RAID 是 RAID 10。当有数据写入时，首先写入的是 RAID 0（因为 RAID 0 后组成，所以数据先写入），所以数据 1 和数据 3 被写入了第一个 RAID 1 中，而数据 2 和数据 4 被写入了第二个 RAID 1 中。当数据 1 和数据 3 被写入第一个 RAID 1 中时，因为写入的是 RAID 1，所以在硬盘 1 和硬盘 2 中各写入了一份。数据 2 和数据 4 也一样。

这样的组成方式既拥有了 RAID 0 的性能优点，也拥有了 RAID 1 的磁盘容错功能。需要注意的是，虽然我们有了 4 块硬盘，但是由于 RAID 1 的缺点，所以真正的容量只有 4 块硬盘总容量的 50%，另外的一半容量是用来备份的。

4．RAID 5

RAID 5 最少需要由 3 块硬盘组成，当然每块硬盘的容量也应当一致。当组成 RAID 5 时，同样需要把硬盘划分成大小相等的区块。当有数据写入时，数据也被划分成大小相等的区块，然后循环向 RAID 5 中写入。不过，在每次循环写入数据的过程中，在其中一块硬盘中加入一个奇偶校验值（Parity），这个奇偶校验值的内容是这次循环写入时其他硬盘中所保存数据的备份。当有一块硬盘损坏时，采用这个奇偶校验值进行数据恢复。通过示意图来看看 RAID 5 的存储过程，如图 1-16 所示。

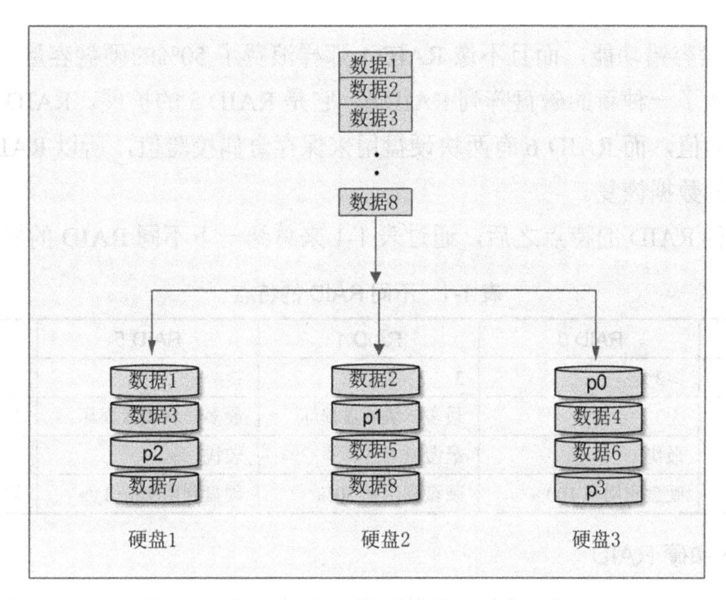

图 1-16　RAID 5 的存储过程示意图

在这张示意图中，我们使用 3 块硬盘组成了 RAID 5。当有数据循环写入时，每次循环都会写入一个奇偶校验值，并且每次奇偶校验值都会被写入不同的硬盘中。这个奇偶校验值就是其他两块硬盘中的数据经过换算之后产生的。因为每次奇偶校验值都会被写入不同的硬盘中，所以，当任何一块硬盘损坏之后，都可以依赖其他两块硬盘中保存的数据恢复这块损坏的硬盘中保存的数据。

不过需要注意的是，每次循环写入数据时，都会有一块硬盘用来保存奇偶校验值，所以在 RAID 5 中可以使用的总容量是硬盘总数减去一块硬盘的容量之和。比如，在这张示意图中，由 3 块硬盘组成了 RAID 5，但是真正可用的容量是两块硬盘的容量之和。也就是说，越多的硬盘组成 RAID 5，损失的容量占比越小，因为不管由多少块硬盘组成 RAID 5，奇偶校验值加起来只占用一块硬盘。而且还要注意的是，RAID 5 不管是由几块硬盘组成的，只有损坏一块硬盘的情况才能恢复数据，因为奇偶校验值加起来只占用了一块硬盘。如果损坏的硬盘超过一块，那么数据就不能再恢复了。

RAID 5 的优点如下：

- 由 3 块或 3 块以上的硬盘组成，每块硬盘的容量需要一致。
- 因为奇偶校验值的存在，所以 RAID 5 具有磁盘容错功能。
- RAID 5 的实际容量是 n−1 块硬盘，也就是硬盘总数减去一块硬盘的容量之和，有一块硬盘用来保存奇偶校验值，但不能保存实际数据。
- RAID 5 的数据读/写性能要比 RAID 1 的数据读/写性能更好，但是在数据写入性能上比 RAID 0 差。

RAID 5 也有一个缺点，那就是不管由多少块硬盘组成 RAID 5，只支持一块硬盘损坏之后的数据恢复。

从总体上来说，RAID 5 更像 RAID 0 和 RAID 1 的折中，性能比 RAID 1 好，但是不如

RAID 0；具有磁盘容错功能，而且不像 RAID 1 那样浪费了 50%的硬盘容量。

近些年又出现了一种新的磁盘阵列 RAID 6，它是 RAID 5 的扩展。RAID 5 只有一块硬盘用来保存奇偶校验值，而 RAID 6 有两块硬盘用来保存奇偶校验值，所以 RAID 6 可以支持两块硬盘损坏之后的数据恢复。

在了解了各种 RAID 的特点之后，通过表 1-1 来总结一下不同 RAID 的特点。

表 1-1　不同 RAID 的特点

对比项目	RAID 0	RAID 1	RAID 5	RAID 6
硬盘数（块）	≥2	2	≥3	≥4
磁盘容错功能	无	最多一块硬盘损坏	最多一块硬盘损坏	最多两块硬盘损坏
读/写速度	最快	最慢	较快	较快
存储空间	硬盘利用率 100%	硬盘利用率 50%	硬盘利用率$(n-1)/n$	硬盘利用率$(n-2)/n$

5. 软 RAID 和硬 RAID

要想在服务器上实现 RAID，可以采用磁盘阵列卡（RAID 卡）来组成 RAID，也就是硬 RAID。在 RAID 卡上有专门的芯片负责 RAID 任务，因此性能要好得多，而且不占用系统性能；缺点是 RAID 卡比较昂贵。如果既不想花钱，又想使用 RAID，那么只能使用软 RAID。软 RAID 是指通过软件实现 RAID 功能。它没有多余的费用，但是更加耗费服务器系统性能，而且数据的写入速度也较硬 RAID 慢。硬 RAID 是通过不同厂商的 RAID 卡实现的，每种 RAID 卡的系统都不太一样，需要参考各个 RAID 卡厂商的说明。

笔者认为，使用软件模拟的 RAID 是没有实际使用价值的，因为 RAID 最主要的功能是数据冗余（RAID 1 和 RAID 5 具备）。也就是说，当一块硬盘损坏之后，数据不会丢失，可以通过撤除损坏硬盘后加入新硬盘的方式来修复 RAID。但是，只有在操作系统正常的情况下，才可以使用命令来修复 RAID。试想一下，操作系统是安装在 RAID 之中的，而 RAID 是安装在硬盘之上的，硬盘已经损坏了，操作系统怎么可能正常？操作系统已经损坏了，如何还能使用命令来修复 RAID？

所以，在生产环境中，要想使用 RAID，必须使用独立于硬盘之外的 RAID 卡，RAID 才能具备完整的功能。在 Linux 系统中只能使用软件模拟 RAID，所以以下实验主要用于帮助大家理解 RAID，在实际工作中不要使用软件模拟 RAID（不论是 Windows 系统还是 Linux 系统中的软 RAID 都没有实际使用价值）。

1.3.2　命令模式配置 RAID 5

我们主要以学习为目的，在命令模式下配置 RAID 5，其他 RAID 的配置方式和 RAID 5 的配置方式相似。由于软 RAID 在工作中并不常用，所以我们用 RAID 5 来举例。

在 Linux 系统中，使用 mdadm 命令建立和管理软 RAID。mdadm 命令既支持用完整的硬盘建立 RAID，也支持用硬盘中的不同分区建立 RAID。在这里使用分区建立 RAID。

1. 建立 3 个 2GB 大小的分区和 1 个 2GB 大小的备份分区

仍然建立 3 个 2GB 大小的分区，用于构建 RAID 5。不过，在这里多建立了 1 个 2GB 大小的分区，用作备份分区。

这个备份分区的作用是什么呢？RAID 最大的好处就是具有冗余功能，当有一块硬盘或一个分区损坏时，数据不会丢失，只要插入新的硬盘或分区，依赖其他硬盘或分区就会主动重建损坏的硬盘或分区中的数据。不过，这仍然需要关闭服务器，手工插拔硬盘。如果在组成 RAID 的时候就加入了备份硬盘或备份分区，那么，当硬盘或分区损坏时，RAID 会自动用备份硬盘或备份分区代替损坏的硬盘或分区，然后立即重建数据，而不需要人为手工参与。这样就避免了服务器停机和人为手工参与，非常方便，唯一的问题就是需要多余的硬盘或分区作为备份设备。

也就是说，在这个实验中需要 4 个 2GB 大小的分区，其中 3 个组成 RAID 5，1 个作为备份分区。建立分区的过程这里不再详细解释。在建立完分区之后，可以使用 gdisk 命令查看。命令如下：

```
[root@localhost ~]# gdisk -l /dev/sdb
GPT fdisk (gdisk) version 0.8.6

Partition table scan:
  MBR: protective
  BSD: not present
  APM: not present
  GPT: present

Found valid GPT with protective MBR; using GPT.
Disk /dev/sdb: 41943040 sectors, 20.0 GiB
Logical sector size: 512 bytes
Disk identifier (GUID): 7CD12B2E-6189-4510-B1AE-E06C40DB6164
Partition table holds up to 128 entries
First usable sector is 34, last usable sector is 41943006
Partitions will be aligned on 2048-sector boundaries
Total free space is 25165757 sectors (12.0 GiB)

Number  Start (sector)    End (sector)  Size       Code  Name
   1            2048         4196351   2.0 GiB     8300  Linux filesystem
   2         4196352         8390655   2.0 GiB     8300  Linux filesystem
   3         8390656        12584959   2.0 GiB     8300  Linux filesystem
   4        12584960        16779263   2.0 GiB     8300  Linux filesystem
#GPT 分区表，不用再考虑主分区、扩展分区和逻辑分区的区别，从 sdb1 到 sdb4 依次分配即可
```

我们建立了/dev/sdb1、/dev/sdb2、/dev/sdb3 和/dev/sdb4 共 4 个 2GB 大小的分区。

2. 建立 RAID 5

使用 mdadm 命令建立 RAID，命令格式如下：

```
[root@localhost ~]# mdadm [模式] [RAID设备文件名] [选项]
模式:
   Assemble: 加入一个已经存在的阵列
   Build: 创建一个没有超级块的阵列
   Create: 创建一个阵列，每个设备都具有超级块
   Manage: 管理阵列，如添加设备和删除损坏设备
   Misc: 允许单独对阵列中的设备进行操作，如停止阵列
   Follow or Monitor: 监控 RAID 的状态
   Grow: 改变 RAID 的容量或阵列中的磁盘数目
选项:
   -s,--scan: 扫描配置文件或/proc/mdstat 文件，发现丢失的信息
   -D,--detail: 查看磁盘阵列详细信息
   -C,--create: 建立新的磁盘阵列，也就是调用 Create 模式
   -a,--auto=yes: 采用标准格式建立磁盘阵列
   -n,--raid-devices=数字: 使用几块硬盘或几个分区组成 RAID
   -l,--level=级别: 创建 RAID 的级别，可以是 0、1、5
   -x,--spare-devices=数字: 使用几块硬盘或几个分区组成备份设备
   -a,--add 设备文件名: 在已经存在的 RAID 中加入设备
   -r,--remove 设备文件名: 从已经存在的 RAID 中移除设备
   -f,--fail 设备文件名: 把某个组成 RAID 的设备设置为错误状态
   -S,--stop: 停止 RAID 设备
   -A,--assemble: 按照配置文件加载 RAID
```

因为我们准备创建的是 RAID 5，所以使用以下命令创建：

```
[root@localhost ~]# mdadm --create --auto=yes /dev/md0 --level=5 \
--raid-devices=3 --spare-devices=1 /dev/sdb1 /dev/sdb2 /dev/sdb3 /dev/sdb4
```

其中，/dev/md0 是第一个 RAID 设备的设备文件名。如果还有其他 RAID 设备，则可以使用/dev/md[0~9]来表示。我们建立了 RAID 5，使用了 3 个分区，并建立了 1 个备份分区。先查看一下新建立的/dev/md0，命令如下：

```
[root@localhost ~]# mdadm --detail /dev/md0
/dev/md0:
      Version    : 1.2                              ←设备文件名
  Creation Time  : Wed May 22 00:31:27 2019         ←创建时间
     Raid Level  : raid5                            ←RAID 级别
     Array Size  : 4188160 (3.99 GiB 4.29 GB)       ←RAID 的可用容量
  Used Dev Size  : 2094080 (2045.00 MiB 2144.34 MB) ←每个分区的容量
   Raid Devices  : 3                                ←组成 RAID 的设备数
  Total Devices  : 4                                ←总设备数
```

```
     Persistence    : Superblock is persistent

     Update Time    : Wed May 22 00:31:38 2019
           State    : clean
  Active Devices    : 3                                      ←激活的设备数
 Working Devices    : 4                                      ←可用的设备数
  Failed Devices    : 0                                      ←错误的设备数
   Spare Devices    : 1                                      ←备用的设备数

          Layout    : left-symmetric
      Chunk Size    : 512K

Consistency Policy : resync

            Name : localhost.localdomain:0  (local to host localhost.localdomain)
            UUID : 7ae8a004:9bb60d9c:2dc575e4:5764264b
          Events : 18

    Number   Major   Minor   RaidDevice State
       0       8       17        0      active sync   /dev/sdb1
       1       8       18        1      active sync   /dev/sdb2
       4       8       19        2      active sync   /dev/sdb3
    #3 个激活的分区
       3       8       20        -      spare         /dev/sdb4
    #备份分区
```

再查看/proc/mdstat 文件，在这个文件中也保存了 RAID 的相关信息。命令如下：

```
[root@localhost ~]# cat /proc/mdstat
Personalities : [raid6] [raid5] [raid4]
md0 : active raid5 sdb3[4] sdb4[3](S) sdb2[1] sdb1[0]
#RAID 名   级别        组成 RAID 的分区，[数字]是此分区在 RAID 中的顺序
#(S)代表备份分区
    4206592 blocks super 1.2 level 5, 512k chunk, algorithm 2 [3/3] [UUU]
#    总 block 数                等级是 5    区块大小     阵列算法   [组成设备数/正常设备数]
unused devices: <none>
```

3. 格式化与挂载 RAID

虽然已经创建了 RAID 5，但是，要想正常使用，还需要格式化和挂载。格式化命令如下：

```
[root@localhost ~]# mkfs -t xfs /dev/md0
```

挂载命令如下：

```
[root@localhost ~]# mkdir /raid
```

```
#建立挂载点
[root@localhost ~]# mount /dev/md0 /raid/
#挂载/dev/md0
[root@localhost ~]# mount | grep /dev/md0
/dev/md0 on /raid type xfs (rw,relatime,seclabel,attr2,inode64,sunit=1024,
swidth=2048,noquota)
#查看一下，已经正常挂载
```

4．生成 mdadm 配置文件

在 CentOS 7.x 中，mdadm 配置文件并不存在，需要手工建立。使用以下命令建立/etc/mdadm.conf 配置文件：

```
 [root@localhost ~]# mdadm -Ds >>  /etc/mdadm.conf
#查看和扫描 RAID 信息，并追加到/etc/mdadm.conf 文件中
[root@localhost ~]# cat /etc/mdadm.conf
ARRAY    /dev/md0    metadata=1.2    spares=1    name=localhost.localdomain:0
UUID=7ae8a004:9bb60d9c:2dc575e4:5764264b
#查看文件内容
```

5．设置开机后自动挂载

设置开机后自动挂载需要修改/etc/fstab 配置文件，命令如下：

```
[root@localhost ~]# vi /etc/fstab
/dev/md0              /raid                 xfs    defaults       0 0
#加入此行
```

如果要重新启动，则一定要在这一步完成之后再进行，否则会报错。

6．模拟分区出现故障

虽然已经配置了 RAID，但是它真的生效了吗？我们模拟磁盘报错，看看备份分区是否会自动代替错误分区。mdadm 命令有一个选项-f，其作用是把一块硬盘或一个分区变成错误状态，用来模拟 RAID 报错。命令如下：

```
[root@localhost ~]# mdadm /dev/md0 -f /dev/sdb2
mdadm: set /dev/sdb2 faulty in /dev/md0
#模拟/dev/sdb2 分区报错
[root@localhost ~]# mdadm -D /dev/md0
/dev/md0:
…省略部分输出…
Active Devices : 2
Working Devices : 3
 Failed Devices : 1                              ←一个设备报错了
  Spare Devices : 1

…省略部分输出…
```

```
  Number   Major   Minor   RaidDevice State
     0       8      17        0      active sync          /dev/sdb1
     3       8      20        1      spare rebuilding     /dev/sdb4
     4       8      19        2      active sync          /dev/sdb3
 #/dev/sdb4 分区正在准备修复
     1       8      18        -      faulty               /dev/sdb2
 #/dev/sdb2 分区已经报错了
```

要想看到上面的效果，在查看时要快一点，否则修复可能就完成了。因为有备份分区的存在，所以分区损坏了，是不用管理员手工参与的。如果修复完成再查看，就会出现下面的情况：

```
  Number   Major   Minor   RaidDevice State
     0       8      17        0      active sync      /dev/sdb1
     3       8      20        1      active sync      /dev/sdb4
     4       8      19        2      active sync      /dev/sdb3

     1       8      18        -      faulty           /dev/sdb2
```

备份分区/dev/sdb4 已经被激活，而/dev/sdb2 分区失效了。

7．移除错误分区

既然分区已经报错，就把/dev/sdb2 分区从 RAID 中移除。如果报错的是硬盘，则可以进行更换硬盘的处理。移除命令如下：

```
[root@localhost ~]# mdadm /dev/md0  --remove /dev/sdb2
mdadm: hot removed /dev/sdb2 from /dev/md0
```

8．添加新的备份分区

既然分区已经报错，那么还需要加入一个新的备份分区，以防下次硬盘或分区出现问题。既然要加入新的备份分区，那么还需要再划分出一个 2GB 大小的分区。命令如下：

```
[root@localhost ~]# gdisk -l /dev/sdb
Disk /dev/sdb: 21.5 GB, 21474836480 bytes
255 heads, 63 sectors/track, 2610 cylinders
Units = cylinders of 16065 * 512 = 8225280 bytes
Sector size (logical/physical): 512 bytes / 512 bytes
I/O size (minimum/optimal): 512 bytes / 512 bytes
Disk identifier: 0x151a68a9

Number  Start (sector)    End (sector)  Size       Code  Name
   1            2048         4196351   2.0 GiB    8300  Linux filesystem
   2         4196352         8390655   2.0 GiB    8300  Linux filesystem
   3         8390656        12584959   2.0 GiB    8300  Linux filesystem
   4        12584960        16779263   2.0 GiB    8300  Linux filesystem
   5        16779264        20973567   2.0 GiB    8300  Linux filesystem
```

新建/dev/sdb5 分区，然后把它加入/dev/md0 中作为备份分区。命令如下：

```
[root@localhost ~]# mdadm /dev/md0 --add /dev/sdb5
mdadm: added /dev/sdb5
#把/dev/sdb5 分区加入/dev/md0 中
[root@localhost ~]# mdadm -D /dev/md0
…省略部分输出…
    Number   Major   Minor   RaidDevice State
       0       8       17        0      active sync   /dev/sdb1
       3       8       20        1      active sync   /dev/sdb4
       4       8       19        2      active sync   /dev/sdb3

       5       8       21        -      spare         /dev/sdb5
#查看一下，/dev/sdb5 分区已经变成了备份分区
```

本章小结

本章重点

- 磁盘配额。
- LVM 配置。
- RAID 配置。

本章难点

- 磁盘配额。
- 命令模式管理 LVM。
- 调整 LVM 分区大小。
- 命令模式配置 RAID。

测试题

一、单选题

1. 以下关于磁盘配额的说法，哪个是正确的？

A. 在组配额中，组中所有的用户会平分组配额空间

B. 空文件不会占用硬盘资源，所以不必限制文件的个数

C. 软限制是警告限制，而硬限制才是实际生效的限制

D. 磁盘配额可以限制目录的大小

2. 使用 edquota 命令，设置磁盘配额宽限时间的选项是哪个？

A．-u　B．-g　C．-p　D．-t

3．查看用户磁盘配额的命令是哪个？

A．quotaon　B．quota　C．edquota　D．quotacheck

4．以下关于 LVM 的说法，哪个是错误的？

A．在 LVM 中可以动态调整分区的大小

B．LVM 建立的分区不需要格式化，可以直接使用

C．在 LVM 中，卷组和逻辑卷都可以动态调整大小

D．物理扩展的默认大小是 4MB

5．物理卷的分区 ID 是多少？

A．8200　B．8300　C．8500　D．8e00

6．查看卷组的命令是哪个？

A．pvdisplay　B．lvscan　C．lvdisplay　D．vgdisplay

7．以下关于镜像卷（RAID 1）的说法，哪个是正确的？

A．镜像卷只能由两块同样大小的硬盘或分区组成

B．镜像卷是所有磁盘阵列中读/写速度最快的一种

C．镜像卷没有磁盘容错功能

D．镜像卷需要使用 1/*n* 块磁盘空间作为奇偶校验

8．创建 RAID 10，至少需要几块相同容量的硬盘？

A．2　B．3　C．4　D．5

二、操作题

1．在虚拟机中添加一块 10GB 大小的硬盘，并划分其中的 8GB 空间给/soft 分区，设置用户 Jackman 在/soft 分区中只能使用 500MB 空间。

2．再添加一块 10GB 大小的硬盘，然后使用这块硬盘建立 4 个 2GB 大小的分区。使用这 4 个新分区组建 RAID 10。

第2章 化简单为神奇：Shell 基础

学前导读

Shell 是 Linux 系统的命令行解释器，简单来说，可以理解为 Linux 系统提供给用户的使用界面，而 Linux 系统的 Shell 是 Bash。Bash 的内容非常之多，包括 Bash 操作环境的构建、输入/输出重定向、管道符、变量的设置和使用，当然还包括 Shell 编程。Shell 编程可以帮助管理员更加有效和方便地进行系统维护与管理，所以大家要好好学习 Shell 编程。

本章内容

2.1 Shell 概述

2.1.1 什么是 Shell

我们平时所说的 Shell 可以理解为 Linux 系统提供给用户的使用界面。Shell 为用户提供了输入命令和参数并可得到命令执行结果的环境。当一个用户登录 Linux 系统之后，系统初始化程序 init 就会根据/etc/passwd 文件中的设定，为该用户运行一个被称为 Shell 的程序。

确切地说，Shell 是一个命令行解释器，它为用户提供了一个向 Linux 内核发送请求以便运行程序的界面系统级程序，用户可以用 Shell 来启动、挂起、停止甚至编写一些程序。Shell 处在内核与外层应用程序之间，起着协调用户与系统的一致性、在用户与系统之间进行交互的作用。如图 2-1 所示是 Linux 系统层次结构图，Shell 接收用户输入的命令，并把用户输入的命令从类似 abcd 的 ASCII 码解释为类似 0101 的机器语言，然后把命令提交给系统内核处理；当系统内核处理完毕之后，再通过 Shell 把处理结果返回给用户。

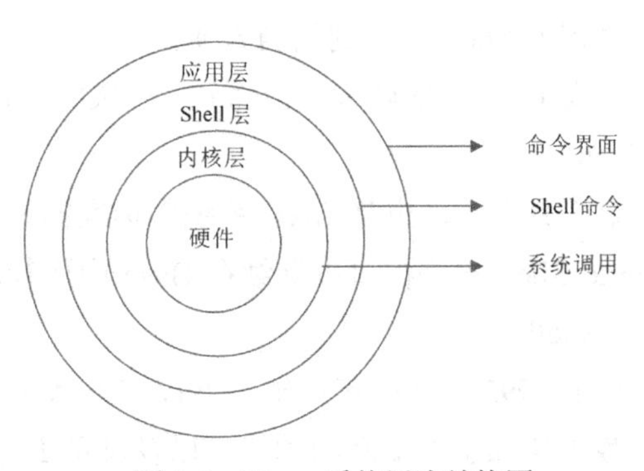

图 2-1　Linux 系统层次结构图

Shell 与其他 Linux 系统命令一样，都是实用程序，但它们之间还是有区别的。一旦用户注册到系统后，Shell 就被系统装入内存并一直运行到用户退出系统为止；而一般命令仅当被调用时，才由系统装入内存执行。

与一般命令相比，Shell 除了是一个命令行解释器，还是一门功能强大的编程语言，易编写，易调试，灵活性较强。作为一种命令级语言，Shell 是解释性的，组合功能很强，与操作系统有密切的关系，可以在 Shell 脚本中直接使用系统命令。大多数 Linux 系统的启动相关文件（一般在/etc/rc.d 目录下）都是使用 Shell 脚本编写的。与传统的编程语言一样，Shell 提供了很多特性，这些特性可以使 Shell 脚本编程更为有用，如数据变量、参数传递、判断、流程控制、数据输入和输出、子程序及中断处理等。

说了这么多，其实我们在 Linux 系统中操作的字符界面就是 Linux 系统的 Shell，也就是 Bash。但是，图形界面是 Shell 吗？其实，如果从广义上讲，图形界面当然也是 Shell，因为它同样用来接收用户的操作，并传递到内核进行处理。不过，这里的 Shell 主要指的是 Bash。

2.1.2　Shell 的类别

目前 Shell 的类别有很多种，如 Bourne Shell、C Shell、Bash、ksh、tcsh 等，它们各有特

点，下面简单介绍一下。

最重要的 Shell 是 Bourne Shell，这个命名是为了纪念此 Shell 的发明者 Steven Bourne。从 1979 年起，UNIX 系统就开始使用 Bourne Shell。Bourne Shell 的主文件名为 sh，开发人员便以 sh 作为 Bourne Shell 的主要识别名称。

虽然 Linux 系统与 UNIX 系统一样，可以支持多种 Shell，但是 Bourne Shell 的重要地位至今没有改变，在 Linux 系统的各个版本中仍然使用 sh 作为重要的管理工具。它的工作从开机到关机，几乎无所不包。在 Linux 系统中，用户 Shell 主要是 Bash，但在启动脚本、编辑等很多工作中仍然使用 Bourne Shell。

C Shell 是广为流行的 Shell 变种。C Shell 主要在 BSD 版的 UNIX 系统中使用，其发明者是加利福尼亚大学伯克利分校的 Bill Joy。C Shell 因为其语法和 C 语言的语法类似而得名，这也使得 UNIX 系统工程师在学习 C Shell 时感到相当方便。

Bourne Shell 和 C Shell 形成了 Shell 的两大主流派别，后来的变种大都吸取了这两种 Shell 的特点，如 Korn、tcsh 及 Bash。

Bash 是 GNU 计划的重要工具之一，也是 GNU 系统中标准的 Shell。Bash 与 sh 兼容，所以许多早期开发出来的 Bourne Shell 程序都可以继续在 Bash 中运行。现在使用的 Linux 系统就使用 Bash 作为用户的基本 Shell。

Bash 于 1988 年发布，并在 1995—1996 年推出了 Bash 2.0 版本。在这之前，广为使用的版本是 1.14 版本。Bash 2.0 版本增加了许多新的功能，以及具备更好的兼容性。

表 2-1 详细列出了 Shell 各类别的具体情况。

表 2-1　Shell 各类别的具体情况

Shell 类别	易学性	可移植性	编辑性	快捷性
Bourne Shell（sh）	容易	好	较差	较差
Korn Shell（ksh）	较难	较好	好	较好
Bourne Again（Bash）	难	较好	好	好
POSIX Shell（psh）	较难	好	好	较好
C Shell（csh）	较难	差	较好	较好
TC Shell（tcsh）	难	差	好	好
Z Shell（zsh）	难	差	好	好

注意：Shell 的两种主要语法类型有 Bourne 和 C，这两种语法彼此不兼容。Bourne 家族主要包括 sh、ksh、Bash、psh、zsh；C 家族主要包括 csh、tcsh（Bash 和 zsh 在不同程度上支持 csh 的语法）。

本章讲述的脚本编程就是在 Bash 环境中进行的。不过，在 Linux 系统中，除了可以支持 Bash，还可以支持很多其他的 Shell。可以通过/etc/shells 文件来查看 Linux 系统支持的 Shell。命令如下：

```
[root@localhost ~]# vi /etc/shells
/bin/sh
```

```
/bin/bash
/sbin/nologin
/usr/bin/sh
/usr/bin/bash
/usr/sbin/nologin
/bin/tcsh
/bin/csh
```

在 Linux 系统中，这些 Shell 是可以任意切换的。命令如下：

```
[root@localhost ~]# sh
#切换到 sh
sh-4.2#
#sh 的提示符界面

sh-4.1# exit
exit
#退回到 Bash 中

[root@localhost ~]# csh
#切换到 csh
[root@localhost ~]#
#csh 的提示符界面，和 Bash 的提示符界面一致
```

用户信息文件/etc/passwd 的最后一列就是这个用户的登录 Shell。命令如下：

```
[root@localhost ~]# vi /etc/passwd
root:x:0:0:root:/root:/bin/bash
bin:x:1:1:bin:/bin:/sbin/nologin
daemon:x:2:2:daemon:/sbin:/sbin/nologin
…省略部分输出…
```

可以看到，root 用户和其他可以登录系统的普通用户的登录 Shell 都是/bin/bash，也就是 Linux 系统的标准 Shell，所以这些用户在登录之后可以执行权限范围内的所有命令。不过，所有的系统用户（伪用户）因为登录 Shell 是/sbin/nologin，所以不能登录系统。

2.2 Shell 脚本的运行方式

2.2.1 输出命令 echo

一般学习一种编程语言，编写的第一个脚本都是打印“Hello world!”。我们也编写一个

“Hello world!”脚本，用来学习 Shell 脚本的运行方式。不过，在编写脚本之前，需要学习 Linux 系统的输出命令 echo。命令格式如下：

```
[root@localhost ~]# echo [选项] [输出内容]
选项：
    -e:      支持反斜线控制的字符转换（具体参见表 2-2）
    -n:      取消输出后行末的换行符号（输出内容结束后不换行）
```

其实 echo 命令非常简单，如果命令的输出内容没有特殊含义，则原内容打印到屏幕上；如果命令的输出内容有特殊含义，则打印其含义到屏幕上。

```
例子 1:
[root@localhost ~]# echo "Mr. Shen Chao is a good man! "
#echo 的输出内容就会被打印到屏幕上
Mr. Shen Chao is a good man!
[root@localhost ~]#
```

注意：在!和"之间要有空格，否则会报错。

```
例子 2:
[root@localhost ~]# echo -n "Mr. Shen Chao is a good man! "
Mr. Shen Chao is a good man! [root@localhost ~]#
#如果加入了“-n”选项，则在输出内容结束后，不会换行，直接显示新行的提示符
```

在 echo 命令中如果使用了“-e”选项，则可以支持控制字符，如表 2-2 所示。

表 2-2 控制字符

控制字符	作 用
\\	输出“\”本身
\a	输出警告音（嘀嘀的声音）
\b	退格键，也就是向左删除键
\c	取消输出后行末的换行符号。和“-n”选项的作用一致
\e	Esc 键
\f	换页符
\n	换行符
\r	Enter 键
\t	制表符，也就是 Tab 键
\v	垂直制表符
\0nnn	按照八进制 ASCII 码表输出字符。其中，0 为数字 0，nnn 是 3 位八进制数
\xhh	按照十六进制 ASCII 码表输出字符。其中，hh 是两位十六进制数

举几个例子来说明一下“-e”选项。

```
例子 3:
[root@localhost ~]# echo -e "\\ \a"
```

```
\
#输出 "\"，同时会在系统音响中输出一声警告音
```

在这个例子中，echo 命令会输出"\"。如果不像"\\"这样写，那么因为"\"有特殊含义，所以不会输出。如果想要听到警告音，那么记得不能用远程工具输入，需要在虚拟机或服务器本机上输入，并且开启声音。

```
例子 4：
[root@localhost ~]# echo -e "ab\bc"
ac
#在这个输出中，因为在 b 键右侧有 "\b"，所以在输出时只有 ac

例子 5：
[root@localhost ~]# echo -e "a\tb\tc\nd\te\tf"
a       b       c
d       e       f
#因为加入了制表符 "\t" 和换行符 "\n"，所以会按照格式输出

例子 6：
[root@localhost ~]# echo -e "\0141\t\0142\t\0143\n\0144\t\0145\t\0146"
a       b       c
d       e       f
#仍会输出上面的内容，不过是按照八进制 ASCII 码表输出的
```

也就是说，141 这个八进制数在 ASCII 码表中代表小写的"a"，其他的以此类推。

```
例子 7：
[root@localhost ~]# echo -e "\x61\t\x62\t\x63\n\x64\t\x65\t\x66"
a       b       c
d       e       f
#如果按照十六进制 ASCII 码表，则同样可以输出
```

echo 命令还可以输出一些比较有意思的内容。

```
例子 8：
[root@localhost ~]# echo -e "\e[1;31m  abcd \e[0m"
```

这条命令会把 abcd 按照红色输出。解释一下这条命令：\e[1 是标准格式，代表颜色输出开始，\e[0m 代表颜色输出结束，31m 用于定义字体颜色为红色。echo 命令能够识别的颜色如下：30m=黑色，31m=红色，32m=绿色，33m=黄色，34m=蓝色，35m=洋红，36m=青色，37m=白色。

```
例子 9：
[root@localhost ~]# echo -e "\e[1;42m abcd \e[0m"
```

这条命令会给 abcd 加入一个绿色的背景。echo 命令可以使用的背景颜色如下：40m=黑色，41m=红色，42m=绿色，43m=黄色，44m=蓝色，45m=洋红，46m=青色，47m=白色。

2.2.2 Shell 脚本的运行

1. 第一个 Shell 脚本

做什么事情都会有第一次，我们学习语言的第一次就是编写著名的“Hello world！”程序。命令如下：

```
[root@localhost ~]# mkdir sh
[root@localhost ~]# cd sh
#建立 Shell 练习目录，以后编写的 Shell 脚本都保存在这个目录当中

[root@localhost sh]# vi hello.sh
#!/bin/bash
# The first program
# Author: shenchao (Weibo: http://weibo.com/lampsc)
#这是笔者的微博地址，虽然很少更新，但是学员在里面提问，笔者每周都会回答

echo -e "Mr. Shen Chao is a good man!  "
#注意：在！和"之间要有空格
```

大家发现了吗？在 Shell 脚本中是可以直接使用 echo 命令的。其实不止 echo 命令，所有的 Linux 系统命令都可以直接在 Shell 脚本中被调用。这种特性使得 Shell 脚本和 Linux 系统结合得更加紧密，也更加方便了 Shell 脚本的编写。

解释一下这个脚本。

- 第一行“#!/bin/bash”。

在 Linux 系统中，以“#”开头的语句一般是注释，不过这句话是例外的。这句话的作用是标称以下编写的脚本使用的是 Bash 语法。只要编写的是基于 Bash 的 Shell 脚本，都应该这样开头。这就像在 HTML 语言中嵌入 PHP 程序时，PHP 程序必须用<? ?>包含起来。

不过，有一些比较喜欢钻研的人也会有疑问，他们在编写 Shell 脚本时，不加“#!/bin/bash”这句话，Shell 脚本也可以正常运行。那是因为我们的脚本是在默认 Shell 就是 Bash 的 Linux 系统中编写的，而且只有纯 Bash 脚本才能够正常运行。如果把脚本放在默认 Shell 不是 Bash 的 Linux 系统中运行，或者编写的脚本不是纯 Bash 语言，而嵌入了其他语言（如 expect 语言）的，那么这个脚本就不能正常运行了。所以，大家还是要记住，我们的 Shell 脚本必须以“#!/bin/bash”语句开头。

- 第二行与第三行。

在 Shell 脚本中，除“#!/bin/bash”这行外，其他行只要是以“#”开头的都是注释。第二行和第三行就是我们这个脚本的注释。建议大家在编写程序时加入清晰而详尽的注释，这是在

建立良好的编程规范时应该注意的问题。

- 第四行就是程序的主体了。

既然 echo 命令可以直接打印“Mr. She Chao is a good man!”，那么，将这句话放入 Shell 脚本中也是可以正确执行的，因为 Linux 系统命令是可以直接在脚本中执行的。

2. 运行方式

Shell 脚本编写好了，该如何运行呢？在 Linux 系统中，脚本的运行主要有两种方式。

- 赋予执行权限，直接运行。

这是最常用的 Shell 脚本运行方式，也最为直接、简单。就是在赋予脚本执行权限之后，直接运行。当然，在运行时既可以使用绝对路径，也可以使用相对路径。命令如下：

```
[root@localhost sh]# chmod 755 hello.sh
#赋予脚本执行权限
[root@localhost sh]# /root/sh/hello.sh
Mr. Shen Chao is a good man!
#使用绝对路径运行
[root@localhost sh]# ./hello.sh
Mr. Shen Chao is a good man!
#因为目前位于/root/sh 目录中，所以也可以使用相对路径运行
```

Shell 脚本是否可以像 Linux 系统命令一样，不用指定路径，直接运行呢？当然是可以的，不过需要进行环境变量的配置。在这里大家只需要知道，我们自己编写的 Shell 脚本默认是不能直接运行的，要么使用绝对路径，要么使用相对路径。

- 通过 Bash 调用运行脚本。

这种方式也非常简单，命令如下：

```
[root@localhost sh]# bash hello.sh
Mr. Shen Chao is a good man!
```

这种方式的意思是直接使用 Bash 去解释脚本中的内容，所以这个脚本也可以正常运行。使用这种方式运行脚本，甚至不需要脚本拥有执行权限，只要拥有读权限就可以了。

这两种 Shell 脚本的运行方式，大家可以按照个人习惯随意使用。

2.3 Bash 的基本功能

我们已经知道了 Shell 是什么，也编写了一个简单的 Shell 脚本，那么，Bash 还有哪些非常方便的功能呢？Bash 能够支持非常多的功能，在这里主要介绍历史命令、命令与文件补全、命令别名、常用快捷键、输入/输出重定向、多命令顺序执行、管道符、通配符和其他特殊字符。其他内容，如工作管理（前台、后台控制，参考第 6 章），将在其他章节中介绍。

2.3.1 历史命令

1. 历史命令的查看

Bash 拥有完善的历史命令，这对于简化管理操作、排查系统错误都有重要的作用，而且使用简单、方便，建议大家多使用历史命令。系统保存的历史命令可以使用 history 命令查看，命令格式如下：

```
[root@localhost ~]# history [选项] [历史命令保存文件]
选项：
   -c:      清空历史命令
   -w:      把缓存中的历史命令写入历史命令保存文件中。如果不手工指定历史命令保存文
            件，则会把缓存中的历史命令写入默认历史命令保存文件~/.bash_history 中
```

如果 history 命令直接回车，则可用于查看系统保存的历史命令。命令如下：

```
[root@localhost ~]# history
…省略部分输出…
  421  chmod 755 hello.sh
  422  /root/sh/hello.sh
  423  ./hello.sh
  424  bash hello.sh
  425  history
```

这样就可以查看刚刚输入的系统命令，而且每条命令都是有编号的。系统默认保存 1 000 条历史命令，这是通过环境变量（环境变量的含义参见 2.4.3 节）HISTSIZE 来进行设置的，可以在环境变量配置文件/etc/profile 中进行修改。命令如下：

```
[root@localhost ~]# vi /etc/profile
…省略部分输出…
HISTSIZE=1000
…省略部分输出…
```

如果觉得 1 000 条历史命令不够日常管理使用，那么是否可以增加呢？当然可以，只需修改环境变量配置文件/etc/profile 中的 HISTSIZE 字段即可。不过，我们需要考虑一个问题：这些历史命令是保存在哪里的呢？如果历史命令是保存在文件中的，那么我们可以放心地增加历史命令的保存数量，因为哪怕有几万条历史命令，也不会占用多大的硬盘空间。但是，如果历史命令是保存在内存当中的，就要小心了。好在历史命令是保存在~/.bash_history 文件中的，所以我们可以放心地增加历史命令的保存数量，如 10 000 条。命令如下：

```
[root@localhost ~]# vi /etc/profile
…省略部分输出…
HISTSIZE=10000
…省略部分输出…
```

需要注意的是，因为每个用户的历史命令是单独保存的，所以在每个用户的家目录中都有.bash_history 这个历史命令保存文件。

如果某个用户的历史命令总条数超过了历史命令的保存数量，那么新命令会变成最后一条命令，而最早的命令会被删除。假设系统只能保存 1 000 条历史命令，而笔者已经保存了 1 000 条历史命令，那么新输入的命令会被保存成第 1 000 条命令，而最早的第 1 条命令会被删除。

还要注意，使用 history 命令查看到的历史命令和~/.bash_history 文件中保存的历史命令是不同的。这是因为当前登录操作的命令并没有被直接写入~/.bash_history 文件中，而是被保存在缓存中，需要等当前用户注销之后，缓存中的命令才会被写入~/.bash_history 文件中。如果需要把缓存中的命令直接写入~/.bash_history 文件中，而不等当前用户注销后再写入，则需要使用“-w”选项。命令如下：

```
[root@localhost ~]# history -w
#把缓存中的历史命令直接写入~/.bash_history 文件中
```

这时再去查看~/.bash_history 文件，查看到的历史命令就和使用 history 命令查看到的历史命令一致了。

如果需要清空历史命令，则只需执行如下命令：

```
[root@localhost ~]# history -c
#清空历史命令
```

这样就会把缓存和~/.bash_history 文件中保存的历史命令清空。

2. 历史命令的调用

如果想要使用原先的历史命令，则有以下几种方法：

- 使用上、下箭头调用以前的历史命令。
- 使用“!n”重复执行第 *n* 条历史命令。

```
[root@localhost ~]# history
…省略部分输出…
  421  chmod 755 hello.sh
  422  /root/sh/hello.sh
  423  ./hello.sh
  424  bash hello.sh
  425  history

[root@localhost sh]# !424
#重复执行第 424 条命令
```

- 使用“!!”重复执行上一条命令。

```
[root@localhost sh]# !!
#如果接着上一条命令，则会把第 424 条命令再执行一遍
```

- 使用“!字符串”重复执行最后一条以该字符串开头的命令。

```
[root@localhost sh]# !bash
#重复执行最后一条以 bash 开头的命令，也就是第 424 条命令 bash hello.sh
```

- 使用“!$”重复上一条命令的最后一个参数。

```
[root@localhost ~]# cat /etc/sysconfig/network-scripts/ifcfg-eth0
#查看网卡配置文件的内容
[root@localhost ~]# vi !$
# “!$”代表上一条命令的最后一个参数，也就是/etc/sysconfig/network-scripts/ifcfg-eth0
```

2.3.2 命令与文件补全

在 Bash 中，命令与文件补全是非常方便与常用的功能，只要在输入命令或文件时按 Tab 键，就会自动进行补全。命令补全是按照 PATH 环境变量所定义的路径查找命令的（在 2.4.3 节中会详细介绍），而文件补全是按照文件位置查找文件的。

比如，想要知道以 user 开头的命令有多少，就可以执行以下操作：

```
[root@localhost ~]# user
#输入 user，按 Tab 键。如果以 user 开头的命令只有一条，就会补全这条命令
#如果以 user 开头的命令有多条，则只要按两次 Tab 键，就会列出所有以 user 开头的命令
useradd     userdel     userhelper usermod     usernetctl  users
```

不仅命令可以补全，文件和目录也可以用 Tab 键进行补全。大家一定要养成使用 Tab 键进行补全的习惯，这样不仅可以加快输入速度，而且可以减少输入错误。

2.3.3 命令别名

命令别名是什么呢？可以把它当作命令的“小名”。但是，这样做有什么意义呢？

比如，笔者刚接触 Linux 系统时，使用的编辑器是 Vi，但是现在 Vim 的功能明显比 Vi 的功能更加强大，所以现在流行的编辑器变成了 Vim。但是，笔者已经习惯了输入 vi 命令，而不习惯输入 vim 命令，别看一个小小的“m”的区别，在执行命令时总觉得别扭，这时别名就可以起作用了。只要定义 vim 命令的别名为 vi，这样，以后执行的 vi 命令实际上就是 vim 命令。

```
命令格式：
[root@localhost ~]# alias
#查看命令别名
[root@localhost ~]# alias 别名='原命令'
#设定命令别名
```

```
例如：
[root@localhost ~]# alias
#查看系统中已经定义好的别名
alias cp='cp -i'
alias egrep='egrep --color=auto'
alias fgrep='fgrep --color=auto'
alias grep='grep --color=auto'
alias l.='ls -d .* --color=auto'
alias ll='ls -l --color=auto'
alias ls='ls --color=auto'
alias mv='mv -i'
alias rm='rm -i'
alias which='alias | /usr/bin/which --tty-only --read-alias --show-dot --show-
tilde'

[root@localhost ~]# alias vi='vim'
#定义 vim 命令的别名是 vi
[root@localhost ~]# alias
#重新查看别名
alias cp='cp -i'
alias egrep='egrep --color=auto'
alias fgrep='fgrep --color=auto'
alias grep='grep --color=auto'
alias l.='ls -d .* --color=auto'
alias ll='ls -l --color=auto'
alias ls='ls --color=auto'
alias mv='mv -i'
alias rm='rm -i'
alias vi='vim'                              ←别名已经生效
alias which='alias | /usr/bin/which --tty-only --read-alias --show-dot --show-
tilde'
```

大家需要注意一点，命令别名的优先级要高于命令本身的优先级。所以，一旦给 vim 命令设置了别名 vi，那么原始的 vi 命令就不能使用了。所以，除非确定原命令是不需要的，否则别名不能和系统命令重名。再举一个例子：

```
[root@localhost ~]# alias sto='/usr/local/apache2/bin/apachectl stop'
[root@localhost ~]# alias sta='/usr/local/apache2/bin/apachectl start'
```

在配置和使用 Apache 时，需要不断地重启 Apache 服务。这时，定义“sta”为 Apache 启动命令的别名，“sto”为 Apache 停止命令的别名，可以有效地加快 Apache 服务的重启速度。当然，笔者已经确定了系统中没有“sta”和“sto”命令（为了不和系统命令产生冲突，才起了这么别扭的别名），因此，这两个别名不会覆盖系统命令。

补充：如何确定系统中没有“sta”和“sto”命令呢？还记得 whereis 和 which 命令吗？

当然，使用 Tab 键命令补全功能也能够确定是否有这两个命令。手工输入命令执行一下也可以确定。

既然命令别名的优先级高于命令本身的优先级，那么，在执行命令时，具体的顺序是这样的：

（1）第一顺位执行使用绝对路径或相对路径执行的命令。

（2）第二顺位执行命令别名。

（3）第三顺位执行 Bash 的内部命令。

（4）第四顺位执行按照 PATH 环境变量定义的目录查找，顺序找到的第一条命令。

别名就是这样简单的。不过，如果使用命令直接定义别名，那么这个别名只是临时生效的，一旦注销或重启系统，这个别名就马上消失了。为了让这个别名永久生效，可以把别名写入环境变量配置文件~/.bashrc 中。命令如下：

```
[root@localhost ~]# vi /root/.bashrc
# .bashrc

# User specific aliases and functions


alias rm='rm -i'
alias cp='cp -i'
alias mv='mv -i'
alias vi='vim'
alias sto='/usr/local/apache2/bin/apachectl stop'
alias sta='/usr/local/apache2/bin/apachectl start'

# Source global definitions
if [ -f /etc/bashrc ]; then
        . /etc/bashrc
fi
```

这样一来，这些别名就可以永久生效了。那么，环境变量配置文件又是什么呢？顾名思义，环境变量配置文件就是用来定义操作环境的，别名当然也是操作环境，在 2.5.2 节中将详细介绍这个文件的作用。

设定好的别名可以删除吗？只要执行 unalias 命令就可以方便地删除别名。命令如下：

```
[root@localhost ~]# unalias vi
```

当然，如果确定要删除别名，则要同时删除环境变量配置文件中的相关项。

2.3.4 Bash 常用快捷键

在 Bash 中有非常多的快捷键，如果可以熟练地使用这些快捷键，则可以有效地提高工作效率。只是快捷键相对较多，不太容易记忆，需要多加练习和使用。Bash 常用快捷键如表 2-3 所示。

表 2-3　Bash 常用快捷键

快 捷 键	作　　用
Ctrl+A	把光标移动到命令行开头。如果输入的命令过长，则在想要把光标移动到命令行开头时使用
Ctrl+E	把光标移动到命令行结尾
Ctrl+C	强制中止当前的命令
Ctrl+L	清屏，相当于 clear 命令
Ctrl+U	删除或剪切光标之前的内容。假设输入了一行很长的命令，无须使用退格键一个个字符地删除，使用这个快捷键会更加方便
Ctrl+K	删除或剪切光标之后的内容
Ctrl+Y	粘贴 Ctrl+U 或 Ctrl+K 剪切的内容
Ctrl+R	在历史命令中进行搜索。按下 Ctrl+R 组合键之后，就会出现搜索界面，只要输入搜索内容，就会在历史命令中进行搜索
Ctrl+D	退出当前终端
Ctrl+Z	暂停，并放入后台。这个快捷键涉及工作管理的内容，将在第 6 章中详细介绍
Ctrl+S	暂停屏幕输出
Ctrl+Q	恢复屏幕输出

在这些快捷键中，加粗的快捷键比较常用，大家要熟练使用。

2.3.5 输入/输出重定向

1. Bash 的标准输入/输出

所谓输入/输出重定向，从字面上看，就是改变输入与输出方向的意思。但是，标准的输入与输出方向是什么呢？先来解释一下输入设备和输出设备各有哪些。现在计算机的输入设备非常多，常见的有键盘、鼠标、麦克风、手写板等；常见的输出设备有显示器、投影仪、打印机等。不过，在 Linux 系统中，标准输入设备指的是键盘，标准输出设备指的是显示器。

在 Linux 系统中，所有的内容都是文件，计算机硬件也是文件，那么标准输入设备（键盘）和标准输出设备（显示器）当然也是文件。通过表 2-4 来看看这些标准输入/输出设备。

表 2-4　标准输入/输出设备

设　　备	设备文件名	文件描述符	类　　型
键盘	/dev/stdin	0	标准输入
显示器	/dev/stdout	1	标准输出
显示器	/dev/stderr	2	标准错误输出

Linux 是使用设备文件名来表示硬件的（比如，/dev/sda1 代表第一块 SATA 硬盘的第一个主分区），但是，键盘和显示器的设备文件名并不容易记忆，那么我们就用“0”“1”“2”来分别代表标准输入、标准输出和标准错误输出。

了解了标准输入和标准输出，那么，输出重定向指的是改变输出方向，不再输出到屏幕上，而输出到文件或其他设备中；输入重定向指的是不再使用键盘作为输入设备，而把文件的内容作为命令的输入。

2．输出重定向

输出重定向指的是把命令的执行结果不再输出到屏幕上，而输出到文件或其他设备中。这样做最大的好处就是把命令的执行结果保存到指定的文件中，在需要的时候可以随时调用。Bash 支持的输出重定向符号如表 2-5 所示。

表 2-5　Bash 支持的输出重定向符号

类　型	符　号	作　用
标准输出重定向	命令 > 文件	以覆盖的方式，把命令的正确输出输出到指定的文件或设备中
	命令 >> 文件	以追加的方式，把命令的正确输出输出到指定的文件或设备中
标准错误输出重定向	错误命令 2>文件	以覆盖的方式，把命令的错误输出输出到指定的文件或设备中
	错误命令 2>>文件	以追加的方式，把命令的错误输出输出到指定的文件或设备中
正确输出和错误输出同时保存	命令 > 文件 2>&1	以覆盖的方式，把正确输出和错误输出都保存到同一个文件中
	命令 >> 文件 2>&1	以追加的方式，把正确输出和错误输出都保存到同一个文件中
	命令 &>文件	以覆盖的方式，把正确输出和错误输出都保存到同一个文件中
	命令 &>>文件	以追加的方式，把正确输出和错误输出都保存到同一个文件中
	命令>>文件 1　2>>文件 2	把正确输出追加到文件 1 中，把错误输出追加到文件 2 中

1）标准输出重定向

在输出重定向中，“>”代表的是覆盖，“>>”代表的是追加。举一个例子：

```
[root@localhost ~]# ls -l > out.log
#ls 命令的输出并没有显示到屏幕上
[root@localhost ~]# cat out.log
总用量 4
-rw-------. 1 root root 1453 10月 24 2018 anaconda-ks.cfg
-rw-r--r--. 1 root root    0 5月  22 19:21 out.log
```

```
drwxr-xr-x. 2 root root   22 5月  22 18:37 sh
#在当前目录中出现了out.log文件，在这个文件中保存着刚刚ls命令的输出

[root@localhost ~]# pwd > out.log
#把pwd命令的输出也放入out.log文件中。也就是说，任何命令只要有输出，都可以使用输出重定向
[root@localhost ~]# cat out.log
/root
#在out.log文件中只有pwd命令的输出，而ls命令的输出被覆盖了
```

这就是“>”的作用，任何有输出的命令都可以使用输出重定向把命令的输出保存到文件中。不过，覆盖保存会把这个文件中的原有内容清空，所以追加重定向更加实用。

```
[root@localhost ~]# date >> out.log
#把date命令的输出追加到out.log文件中
[root@localhost ~]# cat out.log
/root
2019年 05月 22日 星期三 19:22:11 CST
#把日期写入了out.log文件中，但是并没有覆盖pwd命令的输出
```

2）标准错误输出重定向

如果想要把命令的错误输出保存到文件中，则用标准输出重定向是不行的。比如：

```
[root@localhost ~]# ls test >> err.log
ls: 无法访问test: 没有那个文件或目录
```

因为在当前目录下没有test文件或目录，所以“ls test”命令报错了。不过，命令的错误输出并没有保存到err.log文件中，而输出到了屏幕上。这时需要这样来写这条命令：

```
[root@localhost ~]# ls test 2>> err.log
#错误输出重定向，错误输出没有输出到屏幕上，而写入了err.log文件中
[root@localhost ~]# cat err.log
ls: 无法访问test: 没有那个文件或目录
```

2代表错误输出，只有这样，才能把命令的错误输出保存到指定的文件中。需要注意的是，在错误输出的大于号左侧一定不能有空格，否则会报错；右侧加不加空格则没有影响。但是，为了方便记忆，建议在错误输出的大于号左右两侧都不能有空格。

3）正确输出和错误输出同时保存

在实际使用中，以上两种方法都不实用，因为正确输出和错误输出的保存方法是分开的。也就是说，正确输出和错误输出的格式是不同的。要想保存命令的错误输出，需要事先知道命令会报错，才能采用错误输出保存格式，这显然是不合理的。

那么，最常用的还是可以把正确输出和错误输出都保存下来的方法。命令如下：

```
[root@localhost ~]# ls >> out.log 2>&1
[root@localhost ~]# ls test &>>out.log
```

```
#把正确输出和错误输出都保存到out.log文件中
#这两种方法都可以使用，看个人习惯

[root@localhost ~]# cat out.log
/root
2013年 06月 06日 星期四 16:51:36 CST
anaconda-ks.cfg                              ←命令的正确输出追加保存了
err.log
install.log
install.log.syslog
out.log
sh
ls: 无法访问 test: 没有那个文件或目录         ←命令的错误输出也追加保存了
```

要想把正确输出和错误输出写入同一个文件中，有两种方法。

- “命令 >> 文件 2>&1”。
- “命令 &>>文件”。

按照个人习惯，这两种方法都可以使用。不过，我们还可以把正确输出和错误输出分别保存到不同的文件中。命令如下：

```
[root@localhost ~]# ls >> list.log 2>>err.log
```

如果这样写，会把命令的正确输出写入 list.log 文件中，可以当作正确日志；把命令的错误输出写入 err.log 文件中，可以当作错误日志。笔者认为，如果要保存命令的执行结果，那么这种方法更加清晰。

如果我们既不想把命令的执行结果保存下来，也不想把命令的执行结果输出到屏幕上，干扰命令的执行，则可以把命令的所有执行结果放入/dev/null 中。大家可以把/dev/null 当成 Linux 系统的垃圾箱，任何放入垃圾箱的数据都会被丢弃，而且不能被恢复。命令如下：

```
[root@localhost ~]# ls &>/dev/null
```

3. 输入重定向

既然输出重定向是改变输出的方向，把命令的输出重定向到文件中，那么输入重定向就是改变输入的方向，不再使用键盘作为命令的输入，而使用文件作为命令的输入。先介绍一个命令 wc，命令格式如下：

```
[root@localhost ~]# wc [选项] [文件名]
选项：
    -c:      统计字节数
    -w:      统计单词数
    -l:      统计行数

例如：
```

```
[root@localhost ~]# wc
hello,
how are you?                  ←使用Ctrl+D组合键保存退出。在这里，Ctrl+D不是退出登录的快捷键
    2       4      20
#统计出刚刚输入的数据有2行、4个单词、20字节
```

wc 命令非常简单，可以统计通过键盘输入的数据。如果使用输入重定向符号“<”，则可以统计文件的内容。命令如下：

```
[root@localhost ~]# wc < anaconda-ks.cfg
  49  117 1168
#anaconda-ks.cfg安装配置文件共有49行、117个单词、1168字节
```

其实，如果直接使用“wc anaconda-ks.cfg”命令，则也是可以统计这个文件的内容的，在这里只是演示一下输入重定向的作用。那么，输入重定向在实际工作中有用吗？输入重定向确实不如输出重定向常见，但是，当需要使用 patch 命令打入补丁时，就会用到输入重定向。

还有一个输入重定向符号“<<”，这个符号的作用是使用关键字作为命令输入的结束，而不使用 Ctrl+D 组合键。命令如下：

```
[root@localhost ~]# wc << "hello"  ←定义关键字
> This is a test.
> Welcome you to learn Linux
> hello                    ←当再碰到这个关键字时，命令输入结束，而不使用Ctrl+D组合键
 2  9 43
```

“<<”之后的关键字可以自由定义，只要再碰到相同的关键字，两个关键字之间的内容将作为命令的输入（不包括关键字本身）。

2.3.6　多命令顺序执行

在 Bash 中，如果需要让多条命令顺序执行，则有这样几种方法，如表 2-6 所示。

表 2-6　多命令顺序执行的方法

多命令执行符	格　式	作　用
;	命令 1; 命令 2	多条命令顺序执行，在各条命令之间没有任何逻辑关系
&&	命令 1 && 命令 2	如果命令 1 正确执行（$?=0），则命令 2 才会执行 如果命令 1 报错（$?≠0），则命令 2 不会执行
||	命令 1 || 命令 2	如果命令 1 报错（$?≠0），则命令 2 才会执行 如果命令 1 正确执行（$?=0），则命令 2 不会执行

1. “;”多命令顺序执行

如果使用“;”连接多条命令，那么这些命令会依次执行，但是，在各条命令之间没有任何逻辑关系。也就是说，不论哪条命令报错，后面的命令还是会依次执行。举一个例子：

```
[root@localhost ~]# ls ; date ; cd /user ; pwd
anaconda-ks.cfg  err.log  list.log  out.log  sh
#ls 命令正确执行
2019 年 05 月 22 日 星期三 19:35:23 CST
#date 命令正确执行
-bash: cd: /user: 没有那个文件或目录
#cd 命令报错，因为没有/user 目录
/root
#虽然 cd 命令报错，但是并不影响 pwd 命令的执行
```

这就是“;”执行符的作用，不论前一条命令是否正确执行，都不影响后续命令的执行。再举一个例子：

```
[root@localhost ~]# date ; dd if=/dev/zero of=/root/testfile bs=1m count=100 ; date
#创建一个大小为 100MB 的文件，通过“;”可以确定需要多长时间
2019 年 05 月 22 日 星期三 19:35:23 CST
#第一条 date 命令执行
记录了 100000+0 的读入
记录了 100000+0 的写出
102400000 字节(102 MB)已复制，2.09394 秒，48.9 MB/秒
#dd 命令执行
2019 年 05 月 22 日 星期三 19:35:25 CST
#第二条 date 命令执行，可以判断 dd 命令用时 2 秒

[root@localhost ~]# ll -h testfile
-rw-r--r--. 1 root root 98M 10 月 21 11:41 testfile
#大小为 100MB 的 testfile 文件已经建立
```

当需要一次执行多条命令，而这些命令之间又没有任何逻辑关系时，就可以使用“;”来连接多条命令。

2. “&&”逻辑与

如果使用“&&”连接多条命令，那么这些命令之间就有逻辑关系了。只有第一条命令正确执行了，“&&”连接的第二条命令才会执行。那么，命令 2 是如何知道命令 1 正确执行的呢？这就需要 Bash 的预定义变量$?（参考 2.4.5 节）的支持了。如果$?的返回值是 0，则证明上一条命令正确执行；如果$?的返回值是非 0，则证明上一条命令报错。举一个例子：

```
[root@localhost ~]# cp /root/test /tmp/test && rm -rf /root/test && echo yes
cp: 无法获取"/root/test" 的文件状态(stat): 没有那个文件或目录
#复制/root/test 到/tmp/test，如果命令正确执行，则删除原文件，并打印“yes”
#因为/root/test 文件不存在，所以第一条命令报错，第二、三条命令不执行
[root@localhost ~]# ls /tmp/
#在/tmp/目录中并没有建立 test 文件
```

```
[root@localhost ~]# touch  /root/test
#建立/root/test 文件
[root@localhost ~]# cp /root/test /tmp/test && rm -rf /root/test && echo yes
yes
#因为当第一条命令正确执行后，第二、三条命令都正确执行
#所以打印了"yes"
[root@localhost ~]# ll /root/test
ls: 无法访问/root/test: 没有那个文件或目录
#原文件/root/test 消失，因为第二条命令 rm 正确执行
[root@localhost ~]# ll /tmp/test
-rw-r--r--. 1 root root 0 10月 21 13:16 /tmp/test
#在/tmp/目录中正确地建立了 test 文件
```

再举一个例子。在安装源码包时，需要执行"./configure""make""make install"命令，但是，在安装软件时又需要等待较长时间，那么，是否可以利用"&&"同时执行这 3 条命令呢？当然可以，命令如下：

```
[root@localhost ~]# cd httpd-2.2.9
[root@localhost httpd-2.2.9]#./configure --prefix=/usr/local/apache2 && make \
&& make install
```

在这里，"\"代表一行命令没有输入结束。因为命令太长了，所以加入"\"字符，可以换行输入。利用"&&"就可以让这 3 条命令同时执行，然后我们就可以休息片刻，等待命令执行结束。

请大家思考：在这里是否可以把"&&"替换为";"或"||"呢？当然是不行的，因为这 3 条安装命令必须在前一条命令正确执行之后，才能执行后一条命令。如果把"&&"替换为";"，则不管前一条命令是否正确执行，后一条命令都会执行。如果把"&&"替换为"||"，则只有前一条命令报错，后一条命令才会执行。

3. "||"逻辑或

如果使用"||"连接多条命令，则只有前一条命令执行错误，后一条命令才能执行。举一个例子：

```
[root@localhost ~]# ls /root/test || mkdir /root/tdir
ls: 无法访问/root/test: 没有那个文件或目录
#因为已经删除了/root/test 文件，所以在使用 ls 命令查看时报错了
#因为第一条命令报错，所以第二条命令正确执行
[root@localhost ~]# ll -d /root/tdir/
drwxr-xr-x. 2 root root 4096 10月 21 13:39 /root/tdir/
#/root/tdir/目录已经被建立了
```

"&&"和"||"非常有意思。虽然我们暂时还没有学习 if 判断语句，但是"&&"和"||"的结合使用，已经可以实现 if 双分支判断语句的功能。我们来试试。

如果想要判断某条命令是否正确执行，可以这样来做：

```
[root@localhost ~]# 命令 && echo "yes" || echo "no"

例如：
[root@localhost ~]# ls /root/test && echo "yes" || echo "no"
ls: 无法访问/root/test: 没有那个文件或目录
no
#因为/root/test 文件不存在，所以第一条命令报错，第二条命令不能正确执行
#因为第二条命令报错，所以第三条命令正确执行，并打印“no”
[root@localhost ~]# touch /root/test
[root@localhost ~]# ls /root/test && echo "yes" || echo "no"
/root/test
yes
#因为第一条命令正确执行，所以第二条命令正确执行，并打印“yes”
#因为第二条命令正确执行，所以第三条命令报错
```

请大家思考：判断命令是否正确执行的格式是“命令 && echo "yes" || echo "no"”，先写“&&”，后写“||”。如果反过来写，先写“||”，后写“&&”，则是否可以？我们来试试。

```
例如：如果命令正确执行
[root@localhost ~]# ls || echo "yes" && echo "no"
anaconda-ks.cfg  out.log  sh
no
#命令正确执行，应该输出“yes”，但是输出了“no”
#这是因为 ls 命令正确执行，所以没有输出“yes”；但是“&&”符号之前的 ls 命令执行了，所以仍会输出“no”

例如：如果命令报错
[root@localhost ~]# ls gdagsa || echo "yes" && echo "no"
ls: 无法访问 gdagsa: 没有那个文件或目录
yes
no
#虽然命令报错，但是输出了“yes”和“no”
#也就是说，“&&”和“||”的顺序是不能颠倒的，否则结果一定是错误的
```

2.3.7 管道符

1. 行提取命令 grep

在讲解管道符之前，先讲解一下行提取命令 grep。grep 命令的作用是在文件中提取和匹配符合条件的字符串所在的行。命令格式如下：

```
[root@localhost ~]# grep [选项] "搜索内容" 文件名
选项：
```

```
-A 数字:          列出符合条件的行，并列出后续的 n 行
-B 数字:          列出符合条件的行，并列出前面的 n 行
-c:               统计找到的符合条件的字符串的次数
-i:               忽略字母大小写
-n:               输出行号
-v:               反向查找
--color=auto:     搜索出的关键字用颜色显示
```

举一个例子：

```
[root@localhost ~]# grep "/bin/bash" /etc/passwd
#查找用户信息文件/etc/passwd 中有多少可以登录的用户
root:x:0:0:root:/root:/bin/bash
user1:x:500:500::/home/user1:/bin/bash
user2:x:501:501::/home/user2:/bin/bash
```

因为 grep 是行提取命令，所以只要一行数据中包含“搜索内容”，就会列出整行的数据。在这个例子中，会在/etc/passwd 文件中查找所有包含“/bin/bash”的行。而已知只有可登录用户的 Shell 才是“/bin/bash”，而伪用户的 Shell 是“/sbin/nologin”，所以这条命令会列出在当前系统中所有可以登录的用户。

再举几个例子：

```
[root@localhost ~]# grep -A 3 "root" /etc/passwd
#查找包含“root”的行，并列出后续的 3 行
root:x:0:0:root:/root:/bin/bash
bin:x:1:1:bin:/bin:/sbin/nologin
daemon:x:2:2:daemon:/sbin:/sbin/nologin
adm:x:3:4:adm:/var/adm:/sbin/nologin

[root@localhost ~]# grep -n "/bin/bash" /etc/passwd
#查找可以登录的用户，并显示行号
1:root:x:0:0:root:/root:/bin/bash
31:user1:x:500:500::/home/user1:/bin/bash
32:user:x:501:501::/home/user:/bin/bash

[root@localhost ~]# grep -v "/bin/bash" /etc/passwd
#查找不包含“/bin/bash”的行，其实就是列出所有的伪用户
bin:x:1:1:bin:/bin:/sbin/nologin
daemon:x:2:2:daemon:/sbin:/sbin/nologin
adm:x:3:4:adm:/var/adm:/sbin/nologin
…省略部分输出…
```

find 也是搜索命令，那么，find 命令和 grep 命令有什么区别呢？

1）find 命令

find 命令用于在系统中搜索符合条件的文件名。如果需要模糊查找，则使用通配符（参见 2.3.8 节）进行匹配。在搜索时，文件名是完全匹配的。完全匹配是什么意思呢？举一个例子：

```
[root@localhost ~]# touch abc
#建立文件 abc
[root@localhost ~]# touch abcd
#建立文件 abcd
[root@localhost ~]# find . -name "abc"
./abc
#搜索文件名是 abc 的文件，只会找到 abc 文件，而不会找到 abcd 文件
#虽然文件名 abcd 中包含 abc，但是 find 是完全匹配的，只有和要搜索的内容完全一样，才能被搜索到
```

完全匹配的意思就是：搜索的内容必须和原始文件一模一样，才能被搜索到。

如果想要找到 abcd 文件，则必须依靠通配符，如 find . -name "abc*"。

注意：find 命令是可以通过-regex 选项识别正则表达式规则的。也就是说，find 命令可以按照正则表达式规则进行匹配，而正则表达式是模糊匹配的。但是，对于初学者而言，find 和 grep 命令本身就不好理解，所以在这里只按照通配符规则来进行 find 查找。

2）grep 命令

grep 命令用于在文件中搜索符合条件的字符串。如果需要模糊查找，则使用正则表达式（参见 3.1 节）进行匹配。在搜索时，字符串是包含匹配的。

grep 命令就和 find 命令不太一样了，当使用 grep 命令在文件中查找符合条件的字符串时，只要搜索的内容包含在数据行中，就会列出整行内容。举一个例子：

```
[root@localhost ~]# echo abc > test
#在 test 文件中写入 abc 数据
[root@localhost ~]# echo abcd >> test
#在 test 文件中追加 abcd 数据
[root@localhost ~]# grep "abc" test
abc
abcd
#在使用 grep 命令进行查找时，只要在数据行中包含 abc，就会列出整行内容
#所以 abc 和 abcd 都可以被查找到
```

通过这两个例子，大家就可以知道完全匹配和包含匹配的区别了。

2. 管道符介绍

在 Bash 中，管道符使用“|”表示。管道符也是用来连接多条命令的，如“命令 1| 命令 2”。不过，和多命令顺序执行不同的是，用管道符连接的命令，命令 1 的正确输出作为命令 2 的操作对象。在这里需要注意，命令 1 必须有正确输出，而命令 2 必须可以处理命令 1 的输出结

果；而且命令 2 只能处理命令 1 的正确输出，而不能处理错误输出。

举一个例子。我们经常使用 ll 命令查看文件的长格式，不过，在有些目录中文件众多，如 /etc/目录，使用 ll 命令显示的内容就会非常多，只能看到最后输出的内容，而不能看到前面输出的内容。这时我们马上想到，使用 more 命令可以分屏显示文件内容。但是，怎么让 more 命令分屏显示命令的输出呢？笔者想到了一种笨办法，命令如下：

```
[root@localhost ~]# ll -a /etc/ > /root/testfile
#使用输出重定向，把 ll 命令的输出保存到/root/testfile 文件中
[root@localhost ~]# more /root/testfile
#既然 testfile 是文件，那么可以使用 more 命令分屏显示文件内容
总用量 1784
drwxr-xr-x. 105 root root  12288 10月 21 12:49 .
dr-xr-xr-x.  26 root root   4096 6月   5 19:06 ..
…省略部分输出…
-rwxr-xr-x.   1 root root    687 6月  22 2012 auto.smb
--More--(7%)
```

但是，这样操作实在不方便，这时就可以利用管道符了。命令如下：

```
[root@localhost ~]# ll -a /etc/  | more
```

可以这样理解这条命令：先把“ll -a /etc/”命令的输出保存到某个临时文件中，再用 more 命令处理这个文件。也就是第一条命令的正确输出是第二条命令的操作对象。

注意：因为 ll 命令操作的是文件名，所以在匹配时使用的是通配符。但是，一旦加入管道符，因为在管道符之后的内容相当于操作的是文件内容，所以在匹配时使用的是正则表达式。

关于管道符，再举几个例子：

```
[root@localhost ~]# netstat -an | grep "ESTABLISHED"
#查询一下本地所有的网络连接，提取包含 ESTABLISHED（已建立连接）的行
#就可以知道在服务器上有多少已经成功连接的网络连接

[root@localhost ~]# netstat -an | grep "ESTABLISHED" | wc -l
#如果想要知道具体的网络连接数量，则可以使用 wc 命令统计行数
```

2.3.8 通配符

在 Bash 中，如果需要模糊匹配文件名或目录名，则会用到通配符。通过表 2-7 介绍一下常用的通配符。

表 2-7　常用的通配符

通 配 符	作　　用
?	匹配一个任意字符
*	匹配 0 个或多个任意字符，也就是可以匹配任何内容
[]	匹配中括号中的任意一个字符。例如，[abc]代表一定匹配一个字符，或者是 a，或者是 b，或者是 c
[-]	匹配中括号中的任意一个字符，-代表一个范围。例如，[a-z]代表匹配一个小写字母
[^]	逻辑非，表示匹配不是中括号中的一个字符。例如，[^0-9]代表匹配一个不是数字的字符

举几个例子：

```
[root@localhost ~]# cd /tmp/
[root@localhost tmp]# rm -rf *
#进入临时目录，删除所有文件
#这个“*”也是通配符，代表当前目录中的所有文件
[root@localhost tmp]# touch abc
[root@localhost tmp]# touch abcd
[root@localhost tmp]# touch 012
[root@localhost tmp]# touch 0abc
#建立几个测试文件
[root@localhost tmp]# ls *
012  0abc  abc  abcd
#“*”代表所有的文件
[root@localhost tmp]# ls ?abc
0abc
#因为“?”代表匹配一个任意字符，所以会匹配 0abc
#但是不能匹配 abc，因为“?”不能匹配空
[root@localhost tmp]# ls [0-9]*
012  0abc
#匹配任何以数字开头的文件
[root@localhost tmp]# ls [^0-9]*
abc  abcd
#匹配任何不以数字开头的文件
```

2.3.9　Bash 中的其他特殊字符

在 Bash 中还有很多其他的特殊字符，在这一小节中集中进行说明，如表 2-8 所示。

表 2-8　Bash 中的其他特殊字符

特殊字符	作　　用
''	单引号。在单引号中，所有的特殊字符，如“$”和“`”（反引号）都没有特殊含义
""	双引号。在双引号中，所有的特殊字符都没有特殊含义，“$”“`”和“\”除外，分别拥有“调用变量的值”“调用命令”和“转义符”的特殊含义

续表

特殊符号	作　用
``	反引号。用反引号括起来的内容是系统命令，在 Bash 中会优先执行它。和$()的作用一样，不过推荐使用$()，因为反引号非常容易看错
$()	和反引号的作用一样，用来调用命令的输出，或者把命令的输出赋予变量
()	在执行一串命令时，()里面的命令会在子 Shell 中执行
{}	在执行一串命令时，{}里面的命令会在当前 Shell 中执行。也可以用于变量的变形与替换
[]	用于变量的测试
#	在 Shell 脚本中，以“#”开头的行代表注释
$	用于调用变量的值。例如，当需要调用变量 name 的值时，需要采用$name 的方式
\	转义符。跟在“\”之后的特殊字符将失去特殊含义，变为普通字符。如\$将输出“$”字符，而不是调用变量的值

下面举几个例子来解释一下比较常用和容易搞混的符号。

1. 单引号和双引号

单引号和双引号用于当变量值出现空格时。比如，name=shen chao 这样执行就会出现问题，必须用引号括起来，如 name="shen chao"。不过，引号有单引号和双引号之分，二者的主要区别在于，用单引号括起来的字符都是普通字符，就算特殊字符也不再拥有特殊含义；而在用双引号括起来的字符中，“$”“\”和反引号是拥有特殊含义的，“$”代表调用变量的值，反引号代表调用命令。还是来看例子吧。

```
[root@localhost ~]# name=sc
#定义变量 name 的值是 sc
[root@localhost ~]# echo '$name'
$name
#如果在输出时使用单引号，则$name 原封不动地输出
[root@localhost ~]# echo "$name"
sc
#如果在输出时使用双引号，则会输出变量 name 的值 sc

[root@localhost ~]# echo `date`
2013 年 10 月 21 日 星期一 18:16:33 CST
#用反引号括起来的命令会正常执行
[root@localhost ~]# echo '`date`'
`date`
#但是，如果用反引号括起来的命令又用单引号括起来，那么这条命令不会执行，`date`会被当成普通字符输出
[root@localhost ~]# echo "`date`"
2013 年 10 月 21 日 星期一 18:14:21 CST
#如果用双引号括起来，那么这条命令又会正常执行
```

所以，如果需要在双引号中间输出“$”和反引号，则要在这两个字符前加入转义符“\”。

2. 反引号

如果需要调用命令的输出，或者把命令的输出赋予变量，则命令必须使用反引号包含，这条命令才会执行。反引号的作用和$(命令)的作用是一样的，但是反引号非常容易和单引号搞混，所以推荐使用$(命令)的方式调用命令的输出。命令如下：

```
[root@localhost ~]# echo ls
ls
#如果命令不用反引号包含，那么命令不会执行，而会直接输出
[root@localhost ~]# echo `ls`
anaconda-ks.cfg  sh  test  testfile
#只有用反引号包含命令，这条命令才会执行
[root@localhost ~]# echo $(date)
2019年 05月 22日 星期三 20:46:44 CST
#使用$(命令)的方式也是可以的
```

还是这句话，不管是从容易混淆的角度，还是从 POSIX 规范的角度来说，尽量使用$(命令)的方式来调用命令的输出，而不要使用反引号。

强调一下：只有需要调用命令的输出，或者需要把命令的输出赋予变量，才需要把命令用$()括起来。如果只需要在 Shell 中执行系统命令，则直接执行即可，因为 Shell 的特点就是可以直接执行 Linux 系统命令。

3. 小括号、中括号和大括号

中括号主要用于变量的测试，而大括号也可以用于变量的变形和替换，这两种用法在 2.4 节中再详细介绍。在这里主要探讨在执行一串命令时小括号和大括号的作用。

在介绍小括号和大括号的区别之前，先解释两个概念：父 Shell 和子 Shell。在 Bash 中是可以调用新的 Bash 的，比如：

```
[root@localhost ~]# bash
[root@localhost ~]#
```

这时，可以通过 pstree 命令查看一下进程数，命令如下：

```
[root@localhost ~]# pstree
init─┬─abrt-dump-oops
…省略部分输出…
     ├─sshd─┬─sshd───bash───bash───pstree
…省略部分输出…
```

可以看到，命令都是通过 ssh 远程服务连接的，在 ssh 中生成了第一个 Bash，这个 Bash 就是父 Shell。因为刚刚执行了 bash 命令，所以在第一个 Bash 中生成了第二个 Bash，这个 Bash 就是子 Shell，我们是在子 Shell 中运行 pstree 命令的。

关于父 Shell 和子 Shell，可以想象成在 Windows 系统中开启了一个“cmd”字符操作终

端，那么 Windows 系统本身就是父 Shell，而“cmd”字符操作终端则是子 Shell；也可以理解为在一个操作界面中又开启了一个子操作界面。

知道了父 Shell 和子 Shell，我们接着解释小括号和大括号的区别。如果用于一串命令的执行，那么小括号和大括号的主要区别在于：

- ()在执行一串命令时，需要重新开启一个子 Shell 来执行。
- {}在执行一串命令时，是在当前 Shell 中执行的。
- ()里的最后一条命令后面可以不用分号。
- {}里的最后一条命令后面要用分号。
- {}里的第一条命令和左括号之间必须有一个空格。
- ()里的各条命令和括号之间不必有空格。

在执行一串命令时，小括号和大括号的共同点如下：

- ()和{}都是把一串命令放在括号里面的，并且命令之间用“;”隔开。
- ()和{}里面的某条命令的重定向只影响该命令，但括号外的重定向则会影响到括号里的所有命令。

还是举几个例子来看看吧，因为这样写实在太抽象了。

```
[root@localhost ~]# name=sc
#在父 Shell 中定义变量 name 的值是 sc
[root@localhost ~]# (name=liming;echo $name)
liming
#如果用()括起来一串命令，那么这些命令都可以执行
#给 name 变量重新赋值，但是这个值只在子 Shell 中生效
[root@localhost ~]# echo $name
sc
#父 Shell 中 name 的值还是 sc，而不是 liming

[root@localhost ~]# { name=liming;echo $name; }
liming
#但是，当用大括号来进行一串命令的执行时，name 变量值的修改是直接在父 Shell 中进行的
#注意大括号的格式
[root@localhost ~]# echo $name
liming
#name 变量的值已经被修改了
```

其实，在执行一串命令时，如果使用的是小括号，则这串命令所做的修改只在子 Shell 中生效，一旦命令执行结束，回到父 Shell 中，修改就会失效；而如果使用的是大括号，则这串命令直接在父 Shell 中执行，当命令执行结束后，修改依然会生效。

2.4 Bash 中的变量和运算符

2.4.1 什么是变量

1. 变量的定义

什么是变量呢？从字面上来看就是可以变的量。举一个例子，我们都做过数学的应用题，在应用题中经常定义 x 的值是某个数，如果换了一道题，还是定义 x 的值，但是 x 的值发生了改变，那么这个 x 就是变量。变量是存储在计算机内存当中的，其值可以改变。当 Shell 脚本需要保存一些信息时，如一个文件名或一个数字，就把它存放在一个变量中。每个变量都有一个名字，所以很容易引用它。变量可以定制用户本身的工作环境。使用变量可以保存有用的信息，使系统获知用户相关设置。变量也可以用于保存暂时信息。

那么，应该如何定义变量呢？其实非常简单，命令如下：

```
[root@localhost ~]# name=sc
#定义变量 name 并赋值
[root@localhost ~]# echo $name
sc
#查看变量 name 的值
```

在定义变量时，有一些规则需要遵守。

- 变量名可以由字母、数字和下画线组成，但是不能以数字开头。如果变量名是“2name”，则是错误的。
- 在 Bash 中，变量的默认类型是字符串型。如果要进行数值运算，则必须指定变量类型为数值型。比如：

```
[root@localhost ~]# aa=1+2
[root@localhost ~]# echo $aa
1+2
```

可以看到，变量 aa 的值不是“3”，而是“1+2”。因为在 Bash 中，变量类型是字符串型，所以系统认为“1+2”只是一个字符串，而不会进行数值运算（在 2.4.7 节中将介绍数值运算方法）。

- 变量用等号“=”连接值，在“=”左右两侧不能有空格。这是 Shell 语言特有的格式要求。在绝大多数的其他语言中，在“=”左右两侧是可以加入空格的。但是，在 Shell 中，命令的执行格式是“命令 [选项] [参数]”，如果在“=”左右两侧加入空格，那么 Linux 系统会误以为这是系统命令，是会报错的。
- 在变量值中如果有空格，则需要使用单引号或双引号包含，如 test="hello world!"。用双引号括起来的内容“$”“\”和反引号都拥有特殊含义，而用单引号括起来的内容都是普通字符。

- 在变量值中，可以使用转义符“\”。
- 如果需要增加变量值，则可以进行变量叠加。例如：

```
[root@localhost ~]# test=123
[root@localhost ~]# test="$test"456
[root@localhost ~]# echo $test
123456
#叠加变量 test，变量值变成了 123456
[root@localhost ~]# test=${test}789
[root@localhost ~]# echo $test
123456789
#再叠加变量 test，变量值变成了 123456789
```

变量叠加可以使用两种格式："$变量名"或${变量名}。

- 如果要把命令的执行结果作为变量值赋予变量，则需要使用反引号或$()包含命令。例如：

```
[root@localhost ~]# test=$(date)
[root@localhost ~]# echo $test
2013 年 10 月 21 日 星期一 20:27:50 CST
```

- 环境变量名中的字母建议采用大写形式，以便于和系统命令进行区分。

2. 变量的分类

知道了变量的基本概念和定义变量的规则，我们来看看变量的分类。

在其他语言中，一般是按照变量的数据类型来进行分类的，常见的变量类型有数值型、字符串型、日期型、布尔型等。

但是，在 Shell 中，为了简化，规定变量的数据类型默认是字符串型，所以就不适合按照变量的数据类型来进行分类了。这就导致 Shell 中变量的分类和其他语言中变量的分类不一样，是按照变量的特征与作用来进行分类的，主要分为以下 4 种。

- 用户自定义变量。这种变量是最常见的变量，由用户自由定义变量名、变量的作用和变量值。绝大多数变量是这种变量。
- 环境变量。环境变量又可以细分为以下两种。
  - 一种是用户自定义环境变量。这种环境变量可以由用户自定义变量名、变量的作用和变量值。用户自定义环境变量可以看成全局变量，在所有的子 Shell 中生效。为了和系统命令进行区分，变量名中的字母建议采用大写形式。
  - 另一种是系统环境变量。这种环境变量的变量名和变量的作用是由系统确定的，用户不能随意修改，只能修改变量的值。系统环境变量是用于定义操作系统基本环境的，是系统的重要参数，比如，当前登录用户、用户的家目录、命令的提示符等，都是和系统操作环境相关的数据。在 Windows 系统中，同一台计算机可以有多个用户登录，而且每个用户都可以定义自己的桌面样式和分辨率，这些其实就是 Windows 系统的操作环境，可以当作 Windows 系统的环境变量来理解。

- 位置参数变量。这种变量主要是用来向脚本或函数中传递参数或数据的，变量名是固定的，变量的作用也是固定的，用户只能修改变量的值。其实，位置参数变量可以看成预定义变量的一种（所以在有些书籍中认为 Shell 的变量类型只有 3 种），只是位置参数变量比较多，笔者倾向于将其单独作为一种变量类型。
- 预定义变量。这种变量是在 Bash 中已经定义好的变量，变量名不能自定义，变量的作用也是固定的，用户只能修改变量的值（预定义变量的这个特征和位置参数变量的特征是一致的，所以这两种变量都可以看成预定义变量）。

下面分别来学习这几种变量。

2.4.2 用户自定义变量

1. 变量的定义

用户自定义变量是最常用的变量类型，也称作本地变量，其特点是变量名、变量的作用和变量值都是由用户自由定义的。那么，该如何定义变量呢？很简单，只需执行“变量名=变量值”命令即可，不过要遵守变量定义规则。例如：

```
[root@localhost ~]# name="shen chao"
```

变量的定义就这么简单。但是，如果不遵守变量定义规则，就会报错。比如：

```
[root@localhost ~]# 2name="shen chao"
-bash: 2name=shen chao: command not found
#变量名不能以数字开头
[root@localhost ~]# name = "shenchao"
-bash: name: command not found
#在等号左右两侧不能有空格
[root@localhost ~]# name=shen chao
-bash: chao: command not found
#在变量的值中如果有空格，则必须用引号包含
```

再看看如何进行变量叠加。例如：

```
[root@localhost ~]# aa=123
#定义变量 aa 的值是 123
[root@localhost ~]# aa="$aa"456
#重复定义变量 aa 的值是原 aa 的值加上 456
[root@localhost ~]# echo $aa
123456
#变量 aa 的值已经变成了 123456
[root@localhost ~]# aa=${aa}789
[root@localhost ~]# echo $aa
123456789
#在进行变量叠加时，也可以使用${变量名}的形式
```

这里要小心，在进行变量叠加时，变量名需要用双引号或${}包含。

在定义变量时，也可以使用特殊字符，如双引号、单引号、反引号、小括号、大括号等。

2. 变量的调用

当需要提取变量中的内容时，需要在变量名之前加入“$”符号。也就是说，当需要调用变量时，需要在变量名之前加入“$”符号。那么，最简单的变量调用就是通过 echo 命令输出变量的值。命令如下：

```
[root@localhost ~]# name="shen chao"
#定义变量 name 并赋值
[root@localhost ~]# echo $name
shen chao
#输出变量 name 的值
```

变量的调用就这么简单。不过，不仅当通过 echo 命令输出变量的值时才需要在变量名之前加入“$”符号，只要需要调用变量，就要在变量名之前加入“$”符号。

3. 变量的查看

可以通过 echo 命令查看已经设定的变量的值，这种查看是已知变量名查看变量值。但是，如果不知道变量名，那么可以查看系统中已经存在的变量吗？当然可以，只需使用 set 命令即可。set 命令可以用来查看系统中的所有变量（只能查看用户自定义变量和环境变量，而不能查看位置参数变量和预定义变量）和设定 Shell 的执行环境。命令格式如下：

```
[root@localhost ~]# set [选项]
选项：
  -u:      如果设定此选项，则在调用未声明的变量时会报错（默认无任何提示）
  -x:      如果设定此选项，则在执行命令之前会先把命令输出一次
```

举几个例子：

```
[root@localhost ~]# set
BASH=/bin/bash
…省略部分输出…
name='shen chao'
#直接使用 set 命令，会查看系统中的所有变量，包括用户自定义变量和环境变量

[root@localhost ~]# set -u
[root@localhost ~]# echo $file
-bash: file: unbound variable
#当设置了-u 选项后，如果调用没有声明的变量，则会报错。默认是没有任何输出的

[root@localhost ~]# set -x
[root@localhost ~]# ls
```

```
+ ls --color=auto
anaconda-ks.cfg install.log install.log.syslog sh tdir test testfile
#如果设定了-x 选项，则在执行每条命令之前会先把命令输出一次
```

set 命令的选项和功能众多，不过更常用的还是使用 set 命令查看变量。

4．变量的删除

要想删除用户自定义变量，可以使用 unset 命令。命令格式如下：

```
[root@localhost ~]# unset 变量名
```

这里只是清空变量，而不是调用变量，所以不需要在变量名之前加入“$”符号。举一个例子：

```
[root@localhost ~]# unset name
#删除 name 变量
```

在执行这条命令之后，再查看变量，就会发现这个变量已经为空了。

2.4.3 环境变量

1．用户自定义环境变量

用户自定义环境变量和用户自定义变量最主要的区别在于：用户自定义环境变量是全局变量，而用户自定义变量是局部变量。

用户自定义变量只在当前 Shell 中生效，而用户自定义环境变量会在当前 Shell 和这个 Shell 的所有子 Shell 中生效。如果把环境变量写入相应的配置文件中，那么这个环境变量就会在所有 Shell 中生效（这是有区别的，如果不把环境变量写入相应的配置文件中，那么当前 Shell 一旦中止，这个环境变量就会消失，而只有写入配置文件才会永久地、在所有 Shell 中生效）。

1）用户自定义环境变量的设置

用户自定义环境变量和用户自定义变量的设置方法基本相同，只需通过 export 命令将变量声明为环境变量即可。命令如下：

```
[root@localhost ~]# export age="18"
#使用 export 命令声明的变量就是环境变量
```

这样，年龄就是环境变量了。当然，也可以先把变量声明为本地变量，再使用 export 命令声明为环境变量。命令如下：

```
[root@localhost ~]# gender=male
[root@localhost ~]# export gender
```

这样，性别也被声明为环境变量了。我们说过，用户自定义变量和用户自定义环境变量的

区别在于：用户自定义变量是局部变量，只在当前 Shell 中生效；而用户自定义环境变量是全局变量，在当前 Shell 和这个 Shell 的所有子 Shell 中生效。比如：

```
[root@localhost ~]# name="shen chao"          ←把姓名声明为本地变量
[root@localhost ~]# export age="18"           ←把年龄声明为环境变量
[root@localhost ~]# gender=male               ←把性别声明为本地变量
[root@localhost ~]# export gender             ←再把性别升级为环境变量
```

然后查看一下这些变量。

```
[root@localhost ~]# set
…省略部分内容…
gender=male
name='shen chao'
age=18
```

在当前 Shell 中可以看到这 3 个变量。

```
[root@localhost ~]# bash
#再调用一次bash命令，也就是进入子Shell
[root@localhost ~]# set
#再次查看变量
…省略部分输出…
age=18
gender=male
#在子Shell中只能查看到用户自定义环境变量"age"和"gender",而不能查看到用户自定义变量"name"
```

可以看到，在子 Shell 中只能看到用户自定义环境变量“age”和“gender”，这就是用户自定义环境变量和用户自定义变量的区别，也是把用户自定义变量称作本地变量的原因。

2）用户自定义环境变量的查看和删除

先来说说环境变量的查看。既然使用 set 命令可以查看所有的变量（包括用户自定义变量、用户自定义环境变量和系统环境变量），当然也可以查看用户自定义环境变量，刚刚的实验就是使用 set 命令进行用户自定义环境变量查看的。当然，也可以使用 env 命令进行用户自定义环境变量的查看。命令如下：

```
[root@localhost ~]# env
HOSTNAME=localhost.localdomain
SELINUX_ROLE_REQUESTED=
SHELL=/bin/bash
…省略部分输出…
```

env 命令和 set 命令的区别在于：使用 set 命令可以查看所有的变量（不能查看位置参数变量和预定义变量），而使用 env 命令只能查看环境变量（两种环境变量都可以查看）。可以发现，在系统中默认有很多环境变量，这些环境变量都代表什么含义呢？稍后会有详细介绍。

再来说说环境变量的删除。其实，环境变量的删除方法和用户自定义变量的删除方法是一样的，都使用 unset 命令。命令如下：

```
[root@localhost ~]# unset gender
[root@localhost ~]# env | grep gender
#删除环境变量 gender
```

2. 系统环境变量

在 Linux 系统中，一般通过系统环境变量配置操作系统的环境，如提示符、查找命令的路径、用户的家目录等。这些系统默认的环境变量的变量名是固定的，变量的作用也是固定的，只能修改变量的值。如果手工修改了某个系统环境变量的变量名，那么这个变量就不会对系统环境起作用，从而变成一个用户自定义环境变量。所以，系统环境变量的变量名或作用是不能修改的。

在系统中默认有很多环境变量，下面来详细了解一下这些环境变量的含义。命令如下：

```
[root@localhost ~]# env
#能查看两种环境变量，其中绝大多数是系统环境变量
HOSTNAME=localhost.localdomain                 ←主机名
SHELL=/bin/bash                                ←当前 Shell
TERM=linux                                     ←终端环境
HISTSIZE=1000                                  ←历史命令条数
SSH_CLIENT=192.168.4.159 4824 22               ←当前操作环境是用 ssh 连接的,在这里记录客户端 IP
SSH_TTY=/dev/pts/1                             ←ssh 连接的终端是 pts/1
USER=root                                      ←当前登录的用户
LS_COLORS=rs=0:di=01;34:ln=01;36:mh=00:pi=40;33:so=01;35:do=01;35:bd=40;33;01
:cd=40;33;01:or=40;31;01:mi=01;05;37;41:su=37;41:sg=30;43:ca=30;41:tw=30;42:o
w=34;42:st=37;44:ex=01;32:*.tar=01;31:*.tgz=01;31:*.arj=01;31:*.taz=01;31:*.l
zh=01;31:*.lzma=01;31:*.tlz=01;31:*.txz=01;31:*.zip=01;31:*.z=01;31:*.Z=01;31
:*.dz=01;31:*.gz=01;31:*.lz=01;31:*.xz=01;31:*.bz2=01;31:*.tbz=01;31:*.tbz2=0
1;31:*.bz=01;31:*.tz=01;31:*.deb=01;31:*.rpm=01;31:*.jar=01;31:*.rar=01;31:*.
ace=01;31:*.zoo=01;31:*.cpio=01;31:*.7z=01;31:*.rz=01;31:*.jpg=01;35:*.jpeg=0
1;35:*.gif=01;35:*.bmp=01;35:*.pbm=01;35:*.pgm=01;35:*.ppm=01;35:*.tga=01;35:
*.xbm=01;35:*.xpm=01;35:*.tif=01;35:*.tiff=01;35:*.png=01;35:*.svg=01;35:*.sv
gz=01;35:*.mng=01;35:*.pcx=01;35:*.mov=01;35:*.mpg=01;35:*.mpeg=01;35:*.m2v=0
1;35:*.mkv=01;35:*.ogm=01;35:*.mp4=01;35:*.m4v=01;35:*.mp4v=01;35:*.vob=01;35
:*.qt=01;35:*.nuv=01;35:*.wmv=01;35:*.asf=01;35:*.rm=01;35:*.rmvb=01;35:*.flc
=01;35:*.avi=01;35:*.fli=01;35:*.flv=01;35:*.gl=01;35:*.dl=01;35:*.xcf=01;35:
*.xwd=01;35:*.yuv=01;35:*.cgm=01;35:*.emf=01;35:*.axv=01;35:*.anx=01;35:*.ogv
=01;35:*.ogx=01;35:*.aac=01;36:*.au=01;36:*.flac=01;36:*.mid=01;36:*.midi=01;
36:*.mka=01;36:*.mp3=01;36:*.mpc=01;36:*.ogg=01;36:*.ra=01;36:*.wav=01;36:*.a
xa=01;36:*.oga=01;36:*.spx=01;36:*.xspf=01;36:           ←定义颜色显示
age=18                                         ←刚刚定义的环境变量
PATH=/usr/lib/qt-3.3/bin:/usr/local/sbin:/usr/local/bin:/sbin:/bin:/usr/sbin:
```

```
/usr/bin:/root/bin                  ←系统查找命令的路径
MAIL=/var/spool/mail/root           ←用户邮箱
PWD=/root                           ←当前所在目录
LANG=zh_CN.UTF-8                    ←语系
HOME=/root                          ←当前登录用户的家目录
SHLVL=2                             ←当前在第二层子 Shell 中。还记得我们刚刚进入了
                             一个子 Shell 吗？如果是第一层子 Shell，那么这个变量的值是 1
LOGNAME=root                        ←登录用户
_=/bin/env                          ←上次执行命令的最后一个参数或命令本身
```

使用 env 命令可以查看到两种环境变量。还有一些变量虽然不是环境变量，但是是和 Bash 操作接口相关的变量，这些变量也对 Bash 操作终端起到了重要的作用。这些变量就只能使用 set 命令来查看了，这里只列出重要的内容，如下：

```
[root@localhost ~]# set
BASH=/bin/bash                         ←Bash 的位置
BASH_VERSINFO=([0]="4" [1]="1" [2]="2" [3]="1" [4]="release"
 [5]="i386-redhat-linux-gnu")          ←Bash 的信息
BASH_VERSION='4.1.2(1)-release'        ←Bash 的版本
COLORS=/etc/DIR_COLORS                 ←颜色记录文件
HISTFILE=/root/.bash_history           ←历史命令保存文件
HISTFILESIZE=1000                      ←在文件中记录的历史命令最大条数
HISTSIZE=1000                          ←在缓存中记录的历史命令最大条数
LANG=zh_CN.UTF-8                       ←语系
MACHTYPE=i386-redhat-linux-gnu         ←软件类型是 i386 兼容类型
MAILCHECK=60                           ←每隔 60s 去扫描新邮件
PPID=2166                              ←父 Shell 的 PID。当前 Shell 是一个子 Shell
PS1='[\u@\h \W]\$ '                    ←命令提示符
PS2='> '                               ←如果命令在一行中没有输入完成，第二行命令的提示符
UID=0                                  ←当前用户的 UID
```

使用 set 命令是可以查看所有变量的，当然也包括环境变量，所以在这里并没有列出刚刚在 env 命令中介绍过的环境变量。其实，我们一般将这些和 Bash 操作接口相关的变量也当作环境变量来对待，因为它们确实也是用来定义操作环境的。下面解释一些重要的系统环境变量。

1）PATH 变量：系统查找命令的路径

在 2.2 节中说过，程序脚本（命令也是二进制程序）要想在 Linux 系统中运行，需要使用绝对路径或相对路径指定这个脚本所在的位置。但是，为什么系统命令都没有指定路径，而是直接执行的呢？比如，ls 命令并没有输入“/usr/bin/ls”来执行，而是直接执行的。这就是 PATH 变量的作用了。

先查看一下 PATH 变量的值，命令如下：

```
[root@localhost ~]# echo $PATH
```

```
/usr/local/sbin:/usr/local/bin:/usr/sbin:/usr/bin:/root/bin
#CentOS 7.x 对目录进行了精简，连带 PATH 变量也精简了不少
```

PATH 变量的值是用“:”分隔的路径，这些路径就是系统查找命令的路径。也就是说，我们输入了一个程序名，如果没有输入路径，那么系统就会到 PATH 变量定义的路径中去查找是否有可以执行的程序，如果找到则执行，否则会报“未找到命令”的错误。

那么，是不是把我们自己写的脚本复制到 PATH 变量定义的路径中，也可以不输入路径而直接执行呢？当然是可以的，就拿最开始的 hello.sh 脚本来举例吧。

```
[root@localhost ~]# hello.sh
-bash: hello.sh: 未找到命令
#直接执行 hello.sh 脚本，在 PATH 变量定义的路径中没有找到这个脚本
[root@localhost ~]# cp /root/sh/hello.sh  /usr/bin/
#复制 hello.sh 脚本到/usr/bin/目录中
[root@localhost ~]# hello.sh
Mr. Shen Chao is the most honest man in LampBrother
#hello.sh 脚本可以直接执行了
```

只要把程序脚本复制到 PATH 变量定义的任意路径中，如/usr/bin/目录中，以后这个程序脚本就可以直接执行了，不用再指定绝对路径或相对路径。

如果我们把自己写的所有程序脚本都放在/usr/bin/目录中，那么有时会搞不清系统命令和自己写的程序(其实笔者是很反对改变系统目录的结构的)。是不是可以修改 PATH 变量的值，而不把程序脚本复制到/usr/bin/目录中？当然是可以的，通过变量叠加就可以实现。命令如下：

```
[root@localhost ~]# PATH="$PATH":/root/sh
#在 PATH 变量的后面加入/root/sh 目录
[root@localhost ~]# echo $PATH
/usr/local/sbin:/usr/local/bin:/usr/sbin:/usr/bin:/root/bin:/root/sh
#查看 PATH 变量的值，变量叠加生效了
```

当然，这样定义的 PATH 变量只能临时生效，一旦重启或注销系统就会消失。如果想要永久生效，则需要将其写入环境变量配置文件中，在 2.5 节中再详细介绍。

2）PS1 变量：命令提示符的定义

PS1 是一个很有意思的变量，是用来定义命令提示符的，可以按照我们的需求来定义自己喜欢的命令提示符。PS1 变量可以支持以下这些选项。

- \d：显示日期，格式为“星期 月 日”。
- \H：显示完整的主机名。如默认主机名“localhost.localdomain”。
- \h：显示简写的主机名。如默认主机名“localhost”。
- \t：显示 24 小时制时间，格式为“HH:MM:SS”。
- \T：显示 12 小时制时间，格式为“HH:MM:SS”。
- \A：显示 24 小时制时间，格式为“HH:MM”。

- \@：显示 12 小时制时间，格式为“HH:MM am/pm”。
- \u：显示当前用户名。
- \v：显示 Bash 的版本信息。
- \w：显示当前所在目录的完整名称。
- \W：显示当前所在目录的最后一个目录。
- \#：显示执行了多少条命令。
- \$：提示符。如果是 root 用户，则会显示提示符为“#”；如果是普通用户，则会显示提示符为“$”。

这些选项该怎么用呢？先看看 PS1 变量的默认值，命令如下：

```
[root@localhost ~]# echo $PS1
[\u@\h \W]\$
#默认的命令提示符是“[用户名@简写主机名 最后所在目录]提示符”
```

在 PS1 变量的值中，如果是可以解释的符号，如“\u”“\h”等，则显示这个符号的作用；如果是不能解释的符号，如“@”或“空格”，则原符号输出。修改一下 PS1 变量的值，看看会出现什么情况。命令如下：

```
[root@localhost ~]# PS1='[\u@\t \w]\$ '
#修改命令提示符为“[用户名@当前时间 当前所在完整目录]提示符”
[root@04:46:40 ~]#cd /usr/local/src/
#切换到当前所在目录，因为家目录是看不出来区别的
[root@04:47:29 /usr/local/src]#
#看到了吗？命令提示符按照我们的设计发生了变化
```

这里要小心，PS1 变量的值要用单引号包含，否则设置不生效。

再举一个例子：

```
[root@04:50:08 /usr/local/src]#PS1='[\u@\@ \h \# \W]\$'
[root@04:53 上午 localhost 31 src]#
#命令提示符又变了。\@：时间格式是HH:MM am/pm；\#：显示执行了多少条命令
```

PS1 变量可以自由定制，好像看到了一点 Linux 可以自由定制和修改的影子，还是很有意思的。不过说实话，已经习惯使用一个命令提示符，如果换一个还是非常别扭的，还是改回默认的命令提示符吧。命令如下：

```
[root@04:53 上午 localhost 31 src]#PS1='[\u@\h \W]\$ '
[root@localhost src]#
```

注意：这些命令提示符的修改同样是临时生效的，一旦注销或重启系统就会消失。要想永久生效，必须将其写入环境变量配置文件中。

3）LANG 语系变量

LANG 变量定义了 Linux 系统的主语系，这个变量的默认值如下：

```
[root@localhost src]# echo $LANG
zh_CN.UTF-8
```

这是因为在安装 Linux 系统时选择的是中文安装，所以默认的主语系是“zh_CN.UTF-8”。那么，Linux 系统到底支持多少种语系呢？可以使用以下命令进行查看：

```
[root@localhost src]# locale -a | more
aa_DJ
aa_DJ.iso88591
aa_DJ.utf8
aa_ER
…省略部分输出…
#查看 Linux 系统支持的语系
[root@localhost src]# locale -a | wc -l
735
#Linux 系统支持的语系实在太多了，统计一下有多少个
```

既然 Linux 系统支持这么多种语系，那么，当前系统使用的到底是什么语系呢？使用 locale 命令直接查看，命令如下：

```
[root@localhost src]# locale
LANG=zh_CN.UTF-8
LC_CTYPE="zh_CN.UTF-8"
LC_NUMERIC="zh_CN.UTF-8"
LC_TIME="zh_CN.UTF-8"
LC_COLLATE="zh_CN.UTF-8"
LC_MONETARY="zh_CN.UTF-8"
LC_MESSAGES="zh_CN.UTF-8"
LC_PAPER="zh_CN.UTF-8"
LC_NAME="zh_CN.UTF-8"
LC_ADDRESS="zh_CN.UTF-8"
LC_TELEPHONE="zh_CN.UTF-8"
LC_MEASUREMENT="zh_CN.UTF-8"
LC_IDENTIFICATION="zh_CN.UTF-8"
LC_ALL=
```

在 Linux 系统中，语系主要是通过这些变量来设置的，在这里只需知道 LANG 和 LC_ALL 变量即可，其他变量会依赖这两个变量的值而发生变化。LANG 是定义系统主语系的变量，LC_ALL 是定义整体语系的变量，一般使用 LANG 变量来定义系统语系。

我们还要通过/etc/locale.conf 文件（在 CentOS 6.x 中，默认语系配置文件是/etc/sysconfig/i18n）

定义系统的默认语系，查看一下这个文件的内容，命令如下：

```
[root@localhost ~]# cat /etc/locale.conf
LANG="zh_CN.UTF-8"
```

又是当前系统语系，又是默认语系，感觉非常混乱。可以这样理解：默认语系是下次重启之后系统所使用的语系；而当前系统语系是当前系统所使用的语系。如果系统重启，则会从默认语系配置文件/etc/locale.conf 中读出语系，然后赋予变量 LANG，让这个语系生效。也就是说，LANG 变量定义的语系只对当前系统生效；要想永久生效，就要修改/etc/locale.conf 文件。

说到这里，需要解释一下 Linux 系统中文支持的问题。是不是只要定义语系为中文语系，如 zh_CN.UTF-8，就可以正确显示中文了呢？要想正确显示中文，需要满足 3 个条件：

- 安装了中文编码和中文字体（因为在安装的时候要求大家采用中文安装，所以已经安装了中文编码和中文字体）。
- 将系统语系设置为中文语系。
- 操作终端必须支持中文显示。

我们的操作终端都支持中文显示吗？这要分情况。如果是图形界面，或者使用远程连接工具（如 SecureCRT、Xshell 等），那么这些终端都是支持中文编码的，只要语系设置正确，中文显示就没有问题。举一个例子：

```
[root@localhost src]# echo $LANG
zh_CN.UTF-8
#当前使用远程连接工具，只要语系设置正确，就可以正确显示中文
[root@localhost src]# df
文件系统          1K-块      已用     可用    已用%         挂载点    ←中文
/dev/sda3      17814528   1253484 16561044    8%         /
devtmpfs         105396         0   105396    0%         /dev
tmpfs            116400         0   116400    0%         /dev/shm
tmpfs            116400      5444   110956    5%         /run
tmpfs            116400         0   116400    0%         /sys/fs/cgroup
/dev/sda1       1038336    132516   905820   13%         /boot
tmpfs             23284         0    23284    0%         /run/user/0
#使用 df 命令可以看到中文是正常显示的
```

如果是纯字符界面（本地终端 tty1～tty6），则是不能显示中文的，因为 Linux 系统的纯字符界面是不能显示中文这么复杂的编码的。虽然 Linux 系统是采用中文安装的，但纯字符界面的语系却是“en_US. UTF-8”，如图 2-2 所示。

```
[root@localhost ~]# echo $LANG
en_US.UTF-8
[root@localhost ~]# df
Filesystem     1K-blocks    Used Available Use% Mounted on
/dev/sda3       17814528 1253484  16561044   8% /
devtmpfs          105396       0    105396   0% /dev
tmpfs             116400       0    116400   0% /dev/shm
tmpfs             116400    5444    110956   5% /run
tmpfs             116400       0    116400   0% /sys/fs/cgroup
/dev/sda1        1038336  132516    905820  13% /boot
tmpfs              23284       0     23284   0% /run/user/0
[root@localhost ~]# _
```

图 2-2　纯字符界面的语系

强制更改语系为中文语系，看看会出现什么情况，如图 2-3 所示。

```
[root@localhost ~]# LANG=zh_CN.UTF-8
[root@localhost ~]# df
■ ■ ■ ■          1K-■      ■ ■       ■ ■  ■ ■ % ■ ■ ■
/dev/sda3       17814528 1253488 16561040   8% /
devtmpfs          105396       0   105396   0% /dev
tmpfs             116400       0   116400   0% /dev/shm
tmpfs             116400    5444   110956   5% /run
tmpfs             116400       0   116400   0% /sys/fs/cgroup
/dev/sda1        1038336  132516   905820  13% /boot
tmpfs              23284       0    23284   0% /run/user/0
[root@localhost ~]# _
```

图 2-3　在纯字符界面中设置中文语系

如果非要在纯字符界面中设置中文语系，就会出现乱码。这个问题能够解决吗？可以通过安装第三方 zhcon 中文插件来让纯字符界面显示中文。zhcon 的安装并不复杂，查看一下安装说明应该可以轻松地安装。但是请大家注意，这并不是说纯字符界面支持中文显示，而是 zhcon 插件在起作用。

2.4.4　位置参数变量

在 Linux 系统的命令行中，在执行一条命令或脚本时，后面可以跟多个参数，使用位置参数变量来表示这些参数。其中，$0 代表命令行本身，$1 代表第 1 个参数，$2 代表第 2 个参数，依次类推。当参数个数超过 10 个（包括 10 个）时，就要用大括号把这个数字括起来，例如，${10}代表第 10 个参数，${14}代表第 14 个参数。举一个例子：

```
[root@localhost ~]# ls anaconda-ks.cfg abc bcd
```

如果执行这样一条命令，则$0 的值是 ls 命令本身，$1 的值是 anaconda-ks.cfg 这个文件，$2 的值是 abc 文件，$3 的值是 bcd 文件。

在 Shell 中可以识别的位置参数变量如表 2-9 所示。

表 2-9　位置参数变量

位置参数变量	作　用
$n	n 为数字，$0 代表命令本身，$1～$9 代表第 1～9 个参数，10 以上的参数需要用大括号包含，如${10}
$*	这个变量代表命令行中所有的参数，$*把所有的参数看成一个整体
$@	这个变量也代表命令行中所有的参数，不过$@把每个参数区别对待
$#	这个变量代表命令行中所有参数的个数

位置参数变量主要用于向函数或脚本中传递信息。比如，想要写一个计算器，总要告诉程序应该运算哪个字符吧。如果直接在程序中固定变量的值，那么这个计算器不就只能计算固定的值吗？这样做没有意义。

这时就需要通过位置参数变量向脚本中传递数值，就可以计算不同的数值了。先写一个加法计算器，命令如下：

```
[root@localhost ~]# cd sh/
[root@localhost sh]# vi count.sh
#!/bin/bash
# Author: shenchao (Weibo: http://weibo.com/lampsc)

num1=$1
#给 num1 变量赋值为第一个参数
num2=$2
#给 num2 变量赋值为第二个参数
sum=$(( $num1 + $num2))
#变量 sum 的值是变量 num1 和 num2 的值的和
#Shell 中的数值运算还是不太一样的，将在 2.4.7 节中进行详细介绍
echo $sum
#打印变量 sum 的值
```

在 Shell 中，数值运算必须使用特殊格式，在 2.4.7 节中再详细介绍，这里就照着例子先执行。执行一下这个脚本：

```
[root@localhost sh]# chmod 755 count.sh
#给脚本文件赋予执行权限
[root@localhost sh]# ./count.sh  11 22
33
#这个脚本就会把第一个参数和第二个参数相加
```

使用位置参数变量的主要作用是向函数或脚本中传递信息。但是，这种写法只有程序的作者才能知道需要写几个参数，每个参数使用什么数据类型，而普通用户很难正确使用位置参数变量。我们推荐使用 read 命令向函数或脚本中传递信息。

还有几个位置参数变量是干什么的呢？再写一个脚本来说明一下，如下：

```
[root@localhost sh]# vi parameter.sh
#!/bin/bash
# Author: shenchao (Weibo: http://weibo.com/lampsc)

echo "A total of $# parameters"
#使用$#代表所有参数的个数
echo "The parameters is: $*"
#使用$*代表所有的参数
echo "The parameters is: $@"
#使用$@也代表所有的参数
```

执行一下这个脚本：

```
[root@localhost sh]# chmod 755 parameter.sh
[root@localhost sh]# ./parameter.sh 11 22 33
A total of 3 parameters
#因为输入了 3 个参数，所以$#显示的值是 3
The parameters is: 11 22 33
#输出了所有的参数
The parameters is: 11 22 33
#也输出了所有的参数
```

那么，“$*”和“$@”有区别吗？还是有区别的，$*会把接收到的所有参数当成一个整体，而$@则会区别对待接收到的所有参数。还是举一个例子吧：

```
[root@localhost sh]# vi parameter2.sh
#!/bin/bash
# Author: shenchao (Weibo: http://weibo.com/lampsc)

for i in "$*"
#定义 for 循环，in 后面有几个值，for 循环就会循环几次，注意“$*”要用双引号括起来
#每次循环都会把 in 后面的值赋予变量 i
#因为 Shell 会把“$*”中的所有参数看成一个整体，所以这个 for 循环只会循环一次
    do
        echo "The parameters is: $i"
        #打印变量$i 的值
    done

x=0
#定义变量 x 的值为 0
for y in "$@"
#同样，in 后面有几个值，for 循环就会循环几次，每次循环都会把 in 后面的值赋予变量 y
#因为 Shell 会把“$@”中的每个参数都看成独立的，所以“$@”中有几个参数，就会循环几次
    do
        echo "The parameter$x is: $y"
```

```
			#输出变量 y 的值
		x=$(( $x +1 ))
			#让变量 x 的值每次循环都加 1，是为了在输出时看得更清楚
	done
echo "x is: $x"
```

在这个脚本中用到了 for 循环，关于 for 循环，在第 3 章中还会有详细介绍。执行一下这个脚本：

```
[root@localhost sh]# chmod 755 parameter2.sh
[root@localhost sh]# ./parameter2.sh  11 22 33
The parameters is: 11 22 33
#这是第一个 for 循环的执行结果，"$*"中的所有参数被看作一个整体，所以只会循环一次
The parameter1 is: 11
The parameter2 is: 22
The parameter3 is: 33
#这是第二个 for 循环的执行结果，"$@"中的每个参数被区别对待，所以会循环 3 次
x is: 3
#x 的值是 3，证明循环了 3 次
```

2.4.5 预定义变量

预定义变量是在 Shell 一开始时就定义的变量，这一点和默认的环境变量有些类似。不同的是，预定义变量不能被重新定义，用户只能根据 Shell 的定义来使用这些变量。其实，严格来说，位置参数变量也是预定义变量的一种，只是位置参数变量的作用比较统一，所以我们把位置参数变量单独划分为一类变量。

那么，预定义变量有哪些呢？通过表 2-10 来说明一下。

表 2-10　预定义变量

预定义变量	作　用
$?	最后一次执行的命令的返回状态。如果这个变量的值为 0，则证明上一条命令正确执行；如果这个变量的值为非 0（具体是哪个数，由命令自己来决定），则证明上一条命令执行错误
$$	当前进程的进程号（PID）
$!	后台运行的最后一个进程的进程号（PID）

先来看看"$?"这个变量，看起来不好理解，还是举一个例子吧，如下：

```
[root@localhost sh]# ls
count.sh  hello.sh  parameter2.sh  parameter.sh
#ls 命令正确执行
[root@localhost sh]# echo $?
0
#预定义变量"$?"的值是 0，证明上一条命令正确执行
```

```
[root@localhost sh]# ls install.log
ls: 无法访问 install.log: 没有那个文件或目录
#因为在当前目录中没有 install.log 文件，所以 ls 命令报错了
[root@localhost sh]# echo $?
2
#预定义变量"$?"返回一个非 0 的值，证明上一条命令执行错误
#至于错误的返回值到底是多少，是在编写 ls 命令时定义好的，如果碰到文件不存在就返回数值 2
```

在这个例子中提到了进程号（PID）的概念，在第 6 章中会详细介绍。在这里可以理解为，在系统中每个进程都有一个 ID，我们把这个 ID 称作 PID，系统是通过 PID 来区分不同的进程的。

接下来说明一下"$$"和"$!"这两个预定义变量。我们写一个脚本，如下：

```
[root@localhost sh]# vi variable.sh
#!/bin/bash
# Author: shenchao (Weibo: http://weibo.com/lampsc)

echo "The current process is $$"
#输出当前进程的 PID
#这个 PID 就是 variable.sh 脚本执行时生成的进程的 PID

find /root -name hello.sh &
#使用 find 命令在/root 目录下查找 hello.sh 文件
#符号"&"的意思是把命令放入后台执行
echo "The last one Daemon process is $!"
#输出这个后台执行命令的进程的 PID，也就是输出 find 命令的 PID
```

执行一下这个脚本：

```
[root@localhost sh]# chmod 755 variable.sh
#赋予 variable.sh 脚本执行权限
[root@localhost sh]# ./variable.sh
The current process is 26970
#variable.sh 脚本执行时，PID 是 26970
The last one Daemon process is 26971
#find 命令执行时，PID 是 26971
```

这里需要注意的是，不论是 variable.sh 脚本，还是 find 命令，一旦执行完毕就会停止，所以，使用 ps 命令是查看不到这两个进程的 PID 的。

在一般情况下，使用"$?"变量来判断上一条命令是否正确执行，后面要讲的 test 测试命令也是通过"$?"变量来判断上一条命令是否正确执行的。如果使用"$$"变量来给临时文件命名，则可以保证临时文件名不会重复，这是"$$"变量的一种常见用法。

2.4.6 接收键盘输入

我们刚刚讲过的位置参数变量是可以把用户的输入用参数的方式输入脚本的，不过这种输入方式只有写这个脚本的人才能确定需要输入几个参数，每个参数应该输入什么类型的数据，并不适合普通用户使用。

除位置参数变量外，也可以使用 read 命令向脚本中传入数据。read 命令接收标准输入设备（键盘）的输入，或者其他文件描述符的输入。在接收到输入后，read 命令将数据放入一个标准变量中。命令格式如下：

```
[root@localhost ~]# read [选项] [变量名]
选项:
    -p "提示信息":    在等待 read 输入时，输出提示信息
    -t 秒数:          read 命令会一直等待用户输入，使用此选项可以指定等待时间
    -n 字符数:        read 命令只接收指定的字符数就会执行
    -s:               隐藏输入的数据，适用于机密信息的输入
变量名:
    变量名可以自定义。如果不指定变量名，则会把输入保存到默认变量 REPLY 中
    如果只提供了一个变量名，则将整个输入行赋予该变量
    如果提供了一个以上的变量名，则把输入行分为若干字，一个接一个地赋予各个变量，而命令行上的最后一个变量取得剩余的所有字
```

还是写一个脚本来解释一下 read 命令，如下：

```
[root@localhost sh]# vi read.sh
#!/bin/bash
# Author: shenchao (Weibo: http://weibo.com/lampsc)

read -t 30 -p "Please input your name: " name
#提示“请输入姓名”并等待 30s，把用户的输入保存到变量 name 中
echo "Name is $name"
#看看在变量“$name”中是否保存了用户的输入

read -s -t 30 -p "Please enter your age: " age
#提示“请输入年龄”并等待 30s，把用户的输入保存到变量 age 中
#因为年龄是隐私，所以用“-s”选项隐藏输入
echo -e "\n"
#调整输出格式。如果不换行输出，则稍后的年龄输出不会换行
echo "Age is $age"


read -n 1 -t 30 -p "Please select your gender[M/F]: " gender
#提示“请选择性别”并等待 30s，把用户的输入保存到变量 gender 中
#使用“-n 1”选项只接收一个输入字符就会执行（无须按 Enter 键）
```

```
echo -e "\n"
echo "Sex is $gender"
```

执行一下这个脚本：

```
[root@localhost sh]# chmod 755 read.sh
#赋予 read.sh 脚本执行权限
[root@localhost sh]# ./read.sh
#运行脚本
Please input your name: shen chao
#在 read 的提示界面中输入姓名
Name is shen chao
#在"$name"变量中保存了我们的输入
Please enter your age:
#因为加入了"-s"选项，所以输入不会显示在命令行上
Age is 18
#在"$age"变量中保存了我们的输入
Please select your gender[M/F]: M
#因为加入了"-n 1"选项，所以只能输入一个字符
Sex is M
#在"$gender"变量中保存了我们的输入
```

read 命令并不难，却是接收键盘输入的重要方法，要熟练使用。

2.4.7 Shell 中的运算符

1. 数值运算

Shell 和其他编程语言还是有很多不一样的地方的，其中笔者最不习惯的是：在 Shell 中，所有变量的默认类型是字符串型。也就是说，如果不手工指定变量的类型，那么所有的数值都是不能进行运算的。比如：

```
[root@localhost sh]# aa=11
[root@localhost sh]# bb=22
#给变量 aa 和 bb 赋值
[root@localhost sh]# cc=$aa+$bb
#想让变量 cc 的值是变量 aa 和 bb 的值的和
[root@localhost sh]# echo $cc
11+22
#变量 cc 的值却是"11+22"这个字符串，并没有进行数值运算
```

如果需要进行数值运算，则可以采用以下 3 种方法中的任意一种。

1）使用 declare 命令声明变量的类型

既然所有变量的默认类型是字符串型，那么，只要把变量声明为整数型，不就可以参与运

算了吗？使用 declare 命令就可以声明变量的类型。命令格式如下：

```
[root@localhost ~]# declare [+/-][选项] 变量名
选项：
    -:        给变量设定类型属性
    +:        取消变量的类型属性
    -a:       将变量声明为数组型
    -i:       将变量声明为整数型（integer）
    -r:       将变量声明为只读变量。注意：一旦将变量声明为只读变量，那么，既不能修改变量的值，
              也不能删除变量，甚至不能使用“+r”选项取消只读属性
    -x:       将变量声明为环境变量
    -p:       显示指定变量的被声明的类型
```

例子 1：数值运算

只要把变量声明为整数型就可以参与运算了吗？试试吧：

```
[root@localhost ~]# aa=11
[root@localhost ~]# bb=22
#给变量 aa 和 bb 赋值
[root@localhost ~]# declare -i cc=$aa+$bb
#声明变量 cc 的类型是整数型，它的值是变量 aa 和 bb 的值的和
[root@localhost ~]# echo $cc
33
#这下终于可以相加了
```

这样运算好麻烦！没有办法，Shell 在数值运算方面确实是比较麻烦的，习惯就好了。

例子 2：数组变量类型

只有在编写一些较为复杂的程序时才会用到数组，大家不用着急学习数组，当有需要的时候再回来详细学习。那么，数组是什么呢？所谓数组，就是相同数据类型的元素按一定顺序排列的集合。也就是把有限个类型相同的变量用一个名字命名，然后用编号区分它们的变量的集合，我们把这个名字称为数组名，把编号称为下标。组成数组的各个变量被称为数组的分量，又称数组的元素、下标变量。

一看定义就一头雾水，更加不明白数组是什么了。那么，换一种说法，变量和数组都是用来保存数据的，只是变量只能被赋予一个数据值，一旦重复赋值，后一个值就会覆盖前一个值；而数组可以被赋予一组相同类型的数据值。大家可以把变量想象成一间小办公室，在这间办公室里只能容纳一个人办公，办公室名就是变量名；而数组是一间大办公室，可以容纳很多人同时办公，在这间大办公室里办公的每个人是通过不同的座位号来区分的，这个座位号就是数组的下标，而大办公室的名字就是数组名。

还是举一个例子吧：

```
[root@localhost ~]# name[0]="shen chao"
#数组中的第一个变量是 shen chao
```

```
[root@localhost ~]# name[1]="li ming"
#数组中的第二个变量是li ming
[root@localhost ~]# name[2]="zhang san"
#数组中的第三个变量是zhang san
[root@localhost ~]# echo ${name}
shen chao
#输出数组的内容。如果只写数组名，那么只会输出第一个下标变量
[root@localhost ~]# echo ${name[*]}
shen chao li ming zhang san
#输出数组的所有内容
```

注意：数组的下标是从 0 开始的。在调用数组中的元素时，需要使用“${数组[下标]}”的形式来读取。

不过，在刚刚的例子中，并没有把 name 变量声明为数组型。其实，只要在定义变量时采用了“变量名[下标]”的形式，这个变量就会被系统认为是数组型，不用强制声明。

例子 3：环境变量

其实也可以使用 declare 命令把变量声明为环境变量，这个命令的作用和 export 命令的作用是一样的。其实，export 命令最终还是调用“declare -x”命令把变量声明为环境变量的。命令如下：

```
[root@localhost ~]# declare -x test=123
#把变量test 声明为环境变量
[root@localhost ~]# declare -x
#查看环境变量
```

例子 4：只读属性

一旦给变量设定了只读属性，那么，既不能修改变量的值，也不能删除变量，甚至不能使用“+r”选项取消只读属性。命令如下：

```
[root@localhost ~]# declare -r test
#给test 变量赋予只读属性
[root@localhost ~]# test=456
-bash: test: readonly variable
#test 变量的值就不能修改了
[root@localhost ~]# declare +r test
-bash: declare: test: readonly variable
#也不能取消只读属性
[root@localhost ~]# unset test
-bash: unset: test: cannot unset: readonly variable
#也不能删除变量
```

还好这个变量只是在命令行声明的，所以，只要重新登录或重启系统，这个变量就会消失。

例子 5：查看变量属性和取消变量属性

变量属性的查看使用“-p”选项，变量属性的取消使用“+”选项。命令如下：

```
[root@localhost ~]# declare -p cc
declare -i cc="33"
#cc 变量的类型是整数型
[root@localhost ~]# declare -p name
declare -a name='([0]="shen chao" [1]="li ming" [2]="gao luo feng")'
#name 变量的类型是数组型
[root@localhost ~]# declare -p test
declare -rx test="123"
#test 变量是环境变量和只读变量

[root@localhost ~]# declare +x test
#取消 test 变量的环境变量属性
[root@localhost ~]# declare -p test
declare -r test="123"
#注意：只读变量属性是不能被取消的
```

2）使用 expr 或 let 数值运算工具

进行数值运算的第二种方法是使用 expr 命令，这个命令就没有 declare 命令那么复杂了。命令如下：

```
[root@localhost ~]# aa=11
[root@localhost ~]# bb=22
#给变量 aa 和 bb 赋值
[root@localhost ~]# dd=$(expr $aa + $bb)
#变量 dd 的值是变量 aa 和 bb 的值的和。注意：在“+”左右两侧必须有空格
[root@localhost ~]# echo $dd
33
```

在使用 expr 命令进行数值运算时，要注意在“+”左右两侧必须有空格，否则数值运算不执行。

至于 let 命令，和 expr 命令基本类似，都是 Linux 系统中的运算命令。命令如下：

```
[root@localhost ~]# aa=11
[root@localhost ~]# bb=22
#给变量 aa 和 bb 赋值
[root@localhost ~]# let ee=$aa+$bb
[root@localhost ~]# echo $ee
33
#变量 ee 的值是变量 aa 和 bb 的值的和

[root@localhost ~]# n=20
#定义变量 n
```

```
[root@localhost ~]# let n++
#变量n的值等于变量本身的值加1
[root@localhost ~]# echo $n
21
```

对于 expr 和 let 命令，大家可以按照习惯使用，不过 let 命令对格式的要求比 expr 命令对格式的要求宽松，所以推荐使用 let 命令进行数值运算。

3）使用“$((运算式))”或“$[运算式]”方式

其实这是一种方式，“$(())”和“$[]”这两种括号按照个人习惯使用即可。命令如下：

```
[root@localhost ~]# aa=11
[root@localhost ~]# bb=22
[root@localhost ~]# ff=$(( $aa+$bb ))
[root@localhost ~]# echo $ff
33
#变量ff的值是变量aa和bb的值的和
[root@localhost ~]# gg=$[ $aa+$bb ]
[root@localhost ~]# echo $gg
33
#变量gg的值是变量aa和bb的值的和
```

对于这 3 种数值运算方式，大家可以按照自己的习惯来选择使用。不过，笔者推荐使用“$((运算式))”，这种方式更加简单，也更加常用。

2. Shell 中常用的运算符

通过表 2-11 来说明一下 Shell 中常用的运算符。

表 2-11　Shell 中常用的运算符

优 先 级	运 算 符	说　　明
13	-、 +	单目负、单目正
12	!、~	逻辑非、按位取反或补码
11	*、/、%	乘、除、取模
10	+、-	加、减
9	<<、>>	按位左移、按位右移
8	<=、>=、<、>	小于或等于、大于或等于、小于、大于
7	==、!=	等于、不等于
6	&	按位与
5	^	按位异或
4	|	按位或
3	&&	逻辑与
2	||	逻辑或
1	=，+=、-=、*=、/=、%=、&=、^=、|=、<<=、>>=	赋值，运算且赋值

运算符优先级表明在每个表达式或子表达式中哪个运算对象首先被运算，数值越大优先

级越高，具有较高优先级的运算符先于具有较低优先级的运算符进行数值运算。

还是举几个例子来进行说明。

例子 1：加减乘除

```
[root@localhost ~]# aa=$(( (11+3)*3/2 ))
#虽然乘和除的优先级高于加的优先级，但是通过小括号可以调整运算符的优先级
[root@localhost ~]# echo $aa
21
```

例子 2：取模运算

```
[root@localhost ~]# bb=$(( 14%3 ))
[root@localhost ~]# echo $bb
2
#14 不能被 3 整除，余数是 2
```

例子 3：逻辑与

```
[root@localhost ~]# cc=$(( 1 && 0 ))
[root@localhost ~]# echo $cc
0
#逻辑与运算只有相与的两边都是 1，与的结果才是 1；否则与的结果是 0
```

2.4.8 变量测试与内容置换

在脚本中，有时需要判断变量是否存在或是否被赋值。如果变量已经存在并且被赋值，则不改变变量；如果变量不存在或没有被赋值，则赋予其新值。这时就可以使用变量测试与内容置换。在脚本中，可以使用条件判断语句 if 来代替这种测试方法，不过，使用 Shell 自带的变量测试与内容置换方式更加方便，我们通过表 2-12 来进行说明。

表 2-12 变量测试与内容置换

变量测试与内容置换方式	变量 y 没有被设置	变量 y 为空值	给变量 y 设置值
x=${y-新值}	x=新值	x 为空值	x=$y
x=${y:-新值}	x=新值	x=新值	x=$y
x=${y+新值}	x 为空值	x=新值	x=新值
x=${y:+新值}	x 为空值	x 为空值	x=新值
x=${y=新值}	x=新值 y=新值	x 为空值 y 值不变	x=$y y 值不变
x=${y:=新值}	x=新值 y=新值	x=新值 y=新值	x=$y y 值不变
x=${y?新值}	新值输出到标准错误输出（屏幕）	x 为空值	x=$y
x=${y:?新值}	新值输出到标准错误输出	新值输出到标准错误输出	x=$y

如果在大括号中没有“:”，则变量 y 为空值或没有被设置，处理方法是不同的；如果在大括号中有“:”，则变量 y 不论是为空值，还是没有被设置，处理方法是一样的。

如果在大括号中是“-”或“+”，则在改变变量 x 的值的时候，变量 y 的值是不改变的；如果在大括号中是“=”，则在改变变量 x 的值的同时，变量 y 的值也会改变。

如果在大括号中是“?”，则当变量 y 不存在或为空值时，会把“新值”当成报错输出到屏幕上。

举几个例子来说明一下。

例子 1：

```
[root@localhost ~]# unset y
#删除变量 y
[root@localhost ~]# x=${y-new}
#进行测试
[root@localhost ~]# echo $x
new
#因为变量 y 不存在，所以 x=new
[root@localhost ~]# echo $y

#变量 y 还是不存在的
```

和表 2-12 对比一下，是不是可以看懂了？这是变量 y 不存在的情况。如果变量 y 为空值呢？

```
[root@localhost ~]# y=""
#给变量 y 赋值为空
[root@localhost ~]# x=${y-new}
#进行测试
[root@localhost ~]# echo $x

[root@localhost ~]# echo $y

#变量 x 和 y 都为空值
```

如果变量 y 有值呢？

```
[root@localhost ~]# y=old
#给变量 y 赋值
[root@localhost ~]# x=${y-new}
#进行测试
[root@localhost ~]# echo $x
old
[root@localhost ~]# echo $y
old
#变量 x 和 y 的值都是 old
```

例子 2：

如果在大括号中是“=”，则又是什么情况呢？先测试一下变量 y 没有被设置的情况，命令如下：

```
[root@localhost ~]# unset y
#删除变量 y
[root@localhost ~]# x=${y:=new}
#进行测试
[root@localhost ~]# echo $x
new
[root@localhost ~]# echo $y
new
#变量 x 和 y 的值都是 new
```

一旦使用了“=”，就会同时处理变量 x 和 y，而不像例子 1 那样只改变变量 x 的值。

如果变量 y 为空值，则又是什么情况呢？

```
[root@localhost ~]# y=""
#设置变量 y 为空值
[root@localhost ~]# x=${y:=new}
#进行测试
[root@localhost ~]# echo $x
new
[root@localhost ~]# echo $y
new
#变量 x 和 y 的值都是 new
```

一旦在大括号中使用“:”，那么变量 y 为空值或没有被设置，处理方法是一样的。

如果变量 y 已经被赋值，则又是什么情况呢？

```
[root@localhost ~]# y=old
#给变量 y 赋值
[root@localhost ~]# x=${y:=new}
#进行测试
[root@localhost ~]# echo $x
old
[root@localhost ~]# echo $y
old
#变量 x 和 y 的值都是 old
```

例子 3：

再测试一下在大括号中是“?”的情况。

```
[root@localhost ~]# unset y
#删除变量 y
```

```
[root@localhost ~]# x=${y?new}
-bash: y: new
#会把值“new”输出到屏幕上
```

如果变量 y 已经被赋值呢？

```
[root@localhost ~]# y=old
#给变量y赋值
[root@localhost ~]# x=${y?new}
#进行测试
[root@localhost ~]# echo $x
old
[root@localhost ~]# echo $y
old
#变量x和y的值都是old
```

这些内容实在让人头疼，如果在脚本中用到了，则参考表 2-12 即可。

2.5 环境变量配置文件

2.5.1 source 命令

先来看看 source 命令，这个命令会强制执行脚本中的全部命令，而忽略脚本文件的权限。source 命令主要用于让重新配置的环境变量配置文件强制生效。命令格式如下：

```
[root@localhost ~]# source 配置文件
```

或

```
[root@localhost ~]# . 配置文件
```

举一个例子：

```
[root@localhost ~]# source ~/.bashrc
```

或

```
[root@localhost ~]# . ~/.bashrc
```

“.”就是 source 命令，使用上述哪种方法都是可以的。原来修改了环境变量配置文件，如果想让其生效，则必须注销或重启系统；现在只要使用 source 命令，就可以省略注销或重启系统的过程，更加方便。

2.5.2 环境变量配置文件的分类

1. 登录时生效的环境变量配置文件

在环境变量配置文件中主要定义了对系统的操作环境生效的系统默认环境变量，如 PATH、HISTSIZE、PS1、HOSTNAME 等。如果修改了这些环境变量，而没有保存到环境变量配置文件中，那么，一旦注销或重启系统，这些修改就会失效。还是那句话："在 Linux 系统中，修改要想永久生效，必须写入相应的配置文件中。"当然，我们自己定义的别名虽然不是系统的默认环境变量，但也是用于修改操作环境的，如果要想永久生效，则也要放入相应的环境变量配置文件中。

在 Linux 系统登录时主要生效的环境变量配置文件有以下 5 个：

- /etc/profile。
- /etc/profile.d/*.sh。
- ~/.bash_profile。
- ~/.bashrc。
- /etc/bashrc。

这 5 个环境变量配置文件（/etc/profile.d/*.sh 是一系列的配置文件）在用户登录过程中会依次生效。不过需要注意，/etc/profile、/etc/profile.d/*.sh 和/etc/bashrc 这 3 个环境变量配置文件会对所有的登录用户生效，而~/.bash_profile 和~/.bashrc 这两个环境变量配置文件只会对当前用户生效（因为在每个用户的家目录中都有这两个文件）。这些环境变量配置文件是依靠如图 2-4 所示的顺序被调用的。

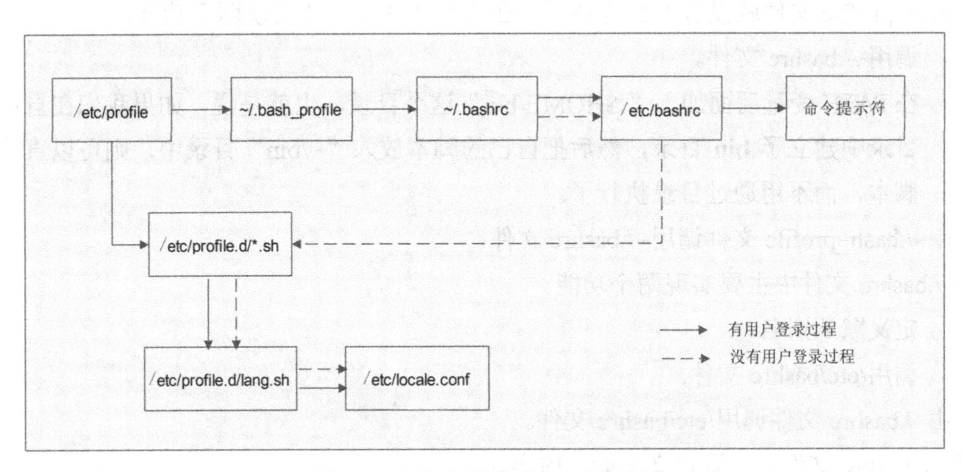

图 2-4　环境变量配置文件调用流程

登录过程分为"有用户登录过程"和"没有用户登录过程"两种。其中，"有用户登录过程"主要指登录过程需要输入用户名和密码，这时获取的 Shell 就是 Login Shell，绝大多数的 Shell 获取都是这种过程；"没有用户登录过程"指的就是在用户登录时不需要输入用户名和密码，如在当前 Shell 中开启子 Shell，这种情况比较少见。下面分别分析一下这两种 Shell 的获取情况。

1）有用户登录过程的 Shell 获取

先来看看“有用户登录过程”的 Shell 获取方式，这是最常见的情况，在图 2-4 中，用实线描述这种登录情况。

- 在用户登录过程中，先调用/etc/profile 文件。

在这个环境变量配置文件中会定义如下默认环境变量。

  - USER 变量：根据登录的用户给这个变量赋值（让 USER 变量的值是当前用户）。
  - LOGNAME 变量：根据 USER 变量的值给这个变量赋值。
  - MAIL 变量：根据登录的用户来定义用户的邮箱为/var/spool/mail/用户名。
  - PATH 变量：定义了基本的 PATH 变量中的值。
  - HOSTNAME 变量：根据主机名给这个变量赋值。
  - HISTSIZE 变量：定义历史命令的保存条数。
  - umask：定义 umask 默认权限。注意：/etc/profile 文件中的 umask 权限是在“有用户登录过程（输入了用户名和密码）”时才会生效的。
  - 调用/etc/profile.d/*.sh 文件，也就是调用/etc/profile.d/目录下所有以.sh 结尾的文件。

- 由/etc/profile 文件调用/etc/profile.d/*.sh 文件。

在这个目录中，所有以.sh 结尾的文件都会被/etc/profile 文件调用，这里最常用的就是 lang.sh 文件，而这个文件又会调用/etc/locale.conf 文件（在 CentOS 6.x 中，这个默认语系文件是/etc/sysconfig/i18n）。对/etc/locale.conf 文件眼熟吗？就是前面讲过的默认语系配置文件。

- 由/etc/profile 文件接着调用~/.bash_profile 文件。

~/.bash_profile 文件就没有那么复杂了，在这个文件中主要实现两个功能。

  - 调用~/.bashrc 文件。
  - 在 PATH 变量后面加入“:$HOME/bin”这个目录。也就是说，如果我们在自己的家目录中建立了 bin 目录，然后把自己的脚本放入“~/bin”目录中，则可以直接执行脚本，而不用通过目录执行了。

- 由~/.bash_profile 文件调用~/.bashrc 文件。

在~/.bashrc 文件中主要实现两个功能。

  - 定义默认别名。
  - 调用/etc/bashrc 文件。

- 由~/.bashrc 文件调用/etc/bashrc 文件。

在/etc/bashrc 文件中主要定义了如下内容。

PS1 变量：用于设置命令提示符。如果想要永久修改命令提示符，就要在这个文件中进行设置。

这 5 个环境变量配置文件会被依次调用。如果是我们自己定义的环境变量，则应该放入哪个文件中呢？如果你的修改是打算对所有用户生效的，那么可以放入/etc/profile 文件中；如果你的修改只是给自己使用的，那么可以放入~/.bash_profile 或~/.bashrc 文件中。

但是，如果误删除了这些环境变量配置文件，如删除了/etc/bashrc 或~/.bashrc 文件，那么这些文件中的配置就会失效（~/.bashrc 文件会调用/etc/bashrc 文件），命令提示符就会变成下面这样：

```
-bash-4.1#
```

因为在/etc/bashrc 文件中会设置 PS1 变量，所以，如果这个文件不存在或没有被调用，那么命令提示符就会是 Bash 最基本的样子。

2）没有用户登录过程的 Shell 获取

再来看看“没有用户登录过程”的 Shell 获取方式，这种方式相对简单多了。

- 在用户登录后，直接调用~/.bashrc 文件。

在~/.bashrc 文件中主要实现了两个功能。

  - 定义默认别名。
  - 调用/etc/bashrc 文件。

- 由~/.bashrc 文件调用/etc/bashrc 文件。

/etc/bashrc 文件比较复杂，在“有用户登录过程”调用时只生效了 PS1 这一个环境变量，剩余的绝大多数变量是在“没有用户登录过程”调用时生效的。在“没有用户登录过程”调用时，在/etc/bashrc 文件中主要定义了如下内容。

  - umask：定义 umask 默认权限。
  - PATH 变量：会给 PATH 变量追加值。
  - PS1 变量：用于设置命令提示符。
  - 调用/etc/profile.d/*.sh 文件。

2．注销时生效的环境变量配置文件

在用户退出登录时，只会调用一个环境变量配置文件，就是~/.bash_logout。这个文件默认没有写入任何内容。但是，如果希望在用户退出登录时执行一些操作，如清除历史命令、备份某些数据，就可以把命令写入这个文件中。

3．其他的环境变量配置文件

还有一些环境变量配置文件，最常见的是~/bash_history 文件，也就是历史命令保存文件。这个文件已经讲过了，在这里只是把它归入“环境变量配置文件”一节而已。

2.5.3　Shell 登录信息

1．/etc/issue 文件

在登录 tty1～tty6 这 6 个本地终端时，会出现几行欢迎信息。这些欢迎信息是保存在哪里的？可以修改吗？当然可以修改。这些欢迎信息保存在/etc/issue 文件中，查看一下这个文件，命令如下：

```
[root@localhost ~]# cat /etc/issue
```

```
CentOS release 6.3 (Final)
Kernel \r on an \m
```

系统在每次登录时，会依赖这个文件的配置显示欢迎信息。在/etc/issue 文件中允许使用转义符调用相应信息，其支持的转义符可以通过 man agetty 命令查询，如表 2-13 所示。

表 2-13 /etc/issue 文件支持的转义符

转义符	作用
\d	显示当前系统日期
\s	显示操作系统名称
\l	显示登录的终端号。这个转义符比较常用
\m	显示硬件体系结构，如 i386、i686 等
\n	显示主机名
\o	显示域名
\r	显示内核版本
\t	显示当前系统时间
\u	显示当前登录用户的序列号

在本地终端登录时，因为有 tty1～tty6 这 6 个本地终端（可以通过 Alt+F1～F6 组合键切换），有时我们会忘记在哪个本地终端中，所以笔者习惯加入“\l”选项，例如：

```
[root@localhost ~]# cat /etc/issue
CentOS release 6.3 (Final)
Kernel \r on an \m \l
```

这样，在本地终端登录时，就可以看到到底在哪个本地终端中。

2. /etc/issue.net 文件

配置/etc/issue 文件会在本地终端登录时显示欢迎信息。如果远程登录（如 ssh 远程登录，或者 Telnet 远程登录）需要显示欢迎信息，则需要配置/etc/issue.net 文件。在使用这个文件时有两点需要注意。

- 在/etc/issue 文件中支持的转义符在/etc/issue.net 文件中不能使用。
- ssh 远程登录是否显示/etc/issue.net 文件中设置的欢迎信息，是由 ssh 的配置文件决定的。

如果需要 ssh 远程登录显示/etc/issue.net 文件中设置的欢迎信息，那么，首先需要修改 ssh 的配置文件/etc/ssh/sshd_config，加入如下内容：

```
[root@localhost ~]# cat /etc/ssh/sshd_config
...省略部分输出...
# no default banner path
#Banner none
Banner /etc/issue.net
...省略部分输出...
```

这样，在 ssh 远程登录时，也可以显示欢迎信息，只是不能再识别“\d”和“\l”等转义符。

3. /etc/motd 文件

在/etc/motd 文件中也设置了欢迎信息，这个文件和/etc/issue 及/etc/issue.net 文件的区别是：/etc/issue 及/etc/issue.net 文件是用于在用户登录之前显示欢迎信息的；而/etc/motd 文件是用于在用户输入用户名和密码，正确登录之后显示欢迎信息的。在/etc/motd 文件中设置的欢迎信息，不论是本地登录，还是远程登录，都可以显示。

大家需要注意，在国外曾经有黑客入侵服务器，因在服务器上显示的欢迎信息是“welcome…”而免于处罚的案例。所以，我们虽然一直是按照“欢迎信息”进行讲解的，但是在这里其实应该写入一些“警告信息”，如禁止非法用户登录之类的信息。

2.5.4 定义 Bash 快捷键

还记得在 Shell 中有很多快捷键吗？先来查看一下，命令如下：

```
[root@localhost ~]# stty -a
#查看所有的快捷键
speed 38400 baud; rows 21; columns 104; line = 0;
intr = ^C; quit = ^\; erase = ^?; kill = ^U; eof = ^D; eol = <undef>; eol2 =
<undef>; swtch = <undef>;
start = ^Q; stop = ^S; susp = ^Z; rprnt = ^R; werase = ^W; lnext = ^V; flush =
^O; min = 1; time = 0;
-parenb -parodd cs8 -hupcl -cstopb cread -clocal -crtscts -cdtrdsr
-ignbrk -brkint -ignpar -parmrk -inpck -istrip -inlcr -igncr icrnl ixon -ixoff
-iuclc -ixany -imaxbel
-iutf8
opost -olcuc -ocrnl onlcr -onocr -onlret -ofill -ofdel nl0 cr0 tab0 bs0 vt0 ff0
isig icanon iexten echo echoe echok -echonl -noflsh -xcase -tostop -echoprt
echoctl echoke
```

“-a”选项用于查看系统中所有可用的快捷键。可以看到，快捷键 Ctrl+C 用于强制中止，快捷键 Ctrl+D 用于中止输入。那么，这些快捷键可以更改吗？当然可以，只需执行以下命令即可。

```
[root@localhost ~]# stty 关键字 快捷键
```

例如：

```
[root@localhost ~]# stty intr ^p
#定义快捷键Ctrl+P用于强制中止，“^”字符只需手工输入即可
[root@localhost ~]# stty -a
speed 38400 baud; rows 21; columns 104; line = 0;
intr = ^P; quit = ^\; erase = ^?; kill = ^U; eof = ^D; eol = <undef>; eol2 =
<undef>; swtch = <undef>;
start = ^Q; stop = ^S; susp = ^Z; rprnt = ^R; werase = ^W; lnext = ^V; flush =
```

```
^O; min = 1; time = 0;
#强制中止的快捷键变成了Ctrl+P
```

本章小结

本章重点

- 在 Bash 的基本功能中，需要掌握历史命令、命令别名、输入/输出重定向、多命令顺序执行。
- Bash 变量的定义、调用、查看和删除。
- Bash 中的运算符。
- 环境变量配置文件。

本章难点

- 输入/输出重定向。
- 管道符的应用。
- 环境变量。
- Bash 中的运算符。
- 环境变量配置文件。

测试题

一、单选题

1．Linux 系统的标准 Shell 是以下哪一个？

A．Bash　　B．csh　　C．tcsh　　D．ksh

2．在以下哪个文件中可以修改历史命令的保存条数？

A．/etc/bashrc　　B．~/.bashrc　　C．/etc/profile　　D．~/.bash_profile

3．如下代码所示：

```
[root@localhost ~]# history
…省略部分输出…
  80  pkill  -HUP  nginx
  81  ls
  82  mv  abc  index.html
  83  vi  index_a.html
  84  ls  -a
```

使用以下哪种方法可以重复调用“pkill -HUP nginx”命令？

A．!pkill　　　B．!!pkill　　　C．!!80　　　D．!$80

4．以下哪条命令可以把命令的正确输出和错误输出都保存在 test 文件中？

A．ls -l > test　　　B．ls >> test 2>>test1

C．ls &>/dev/null　　　D．ls &>>test

5．使用通配符"t?[0-9]t"查找文件名，不会匹配以下哪个文件名？

A．te5t　　　B．t4t　　　C．t54t　　　D．ty0t

6．以下哪条关于变量命名的规则是错误的？

A．变量名可以由数字、字母和符号组成，但是不能以数字开头

B．变量用等号连接值，在等号左右两侧不能有空格

C．在变量的值中如果有空格，则需要使用单引号或双引号包含

D．如果把命令的执行结果作为变量值赋予变量，则需要使用反引号或$()包含命令

7．如果想让 Linux 系统的命令提示符变成"[05:41:32@六 4 月 22@localhost /etc]#"格式，则应该如何给 PS1 变量赋值？

A．PS1='[\t@\d@ \w]\$ '　　　B．PS1='[\t@\u@\h \w]\$ '

C．PS1='[\t@\d@\h \w]\$ '　　　D．PS1='[\t@\d@\h \W]\$ '

8．以下哪个变量用于返回命令的执行状态？

A．$*　　　B．$?　　　C．$$　　　D．$@

二、操作题

1．请写一个加减乘除计算器（不需要有图形界面）。

2．如何让系统的命令提示符永久变为"[登录用户@系统时间 绝对路径]#"这样的格式？

3．在系统启动时，命令提示符变成了"-bash-4.1#"。这是什么原因造成的？该如何修复呢？

第3章 管理员的"九阳神功"：Shell编程

学前导读

在这一章中将要学习Shell编程，主要介绍正则表达式、字符截取和替换命令、字符处理命令、条件判断、流程控制等知识。在学完这一章的内容后，我们就可以写一些在工作中可以使用的脚本了。

本章内容

3.1 正则表达式
3.2 字符截取和替换命令
3.3 字符处理命令
3.4 条件判断
3.5 流程控制

3.1 正则表达式

3.1.1 什么是正则表达式

正则表达式（也称作正规表示法）是用于描述字符排列和匹配模式的一种语法规则。它主要用于字符串的模式分割、匹配、查找及替换操作。这样枯燥的概念很难理解吧，其实正则表达式是用来匹配文件中的字符串的方法。它会先把整个文件分成一行一行的字符串，然后从每行字符串中搜索是否有符合正则表达式规则的字符串，如果有则匹配成功，如果没有则匹配失败。

比如，我们需要在学员手册中找出含有“Linux72”班级号的学员，这个班级号的首字符是大写字母，最后两个字符是数字，使用正则表达式就可以非常轻松地找出含有这个关键字的学员。所以，还是要牢牢记住，正则表达式是用来模糊匹配字符串的方法。

还记得我们在第 2 章中说过正则表达式和通配符的区别（正则表达式用来在文件中匹配符合条件的字符串，通配符用来匹配符合条件的文件名）吗？其实这种区别只在 Shell 中适用，因为用来在文件中搜索字符串的命令，如 grep、awk、sed 等可以支持正则表达式，而用来在系统中搜索文件的命令，如 ls、find、cp 等默认不支持正则表达式，所以只能使用 Shell 自己的通配符来进行匹配。

Shell 语言是一种简化语言，主要用于帮助管理员提升管理效率，很难独立完成大型项目。基于这种目的，Shell 对很多内容做了简化，在正则表达式这里也不例外。只有 Shell 语言把正则表达式的元字符分为基础正则和扩展正则，其他语言中的正则表达式没有这样的区分。

注意：正则表达式是包含匹配的。也就是说，搜索“root”字符串，那么，只要含有“root”关键字的行，都会被找到。

3.1.2 基础正则表达式

在正则表达式中，我们把用于匹配的特殊符号又称作元字符。在 Shell 中，元字符又分为基础元字符和扩展元字符。先来看看 Shell 支持的基础元字符，如表 3-1 所示。

表 3-1　Shell 支持的基础元字符

基础元字符	作　用
*	前一个字符匹配 0 次或任意多次
.	匹配除换行符外的任意一个字符
^	匹配行首。例如，^hello 会匹配以 hello 开头的行
$	匹配行尾。例如，hello&会匹配以 hello 结尾的行
[]	匹配中括号中指定的任意一个字符，而且只匹配一个字符。例如，[aoeiu]匹配任意一个元音字母，[0-9]匹配任意一位数字，[a-z][0-9]匹配由小写字母和一位数字构成的两位字符
[^]	匹配除中括号中的字符以外的任意一个字符。例如，[^0-9]匹配任意一位非数字字符，[^a-z]匹配任意一位非小写字母
\	转义符，用于取消特殊符号的含义
\{n\}	表示其前面的字符恰好出现 *n* 次。例如，[0-9]\{4\}匹配 4 位数字，[1][3-8][0-9]\{9\}匹配手机号码
\{n,\}	表示其前面的字符出现不少于 *n* 次。例如，[0-9]\{2,\}匹配两位及两位以上的数字
\{n,m\}	表示其前面的字符最少出现 *n* 次，最多出现 *m* 次。例如，[a-z]\{6,8\}匹配 6～8 位的小写字母

还是举一些例子来看看这些基础元字符的作用吧。因为正则表达式主要用于字符串的模糊匹配，所以我们做实验主要用到的是字符串行提取命令 grep。

在《细说 Linux 系统管理》一书中，我们建议给 grep 命令定义一个别名，让它可以把搜索到的字符串用红色显示，这样更加清晰。在 CentOS 7.x 中，grep 命令的别名已经默认生效了，不再需要手工添加。查看一下：

```
[root@localhost ~]# alias | grep grep
alias egrep='egrep --color=auto'
alias fgrep='fgrep --color=auto'
alias grep='grep --color=auto'
#系统默认将这 3 个命令的搜索结果显示颜色
#其中，fgrep 命令会把所有的特殊符号搜索变成普通字符搜索。也就是说，在 fgrep 命令中，正则表达式
#不起作用
#egrep 命令用于扩展正则表达式搜索
```

1. 练习文件建立

既然正则表达式是用来在文件中匹配字符串的，那么我们必须建立一个练习文件，才可以进行后续的实验。文件内容如下：

```
[root@localhost ~]# vi test_rule.txt
Mr. Li Ming said:
he was the most honest man.
123despise him.

But since Mr. shen Chao came,
he never saaaid those words.
5555nice!

why not saaid
because,actuaaaally,
Mr. Shen Chao is the good man

Later,Mr. Li ming soid his hot body.
```

在这个文件中加入了一些数字和故意写错的英文单词，是为了稍后的实验，并不一定通顺。

2. “*”：前一个字符匹配 0 次或任意多次

此处的“*”和通配符中的“*”含义不同，它代表前一个字符重复 0 次或任意多次。比如，“a*”并不代表匹配“a”后面的任意字符，而代表匹配 0 个或无数个 a。

1）例子 1

如果在“a*”左右两侧没有限制符号，单写“a*”，则是没有意义的，因为这样可以匹配所有内容，包括空白行。我们试试：

```
[root@localhost ~]# grep "a*" test_rule.txt
#会显示所有内容，包括空白行
Mr. Li Ming said:
he was the most honest man.
```

```
123despise him.

But since Mr. shen Chao came,
he never saaaid those words.
5555nice!

why not saaid
because,actuaaaally,
Mr. Shen Chao is the good man

Later,Mr. Li ming soid his hot body.
```

为什么会这样呢？"a*"代表匹配 0 个或无数个 a，如果匹配 0 个 a，则每个字符都会匹配，所以会匹配所有内容，包括空白行。所以，像"a*"这样的正则表达式是没有任何意义的。不光"a*"没有意义，在其他任意单一符号后面加"*"都会是同样的结果。

但是，如果在"a*"左右两侧加入限制符号，如"sa*i"，就有意义了。我们试试：

```
[root@localhost ~]# grep "sa*i" test_rule.txt
#匹配在字母 s 和 i 之间没有 a 或有无数个 a 的行
Mr. Li Ming said:
But since Mr. shen Chao came,
he never saaaid those words.
why not saaid
```

搜索"sa*i"关键字，会匹配在字母 s 和 i 之间没有 a 或有无数个 a 的行。

2）例子 2

如果正则表达式是"aa*"，则代表在这行字符串中一定要有一个 a。也就是说，会匹配至少包含一个 a 的行。我们试试：

```
[root@localhost ~]# grep "aa*" test_rule.txt
#匹配至少包含一个 a 的行
Mr. Li Ming said:
he was the most honest man.
But since Mr. shen Chao came,
he never saaaid those words.
why not saaid
because,actuaaaally,
Mr. Shen Chao is the good man
Later,Mr. Li ming soid his hot body.
```

还是这句话：牢牢记住正则表达式是包含匹配的。如果不能理解包含匹配的意义，那么很难理解正则表达式。

如果只是为了匹配至少包含一个 a 的行，则也可以这样写：

```
[root@localhost ~]# grep "a" test_rule.txt
#匹配至少包含一个 a 的行
Mr. Li Ming said:
he was the most honest man.
But since Mr. shen Chao came,
he never saaaid those words.
why not saaid
because,actuaaaally,
Mr. Shen Chao is the good man
Later,Mr. Li ming soid his hot body.
```

这两种写法的作用一样。当然，搜索“a”比搜索“aa*”更合理。

3）例子 3

如果正则表达式是“aaa*”，则会匹配至少包含两个连续 a 的行。例如：

```
[root@localhost ~]# grep "aaa*" test_rule.txt
#匹配至少包含两个连续 a 的行
he never saaaid those words.
why not saaid
because,actuaaaally,
```

如果正则表达式是“aaaaa*”，则会匹配至少包含 4 个连续 a 的行。例如：

```
[root@localhost ~]# grep "aaaaa*" test_rule.txt
because,actuaaaally,
```

当然，如果再多写一个 a，如“aaaaaa*”，就不能在这个文件中匹配到任何内容了。因为在这个文件中，包含 a 最多的单词“actuaaaally”只有 4 个连续的 a，而“aaaaaa*”会匹配至少包含 5 个连续 a 的行。

3. “.”：匹配除换行符外的任意一个字符

正则表达式“.”只能匹配一个字符，这个字符可以是任意字符，但不能是空或回车符。举一个例子：

```
[root@localhost ~]# grep  "s..d" test_rule.txt
#匹配在 s 和 d 之间有任意两个字符的行
Mr. Li Ming said:
Later,Mr. Li ming soid his hot body.
# "s..d" 会匹配在 s 和 d 这两个字母之间一定有两个字符的单词
```

如果想匹配在 s 和 d 之间有任意字符的单词，那么该怎么写呢？“s*d”这个正则表达式肯定是不行的，因为它会匹配包含 d 字符的行，s*可以匹配 0 个或无数个 s。正确的写法应该是“s.*d”。例如：

```
[root@localhost ~]# grep "s.*d" test_rule.txt
```

```
#匹配在 s 和 d 之间有任意字符的行
Mr. Li Ming said:
he never saaaid those words.
why not saaid
Mr. Shen Chao is the good man                  ←在 s 和 d 之间可以有任意字符，当然也包括空格
Later,Mr. Li ming soid his hot body.
```

那么，是否只写“.*”就会匹配所有的内容呢？当然是这样的。注意，这才是标准的匹配任意内容的方法，不要用“a*”代表任意内容了。执行一下吧。

```
[root@localhost ~]# grep ".*" test_rule.txt
#匹配任意内容，包括空白行
Mr. Li Ming said:
he was the most honest man.
123despise him.

But since Mr. shen Chao came,
he never saaaid those words.
5555nice!

why not saaid
because,actuaaaally,
Mr. Shen Chao is the good man

Later,Mr. Li ming soid his hot body.
```

4. “^”：匹配行首；“$”：匹配行尾

“^”代表匹配行首。比如，“^M”会匹配以大写字母 M 开头的行。

```
[root@localhost ~]# grep "^M" test_rule.txt
#匹配以大写字母 M 开头的行
Mr. Li Ming said:
Mr. Shen Chao is the most honest man
```

“$”代表匹配行尾。比如，“n$”会匹配以小写字母 n 结尾的行。

```
[root@localhost ~]# grep "n$" test_rule.txt
#匹配以小写字母 n 结尾的行
Mr. Shen Chao is the good man
```

注意：如果文档是在 Windows 系统中写入的，那么“n$”是不能正确执行的，因为在 Windows 系统中换行符是“^M$”，而在 Linux 系统中换行符是“$”。因为换行符不同，所以不能正确判断行结尾字符串。那怎么解决呢？也很简单，执行命令“dos2unix 文件名”把文档格式转换为 Linux 系统格式即可。如果没有这个命令，则只需安装 dos2unix 这个 RPM 包即可。

而“^$”则会匹配空白行。

```
[root@localhost ~]# grep -n "^$" test_rule.txt
#匹配空白行
4:
8:
12:
14:
```

如果不加“-n”选项，则空白行是没有任何显示的；加入“-n”选项就能看到行号了。

5.“[]”：匹配中括号中指定的任意一个字符，而且只匹配一个字符

“[]”会匹配中括号中指定的任意一个字符，注意只能匹配一个字符。比如，[ao]要么匹配一个 a 字符，要么匹配一个 o 字符。

```
[root@localhost ~]# grep "s[ao]id" test_rule.txt
#匹配在 s 和 i 之间，要么是 a、要么是 o 的行
Mr. Li Ming said:
Later,Mr. Li ming soid his hot body.
```

而“[0-9]”会匹配任意一个数字。例如：

```
[root@localhost ~]# grep "[0-9]" test_rule.txt
#匹配包含数字的行
123despise him.
5555nice!
#列出包含数字的行
```

而“[A-Z]”则会匹配任意一个大写字母。例如：

```
[root@localhost ~]# grep "[A-Z]" test_rule.txt
#匹配包含大写字母的行
Mr. Li Ming said:
But since Mr. shen Chao came,
Mr. Shen Chao is the good man
Later,Mr. Li ming soid his hot body.
#列出包含大写字母的行
```

如果正则表达式是“^[a-z]”，则代表匹配以小写字母开头的行。例如：

```
[root@localhost ~]# grep "^[a-z]" test_rule.txt
#匹配以小写字母开头的行
he was the most honest man.
he never saaaid those words.
why not saaid
because,actuaaaally,
```

6. “[^]”：匹配除中括号中的字符以外的任意一个字符

这里需要注意，如果“^”在[]外，则代表的是行首；如果“^”在[]内，则代表的是取反。比如，“^[a-z]”会匹配以小写字母开头的行，而“^[^a-z]”则会匹配不以小写字母开头的行。

```
[root@localhost ~]# grep "^[^a-z]" test_rule.txt
#匹配不以小写字母开头的行
Mr. Li Ming said:
123despise him.
But since Mr. shen Chao came,
5555nice!
Mr. Shen Chao is the good man
Later,Mr. Li ming soid his hot body.
```

而“^[^A-Za-z]”则会匹配不以字母开头的行。

```
[root@localhost ~]# grep "^[^A-Za-z]" test_rule.txt
#匹配不以字母开头的行
123despise him.
5555nice!
```

7. “\”：转义符

转义符会取消特殊符号的含义。如果想要匹配以“.”结尾的行，那么正则表达式是“.$”是不行的，因为“.”在正则表达式中有特殊含义，代表任意一个字符。所以，需要在“.”前面加入转义符，如“\.$”。

```
[root@localhost ~]# grep "\.$" test_rule.txt
#匹配以“.”结尾的行
he was the most honest man in LampBrother.
123despise him.
he never saaaid those words.
Later,Mr. Li ming soid his hot body.
```

8. “\{n\}”：表示其前面的字符恰好出现 *n* 次

“\{n\}”中的 n 代表数字，这个正则表达式会匹配其前面的字符恰好出现 *n* 次的行。比如，“zo\{3\}m”只能匹配“zooom”这个字符串。那么，“a\{3\}”这个正则表达式就会匹配字母 a 连续出现 3 次的行。

```
[root@localhost ~]# grep "a\{3\}" test_rule.txt
#匹配包含 aaa 的行
he never saaaid those words.
because,actuaaaally,                    ←4 个 a 也是包含 3 个 a 的
```

上面的两行都包含 3 个连续的 a，所以都会匹配。但是，如果想要只匹配包含 3 个或 4 个连续的 a 的行，则需要前后加限制符号。可以这样来写：

```
[root@localhost ~]# grep "[su]a\{3\}[il]" test_rule.txt
he never saaaid those words.
#只匹配包含 3 个连续的 a 的行
[root@localhost ~]# grep "[su]a\{4\}[il]" test_rule.txt
because,actuaaaally,
#只匹配包含 4 个连续的 a 的行
```

如果正则表达式是“[0-9]\{3\}”，则会匹配包含 3 个连续数字的行。

```
[root@localhost ~]# grep "[0-9]\{3\}" test_rule.txt
#匹配包含 3 个连续数字的行
123despise him.
5555nice!
```

虽然“5555”有 4 个连续的数字，但是包含 3 个连续的数字，所以也是可以列出的。但是，这样不能体现出来“[0-9]\{3\}”只能匹配包含 3 个连续数字的行，而不能匹配包含 4 个连续数字的行。那么，正则表达式就应该这样来写：^[0-9]\{3\}[a-z]（前后加限制符号）。

```
[root@localhost ~]# grep "^[0-9]\{3\}[a-z]" test_rule.txt
#只匹配以 3 个连续数字开头的行
123despise him.

[root@localhost ~]# grep "^[0-9]\{4\}[a-z]" test_rule.txt
#只匹配以 4 个连续数字开头的行
5555nice!
```

这样就只能匹配包含 3 个连续数字的行，而不能匹配包含 4 个连续数字的行。

9．“\{n,\}”：表示其前面的字符出现不少于 *n* 次

“\{n,\}”会匹配其前面的字符最少出现 *n* 次的行。比如，“zo\{3,\}m”这个正则表达式就会匹配在字母 z 和 m 之间最少有 3 个 o 的行。那么，“^[0-9]\{3,\}[a-z]”这个正则表达式就会匹配最少以 3 个连续数字开头的行。

```
[root@localhost ~]# grep "^[0-9]\{3,\}[a-z]" test_rule.txt
#匹配最少以 3 个连续数字开头的行
123despise him.
5555nice!
```

而“[su]a\{3,\}[il]”这个正则表达式会匹配在字母 s 或 u 和 i 或 l 之间最少出现 3 个连续的 a 的行。

```
[root@localhost ~]# grep "[su]a\{3,\}[il]" test_rule.txt
he never saaaid those words.
because,actuaaaally,
#匹配在字母 s 或 u 和 i 或 l 之间最少出现 3 个连续的 a 的行
```

10. "\{n,m\}"：表示其前面的字符最少出现 *n* 次，最多出现 *m* 次

"\{n,m\}"会匹配其前面的字符最少出现 *n* 次、最多出现 *m* 次的行。比如，"zo\{1,3\}m"这个正则表达式能够匹配字符串"zom""zoom"和"zooom"。还是用我们的例子文件做实验：

```
[root@localhost ~]# grep "sa\{1,3\}i" test_rule.txt
Mr. Li Ming said:
he never saaaid those words.
#匹配在字母 s 和 i 之间最少有 1 个 a、最多有 3 个 a 的行
[root@localhost ~]# grep "sa\{2,3\}i" test_rule.txt
he never saaaid those words.
#匹配在字母 s 和 i 之间最少有 2 个 a、最多有 3 个 a 的行
```

3.1.3 扩展正则表达式

熟悉正则表达式的人应该很疑惑，在正则表达式中应该还可以支持一些元字符，如"+""?""|""()"。其实，Linux 系统是支持这些元字符的，只是 grep 命令默认不支持而已。如果要想支持这些元字符，则必须使用 egrep 或 grep -E 命令，所以我们又把这些元字符称作扩展元字符。

如果查询 grep 命令的帮助，则对 egrep 的说明就是和 grep -E 一样的命令，所以我们可以把这两个命令当作别名来对待。通过表 3-2 来看看 Shell 支持的扩展元字符。

表 3-2　Shell 支持的扩展元字符

扩展元字符	作　用
+	前一个字符匹配 1 次或任意多次。 如"go+gle"会匹配"gogle""google"或"gooogle"。当然，如果"o"有更多个，则也能匹配
?	前一个字符匹配 0 次或 1 次。 如"colou?r"可以匹配"colour"或"color"
|	匹配两个或多个分支选择。 如"was|his"既会匹配包含"was"的行，也会匹配包含"his"的行
()	匹配其整体为一个字符，即模式单元。可以理解为由多个单个字符组成的大字符。 如"(dog)+"会匹配"dog""dogdog""dogdogdog"等，因为被()包含的字符会被当成一个整体。但"hello (world|earth)"会匹配"hello world"及"hello earth"

3.2 字符截取和替换命令

在 Linux 系统中，文件的结构是在目录中保存文件或子目录，而在文件中保存字符串。因为 Shell 编程主要就是和字符串打交道的，所以在这里介绍字符截取和替换命令。

其实 grep 也是一个字符串处理命令，它的作用是在文件中提取符合条件的行。但是，因为知识点的需要，我们在前面已经讲解了 grep 命令，大家要知道 grep 命令属于字符串处理命令。

3.2.1 cut 列提取命令

grep 命令用于在文件中提取符合条件的行，也就是分析一行的信息，如果行中包含需要的信息，就把该行提取出来。而如果要进行列提取，就要利用 cut 命令了。不过要小心，虽然 cut 命令用于提取符合条件的列，但是也要一行一行地进行数据读取。也就是说，先读取文本的第一行数据，在此行中判断是否有符合条件的字段，再处理第二行数据。也可以把 cut 命令称为字段提取命令。命令格式如下：

```
[root@localhost ~]# cut [选项] 文件名
选项：
    -f 列号：          提取第几列
    -d 分隔符：        按照指定分隔符分割列
    -c 字符范围：      不依赖分隔符来分割列，而通过字符范围（行首为 0）来进行字段
                       提取。"n-"表示从第 n 个字符到行尾；"n-m"表示从第 n 个字符到第 m
                       个字符；"-m"表示从第 1 个字符到第 m 个字符
```

cut 命令的默认分隔符是制表符，也就是 Tab 键，不过对空格支持得不怎么好。我们先建立一个测试文件，再来看看 cut 命令的作用。

```
[root@localhost ~]# vi student.txt
ID      Name    gender  Mark
1       Liming  M       86
2       Sc      M       90
3       Zhang   M       83
```

建立学员成绩表，注意在这张表中所有的分隔符都是制表符（Tab 键），不能是空格，否则后面的实验会出现问题。先看看 cut 命令如何使用，命令如下：

```
[root@localhost ~]# cut -f 2 student.txt
#提取第二列的内容
Name
Liming
Sc
Zhang
```

如果想要提取多列呢？将列号直接用“,”隔开，命令如下：

```
[root@localhost ~]# cut -f 2,3 student.txt
#提取第二列和第三列的内容
Name    gender
Liming  M
Sc      M
Zhang   M
```

cut 命令可以按照字符进行提取。需要注意的是，"8-"代表提取所有行从第 8 个字符到行尾，而"10-20"代表提取所有行的第 10～20 个字符，而"-8"代表提取所有行从行首到第 8 个字符。命令如下：

```
[root@localhost ~]# cut -c 8- student.txt
#提取每行从第 8 个字符到行尾。好像很乱啊，那是因为每行的字符个数不相等
        gender  Mark
g       M       86
90
        83
```

当然，cut 命令也可以手工指定分隔符。例如，想要看看当前 Linux 服务器中有哪些用户、这些用户的 UID 是什么，就可以这样操作：

```
[root@localhost ~]# cut -d ":" -f 1,3 /etc/passwd
#以":"作为分隔符，提取/etc/passwd 文件第一列和第三列的内容
root:0
bin:1
daemon:2
adm:3
lp:4
...省略部分输出...
```

cut 命令使用起来很方便，不过最主要的问题是对空格识别得不好。在很多命令的输出格式中都不是制表符，而是空格，比如：

```
[root@localhost ~]# df
#统计分区使用情况
文件系统           1K-块       已用        可用     已用%    挂载点
/dev/sda3       19923216    1848936    17062212     10%    /
tmpfs             312672          0      312672      0%    /dev/shm
/dev/sda1         198337      26359      161738     15%    /boot
/dev/sr0         3626176    3626176           0    100%    /mnt/cdrom
```

如果想用 cut 命令提取第一列和第三列的内容，就会出现这样的情况：

```
[root@localhost ~]# df -h | cut -d " " -f 1,3
文件系统
/dev/sda3
devtmpfs
tmpfs
tmpfs
tmpfs
/dev/sda1
tmpfs
```

怎么只有第一列的内容，第三列的内容去哪里了？其实，因为 df 命令输出的分隔符不是制表符，而是多个空格，所以 cut 命令会忠实地将每个空格当作一个分隔符，而这样数，第三列刚好也是空格，所以输出才会出现上面这种情况。总之，cut 命令不能很好地识别空格。如果想要以空格作为分隔符，就要使用 awk 命令。

3.2.2 awk 编程

1. 概述

awk 已经不能被看成一条命令了，而被看成一种语言。awk 编程用于在 Linux/UNIX 系统下对文本和数据进行处理。数据可以来自标准输入、一个或多个文件，或者其他命令的输出。它支持用户自定义函数和动态正则表达式等先进功能，是 Linux/UNIX 系统下一个强大的编程工具。它在命令行中使用，但更多地作为脚本来使用。awk 处理文本和数据的方式是这样的：它逐行扫描文件，从第一行到最后一行，寻找匹配的特定模式的行，并在这些行上执行想要的操作。如果没有指定处理动作，则把匹配的行显示到标准输出（屏幕）；如果没有指定模式，则所有被操作所指定的行都将被处理。awk 分别代表其作者姓氏的第一个字母，因为它的作者是 3 个人，分别是 Alfred Aho、Peter Weinberger、Brian Kernighan。gawk 是 awk 的 GNU 版本，它提供了贝尔实验室和 GNU 的一些扩展。下面介绍的 awk 是以 GNU 的 gawk 为例的，在 Linux 系统中已经把 awk 链接到 gawk，所以下面全部以 gawk 为例进行介绍。

awk 有许多用途，包括从文件中提取数据、统计数据在文件中出现的次数及生成报告。由于 awk 的基本语法与 C 语言的基本语法相似，所以，假如你已经熟悉了 C 语言，就会了解 awk 的大部分用法。在许多方面，可以说 awk 是 C 语言的一种简易版本。如果你还不熟悉 C 语言，那么学习 awk 要比学习 C 语言容易一些。awk 对于 Linux 环境是易适应的。awk 含有预定义的变量，可自动实现许多编程任务，提供常规变量，支持 C 格式化输出。awk 可以把 Shell 脚本和 C 编程的精华结合在一起。在 awk 内执行同一任务通常有许多不同的方法，应该判断哪种方法最适合使用。awk 会自动读取每个记录，把记录分成字段，并在需要时进行类型转换。变量使用的方式确定了它的类型，用户不必声明变量的任何类型。

2. printf 格式化输出

printf 是 awk 的重要格式化输出命令，需要先介绍一下 printf 命令如何使用。需要注意，在 awk 中可以识别 print 输出动作和 printf 输出动作（区别是：print 会在每个输出之后自动加入一个换行符；而 printf 是标准格式化输出命令，并不会自动加入换行符，如果需要换行，则需要手工加入换行符），但是在 Bash 中只能识别标准格式化输出命令 printf。所以，我们在本小节中介绍的是标准格式化输出命令 printf。命令格式如下：

```
[root@localhost ~]# printf '输出类型输出格式' 输出内容
输出类型:
    %ns:            输出字符串。n 是数字，指代输出几个字符
```

```
    %ni:            输出整数。n 是数字，指代输出几个数字
    %m.nf:          输出浮点数。m 和 n 是数字，指代输出的整数位数和小数位数。如%8.2f
                    代表共输出 8 位数，其中 2 位是小数，6 位是整数
输出格式：
    \a:             输出警告声音
    \b:             输出退格键，也就是 Backspace 键
    \f:             清除屏幕
    \n:             换行
    \r:             回车，也就是 Enter 键
    \t:             水平输出退格键，也就是 Tab 键
    \v:             垂直输出退格键，也就是 Tab 键
```

为了演示 printf 命令，我们需要修改一下刚刚 cut 命令使用的 student.txt 文件。文件内容如下：

```
[root@localhost ~]# vi student.txt
ID      Name     PHP     Linux   MySQL   Average
1       Liming    82      95      86      87.66
2       Sc       74      96      87      85.66
3       Zhang      99      83      93      91.66
```

使用 printf 命令输出这个文件的内容，如下：

```
[root@localhost ~]# printf '%s' $(cat student.txt)
IDNamegenderPHPLinuxMySQLAverage1LimingM82958687.662ScM74968785.663ZhangM9983
9391.66[root@localhost ~]#
```

输出结果十分混乱。这就是 printf 命令的特点，如果不指定输出格式，则会把所有的输出内容连在一起输出。其实，文本的输出本身就是这样的，cat 等文本输出命令之所以可以按照格式漂亮地输出，那是因为这些命令已经设定了输出格式。那么，为了用 printf 命令输出合理的格式，应该这样做：

```
[root@localhost ~]# printf '%s\t %s\t %s\t %s\t %s\t %s\t \n' $(cat student.txt)
#注意：在 printf 命令的单引号中只能识别格式输出符号，而手工输入的空格是无效的
ID       Name    PHP     Linux   MySQL   Average
1        Liming  82      95      86      87.66
2        Sc     74      96      87      85.66
3        Zhang     99      83      93      91.66
```

再强调一下：在 printf 命令的单引号中输入的任何空格都不会反映到格式输出中，只有格式输出符号才能影响 printf 命令的输出结果。

解释一下这个命令：因为我们的文档有 6 列，所以使用 6 个“%s”代表这 6 列字符串，每个字符串之间用“\t”分隔；最后还要加入“\n”，使得每行输出都换行，否则这些数据还是会连成一行的。

如果不想把成绩当成字符串输出，而按照整型和浮点型输出，则要这样做：

```
[root@localhost ~]# printf '%i\t %s\t %i\t %i\t %i\t %8.2f\t \n' \
$(cat student.txt | grep -v Name)
1       Liming  82      95      86       87.66
2       Sc      74      96      87       85.66
3       Zhang     99      83      93       91.66
```

先解释“cat student.txt | grep -v Name”这条命令。这条命令会把第一行标题取消，剩余的内容才用 printf 命令格式化输出。在剩余的内容中，第 1、3、4、5 列为整型，所以用“%i”输出；第 2 列是字符串，所以用“%s”输出；第 6 列为浮点型，所以用“%8.2f”输出。“%8.2f”代表可以输出 8 位数，其中有 2 位是小数，有 6 位是整数。

printf 命令是 awk 中重要的输出动作，不过在 awk 中也能识别 print 动作，区别刚刚已经介绍了，稍后还会举例来说明一下这两个动作的区别。需要注意的是，在 Bash 中只有 printf 命令。另外，printf 命令只能格式化输出具体数据，不能直接输出文件内容或使用管道符，所以 printf 命令的格式还是比较特殊的。

3．awk 的基本使用

awk 命令的基本格式如下：

```
[root@localhost ~]# awk '条件 1{动作 1} 条件 2{动作 2}…' 文件名
条件（Pattern）:
    一般使用关系表达式作为条件。这些关系表达式非常多，具体参考表 3-3。例如：
    x > 10  判断变量 x 的值是否大于 10
    x == y  判断变量 x 的值是否等于变量 y 的值
    A ~ B   判断字符串 A 中是否包含能匹配 B 表达式的子字符串
    A !~ B  判断字符串 A 中是否不包含能匹配 B 表达式的子字符串
动作（Action）:
    格式化输出
    流程控制语句
```

先来学习 awk 的基本用法，也就是只看看格式化输出动作是干什么的。至于条件类型和流程控制语句，在后面再详细介绍。看看这个例子：

```
[root@localhost ~]# awk '{printf $2 "\t" $6 "\n"}' student.txt
#输出第二列和第六列的内容
Name    Average
Liming  87.66
Sc     85.66
Zhang     91.66
```

在这个例子中没有设定任何条件类型，所以这个文件中的所有内容都符合条件，动作会无条件执行。动作是使用 printf 命令格式化输出文件内容，“$2”和“$6”分别代表第二个字段和第六个字段，所以这条 awk 命令会列出 student.txt 文件中的第二个字段和第六个字段。本来在 printf 命令中定义输出格式应该使用单引号，但是单引号被 awk 命令固定使用了，所以只能使用双引号。

虽然都是截取列的命令，但是 awk 命令比 cut 命令智能多了，cut 命令是不能很好地识别空格作为分隔符的；而对于 awk 命令来说，只要分隔开，不管是空格还是制表符，都可以识别。比如，在刚刚截取 df 命令的执行结果时，cut 命令已经力不从心了。我们来看看 awk 命令，命令如下：

```
[root@localhost ~]# df -h | awk '{print $1 "\t" $3}'
文件系统 已用
/dev/sda3   1.2G
devtmpfs    0
tmpfs   0
tmpfs   5.3M
tmpfs   0
/dev/sda1   130M
tmpfs   0
```

在这两个例子中，分别使用了 printf 动作和 print 动作。发现了吗？如果使用 printf 动作，就必须在最后加入“\n”，因为 printf 只能识别标准输出格式；如果不使用“\n”，就不会换行。而 print 动作则会在每次输出后自动换行，所以不用在最后加入“\n”。

4．awk 的条件

我们来看看 awk 可以支持什么样的条件类型。awk 支持的主要条件类型如表 3-3 所示。

表 3-3　awk 支持的主要条件类型

条件类型	条　件	说　明
awk 的保留字	BEGIN	在 awk 程序一开始，尚未读取任何数据之前执行。BEGIN 后的动作只在程序开始时执行一次
awk 的保留字	END	在 awk 程序处理完所有数据，即将结束时执行。END 后的动作只在程序结束时执行一次
关系运算符	>	大于
	<	小于
	>=	大于或等于
	<=	小于或等于
	==	等于。用于判断两个值是否相等。如果给变量赋值，则使用“=”
	!=	不等于
	A~B	判断字符串 A 中是否包含能匹配 B 表达式的子字符串
	A!~B	判断字符串 A 中是否不包含能匹配 B 表达式的子字符串
正则表达式	/正则/	如果在“//”中可以写入字符，则也可以支持正则表达式

1）BEGIN

BEGIN 是 awk 的保留字，是一种特殊的条件类型。BEGIN 的执行时机是“在 awk 程序一开始，尚未读取任何数据之前”。一旦 BEGIN 后的动作执行一次，当 awk 开始从文件中读入数据时，BEGIN 的条件就不再成立，所以 BEGIN 定义的动作只能被执行一次。例如：

```
[root@localhost ~]# awk 'BEGIN{printf "This is a transcript \n" }
{printf $2 "\t" $6 "\n"}' student.txt
#awk 命令只要检测不到完整的单引号就不会执行，所以这条命令的换行不用加入“\”，就是一行命令
#这里定义了两个动作
#第一个动作使用 BEGIN 条件，会在读入文件数据前打印“This is a transcript”（只会执行一次）
#第二个动作会打印文件中的第二个字段和第六个字段
This is a transcript
Name    Average
Liming  87.66
Sc      85.66
Zhang   91.66
```

2）END

END 也是 awk 的保留字，它是在 awk 程序处理完所有数据，即将结束时执行的。END 后的动作只在程序结束时执行一次。例如：

```
[root@localhost ~]# awk 'END{printf "The End \n" }
{printf $2 "\t" $6 "\n"}' student.txt
#在输出结尾输入“The End”，这并不是文档本身的内容，而且只会执行一次
Name    Average
Liming  87.66
Sc      85.66
Zhang   91.66
The End
```

3）关系运算符

举几个例子来看看关系运算符。假设我想看看平均成绩大于或等于 87 分的学员是谁，就可以这样输入命令。

```
例子 1:
[root@localhost ~]# cat student.txt | grep -v Name | \
 awk '$6 >= 87 {printf $2 "\n" }'
#使用 cat 命令输出文件内容，使用 grep 命令取反包含“Name”的行
#判断第六个字段（平均成绩）大于或等于 87 分的行，如果判断式成立，则打印第六列（学员名）
Liming
Zhang
```

在加入了条件之后，只有条件成立，动作才会被执行；如果不满足条件，则动作不被执行。通过这个实验，大家可以发现，虽然 awk 是列提取命令，但是也要按行来读入。这条命令的执行过程是这样的：

（1）如果有 BEGIN 条件，则先执行 BEGIN 定义的动作。

（2）如果没有 BEGIN 条件，则读入第一行，把第一行的数据依次赋予$0、$1、$2 等变量。

其中，$0 代表此行的整体数据，$1 代表第一个字段，$2 代表第二个字段。

（3）依据条件类型判断动作是否被执行。如果条件成立，则执行动作；否则读入下一行数据。如果没有条件，则每行都执行动作。

（4）读入下一行数据，重复执行以上步骤。

如果我想看看 Sc 用户的平均成绩呢？

```
例子 2:
[root@localhost ~]#  awk '$2 ~ /Sc/ {printf $6 "\n"}' student.txt
#如果在第二个字段中包含“Sc”字符，则打印第六个字段
85.66
```

这里要注意，在 awk 中，只有使用“//”包含的字符串，awk 命令才会查找。也就是说，字符串必须用“//”包含，awk 命令才能正确识别。

4）正则表达式

如果想让 awk 识别字符串，则必须使用“//”包含。例如：

```
[root@localhost ~]# awk '/Liming/ {print}' student.txt
#打印 Liming 的成绩
1     Liming  82     95     86     87.66
```

当使用 df 命令查看分区的使用情况时，如果只想查看真正的系统分区的使用情况，而不想查看光盘和临时分区的使用情况，则可以这样做：

```
[root@localhost ~]# df -h | awk '/sda[0-9]/ {printf $1 "\t" $5 "\n"} '
#查看包含“sda 数字”的行，并打印第一个字段和第五个字段
/dev/sda3   8%
/dev/sda1   13%
```

5. awk 的内置变量

我们已经知道了，在 awk 中，$1 代表第一个字段（列），$2 代表第二个字段，而$n（n 为数字）就是 awk 的内置变量。下面介绍一下 awk 中常见的内置变量，如表 3-4 所示。

表 3-4　awk 中常见的内置变量

内置变量	作　用
$0	目前 awk 所读入的整行数据。已知 awk 是一行一行读入数据的，$0 就代表当前读入行的整行数据
$n	目前读入行的第 *n* 个字段
NF	当前行拥有的字段（列）总数
NR	当前 awk 所处理的行是总数据的第几行
FS	用户定义分隔符。awk 的默认分隔符是任意空格。如果想要使用其他分隔符（如“:”），则需要使用 FS 变量定义
ARGC	命令行参数个数

续表

内置变量	作　用
ARGV	命令行参数数组
FNR	当前文件中的当前记录数（对输入文件起始为 1）
OFMT	数值的输出格式（默认为%.6g）
OFS	输出字段的分隔符（默认为空格）
ORS	输出记录的分隔符（默认为换行符）
RS	输入记录的分隔符（默认为换行符）

在刚刚使用 awk 命令时，都是使用任意空格（制表符或空格）作为分隔符的。如果要截取的数据不是用空格作为分隔符的，那又该怎么办呢？这时，“FS”内置变量就该出场了。命令如下：

```
[root@localhost ~]# cat /etc/passwd | grep "/bin/bash" | \
 awk '{FS=":"} {printf $1 "\t" $3 "\n"}'
#查看可以登录的用户的用户名和 UID
root:x:0:0:root:/root:/bin/bash
user1   1000
```

这里“:”分隔符生效了，但是对第一行却没有起作用，原来我们忘记了“BEGIN”条件。再来试试：

```
[root@localhost ~]# cat /etc/passwd | grep "/bin/bash" | \
awk 'BEGIN {FS=":"} {printf $1 "\t" $3 "\n"}'
root    0
user1   501
```

这次的输出就没有任何问题了。

再来看看内置变量“NF”和“NR”是用来干什么的。命令如下：

```
[root@localhost ~]# cat /etc/passwd | grep "/bin/bash" | \
awk 'BEGIN {FS=":"} {printf $1 "\t" $3 "\t 行号: " NR "\t 字段数: " NF "\n"}'
#解释一下 awk 命令
#开始执行{分隔符是“:”} {输出第一个字段和第三个字段 输出行号（NR 值） 字段数（NF 值）}
root    0       行号: 1     字段数: 7
user1   1000     行号: 2     字段数: 7
```

有点奇怪，root 行确实是第一行，而 user1 行应该是/etc/passwd 文件中的最后一行，怎么能是第二行呢？那是因为 grep 命令把所有的伪用户都过滤了，传入 awk 命令的只有两行数据。这里为了便于理解，在输出的说明中使用了中文。如果要想支持中文，则 Linux 系统必须安装中文字体，当然远程工具也要支持中文（在 Linux 本机的纯字符界面上是不能输入中文的）。如果不能输入中文，那么只要明白是什么意思，使用英文也可以。

如果我只想看看 sshd 这个伪用户的相关信息，则可以这样使用：

```
[root@localhost ~]# cat /etc/passwd | \
awk 'BEGIN {FS=":"} $1=="sshd" {printf $1 "\t" $3 "\t 行号: "NR "\t 字 段数: "NF
"\n"}'
#可以看到, sshd这个伪用户的UID是74, 是/etc/passwd文件中的第20行, 此行有7个字段
sshd    74        行号: 20        字段数: 7
```

6. awk 的流程控制

之所以称为 awk 编程，是因为在 awk 中允许定义变量和函数，允许使用运算符，允许使用流程控制语句。这就使得 awk 编程成了一门完整的程序语言，当然难度也比普通的命令要大得多。所有语言的流程控制都非常类似，稍后我们会详细地讲解 Bash 的流程控制。在这里只举一些例子，用来演示 awk 流程控制的作用。如果你现在看不懂这些例子，则可以等学完 Bash 的流程控制之后，回过头来学习。

我们再利用 student.txt 文件做一个练习，后面的使用比较复杂，我们再看看这个文件的内容，如下：

```
[root@localhost ~]# cat student.txt
ID      Name     PHP     Linux    MySQL    Average
1       Liming   82      95       86       87.66
2       Sc       74      96       87       85.66
3       Zhang    99      83       93       91.66
```

先来看看如何在 awk 中定义变量与调用变量的值。假设我想统计 PHP 成绩的总分，就应该这样做：

```
[root@localhost ~]# awk 'NR==2{php1=$3}
NR==3{php2=$3}
NR==4{php3=$3;totle=php1+php2+php3;print "totle php is " totle}' student.txt
#统计PHP成绩的总分
totle php is 255
```

这条命令有点复杂了，我们解释一下。“NR==2{php1=$3}”（条件是 NR==2，动作是 php1=$3）是指如果输入数据是第二行（第一行是标题行），就把第二行第三个字段的值赋予变量“php1”。“NR==3{php2=$3}”是指如果输入数据是第三行，就把第三行第三个字段的值赋予变量“php2”。“NR==4{php3=$3;totle=php1+php2+php3;print "totle php is " totle}”（条件是 NR==4，后面{}中的都是动作）是指如果输入数据是第四行，就把第四行第三个字段的值赋予变量“php3”；然后定义变量 totle 的值是“php1+php2+php3”；最后输出“totle php is”关键字，后面加变量 totle 的值。

在 awk 编程中，因为命令语句非常长，所以在输入格式时需要注意以下内容：

- 多个条件{动作}既可以用空格分隔，也可以用回车分隔。
- 在一个动作中，如果需要执行多条命令，则需要用“;”或回车分隔。
- 变量的赋值与调用都不需要加入“$”符号。

- 在条件中判断两个值是否相等，请使用“==”，以便和变量赋值进行区分。

再来看看如何实现流程控制。假设 Linux 成绩大于 90 分，就是一个好男人，命令如下：

```
[root@localhost ~]# awk '{if (NR>=2)
{if ($4>90) printf $2 " is a good man!\n"}}' student.txt
#程序中有两个 if 判断，第一个判断行号大于 2，第二个判断 Linux 成绩大于 90 分
Liming is a good man!
Sc is a good man!
```

其实，在 awk 编程中，if 判断语句完全可以直接使用 awk 自带的条件来取代。刚刚的脚本可以改写成如下这样：

```
[root@localhost ~]# awk ' NR>=2 {test=$4}
test>90 {printf $2 " is a good man!\n"}' student.txt
#先判断行号，如果大于 2，就把第四个字段的值赋予变量 test
#再判断成绩，如果变量 test 的值大于 90 分，就打印“好男人”
Liming is a good man!
Sc is a good man!
```

7. awk 的函数

awk 也允许在编程时使用函数，下面来讲讲 awk 的自定义函数。awk 函数的定义方法如下：

```
function 函数名（参数列表）{
函数体
}
```

定义一个简单的函数，使用该函数来打印 student.txt 文件中的学员姓名和平均成绩。命令如下：

```
[root@localhost ~]# awk 'function test(a,b) { printf a "\t" b "\n" }
#定义函数 test，包含两个参数，函数体的内容是输出这两个参数的值
{ test($2,$6) } ' student.txt
#调用函数 test，并向两个参数传递值
Name    Average
Liming  87.66
Sc      85.66
Zhang     91.66
```

8. awk 的脚本调用

对于小的单行程序来说，将脚本作为命令行自变量传递给 awk 是非常简单的；而对于多行程序来说，就比较难处理了。当程序有多行的时候，使用外部脚本是很合适的。首先在外部文件中写好脚本，然后使用 awk 命令的“-f”选项来调用脚本并执行。

例如，可以先编写一个 awk 脚本。

```
[root@localhost ~]# vi pass.awk
```

```
BEGIN  {FS=":"}
{ print  $1  "\t"  $3}
```

然后使用“-f”选项来调用这个脚本。

```
[root@localhost ~]# awk -f pass.awk /etc/passwd
root    0
bin     1
daemon  2
…省略部分输出…
```

如果是一些较为复杂的 awk 语句，而且需要重复调用，那么把它放入脚本文件中是最为经济和方便的方法。

3.2.3 sed 命令

sed 是一种几乎可以应用在所有 UNIX 平台（包括 Linux）上的轻量级流编辑器。sed 有许多很好的特性。首先，它相当小巧，通常要比你所喜爱的脚本语言小很多倍。其次，因为 sed 是一种流编辑器，所以，它可以对从如管道这样的标准输入中接收的数据进行编辑。因此，无须将要编辑的数据存储在磁盘上的文件中。因为可以轻易地将数据管道输出到 sed，所以，将 sed 用作强大的 Shell 脚本中长而复杂的管道很容易。

sed 主要是用来将数据进行选取、替换、删除、新增的命令。命令格式如下：

```
[root@localhost ~]# sed [选项] '[动作]' 文件名
选项:
    -n:             一般 sed 命令会把所有数据都输出到屏幕上。如果加入此选项，则只会
                    把经过 sed 命令处理的行输出到屏幕上
    -e:             允许对输入数据应用多条 sed 命令进行编辑
    -f 脚本文件名:  从 sed 脚本中读入 sed 操作。和 awk 命令的-f 选项非常类似
    -r:             在 sed 中支持扩展正则表达式
    -i:             用 sed 的修改结果直接修改读取数据的文件，而并非由屏幕输出
动作:
    a \:            追加，在当前行后添加一行或多行。当添加多行时，除最后一行外，
                    在每行末尾需要用“\”代表数据未完结
    c \:            行替换，用 c 后面的字符串替换原数据行。当替换多行时，除最后一行
                    外，在每行末尾需要用“\”代表数据未完结
    i \:            插入，在当前行前插入一行或多行。当插入多行时，除最后一行外，
                    在每行末尾需要用“\”代表数据未完结
    d:              删除，删除指定的行
    p:              打印，输出指定的行
    s:              字符串替换，用一个字符串替换另一个字符串。格式为“行范围 s/
                    旧字串/新字串/g”（和 Vim 中的替换格式类似）
```

大家需要注意，sed 所做的修改并不会直接改变文件的内容（如果是用管道符接收的命令的输出，则连文件都没有），而会把修改结果只显示到屏幕上，除非使用“-i”选项才会直接修改文件。

1. 行数据操作

闲话少叙，直奔主题，我们举几个例子来看看 sed 命令到底是干什么的。假设我想查看一下 student.txt 文件中的第二行，就可以使用“p”动作。

```
[root@localhost ~]# sed '2p' student.txt
ID      Name    PHP     Linux   MySQL   Average
1       Liming  82      95      86      87.66
1       Liming  82      95      86      87.66
2       Sc      74      96      87      85.66
3       Zhang   99      83      93      91.66
```

好像看着不怎么顺眼啊！“p”动作确实输出了第二行数据，但是 sed 命令还会把所有数据都输出一次，这时就会看到这个比较奇怪的结果。如果我想指定输出某行数据，就需要“-n”选项的帮助了。

```
[root@localhost ~]# sed -n '2p' student.txt
1       Liming  82      95      86      87.66
```

这样才可以输出指定的行。大家可以这样记忆：当需要输出指定的行时，需要把“-n”选项和“p”动作一起使用。

再来看看如何删除文件中的数据。

```
[root@localhost ~]# sed '2,4d' student.txt
#删除从第二行到第四行的数据
ID      Name    PHP     Linux   MySQL   Average

[root@localhost ~]# cat student.txt
#文件本身并没有被修改
ID      Name    PHP     Linux   MySQL   Average
1       Liming  82      95      86      87.66
2       Sc      74      96      87      85.66
3       Zhang   99      83      93      91.66
```

看到这条命令，首先需要注意，所有的动作必须使用单引号包含；其次，在动作中可以使用数字代表行号，逗号代表连续的行范围。还可以使用“$”代表最后一行。如果动作是“2,$d”，则代表删除从第二行到最后一行的数据。

再来看看如何追加和插入行数据。

```
[root@localhost ~]# sed '2a hello' student.txt
#在第二行后加入“hello”
```

```
ID      Name    PHP     Linux   MySQL   Average
1       Liming  82      95      86      87.66
hello
2       Sc      74      96      87      85.66
3       Zhang   99      83      93      91.66
```

“a”动作会在指定行后追加数据。如果想要在指定行前插入数据，则需要使用“i”动作。

```
[root@localhost ~]# sed '2i hello \
> world' student.txt
#在第二行前插入两行数据
ID      Name    PHP     Linux   MySQL   Average
hello
world
1       Liming  82      95      86      87.66
2       Sc      74      96      87      85.66
3       Zhang   99      83      93      91.66
```

如果想要追加或插入多行数据，那么，除最后一行外，在每行末尾都要加入“\”代表数据未完结。

再来看看“-n”选项的作用。

```
[root@localhost ~]# sed -n '2i hello \
#只查看 sed 命令操作的数据
world' student.txt
hello
world
```

看到了吧，“-n”选项只用于查看 sed 命令操作的数据，而并非查看所有的数据。

再来看看如何实现行数据替换。假设李明老师的成绩太好了，我实在不想看到他的成绩来刺激我，那我可以这样做：

```
[root@localhost ~]# cat student.txt | sed '2c No such person'
ID      Name    PHP     Linux   MySQL   Average
No such person
2       Sc      74      96      87      85.66
3       Zhang   99      83      93      91.66
```

第二行数据变成了“查无此人”，看着心情马上就好起来了。通过这个例子，我们看到了，sed 命令也可以接收和处理由管道符传输的数据。

sed 命令在默认情况下是不会修改文件内容的。如果确实需要让 sed 命令直接处理文件的内容，则可以使用“-i”选项。不过要小心，这样非常容易误操作，在操作系统文件时务必谨慎。可以使用这样的命令：

```
[root@localhost ~]# sed -i '2c No such person' student.txt
```

2. 字符串替换

“c”动作是用来进行整行替换的，如果仅仅想替换行中的部分数据，就要使用“s”动作。“s”动作的格式如下：

```
[root@localhost ~]# sed 's/旧字符串/新字符串/g' 文件名
```

替换格式和 Vim 中的替换格式非常类似。假设我觉得自己的 PHP 成绩太低了，想作弊改高一点，就可以这样做：

```
[root@localhost ~]# sed '3s/74/99/g' student.txt
#在第三行中，把 74 换成 99
ID      Name    PHP     Linux   MySQL   Average
1       Liming  82      95      86      87.66
2       Sc      99      96      87      85.66
3       Zhang   99      83      93      91.66
```

这样看起来就比较舒服了。如果我想把张三的成绩注释掉，让它不再生效，则可以这样做：

```
[root@localhost ~]# sed '4s/^/#/g' student.txt
#这里使用了正则表达式，“^”代表行首
ID      Name    PHP     Linux   MySQL   Average
1       Liming  82      95      86      87.66
2       Sc      74      96      87      85.66
#3      Zhang   99      83      93      91.66
```

在 sed 中只能指定行范围。但是很遗憾，我在李明和张三的中间，不能只把他们两个注释掉，那么可以这样做：

```
[root@localhost ~]# sed -e 's/Liming//g ; s/Zhang//g' student.txt
#同时把“Liming”和“Zhang”替换为空
ID      Name    PHP     Linux   MySQL   Average
1               82      95      86      87.66
2       Sc      74      96      87      85.66
3               99      83      93      91.66
```

使用“-e”选项可以同时执行多个动作。当然，如果只执行一个动作，则也可以使用“-e”选项，但是这样做没有什么意义。还要注意，在多个动作之间要用“;”或回车分隔。例如，上一条命令也可以这样写：

```
[root@localhost ~]# sed -e 's/Liming//g
> s/Zhang//g' student.txt
ID      Name    PHP     Linux   MySQL   Average
1               82      95      86      87.66
2       Sc      74      96      87      85.66
3               99      83      93      91.66
```

好了，李明和张三的成绩被我折腾够了，关于 sed 命令就讲到这里吧。

3.3　字符处理命令

3.3.1　排序命令 sort

sort 是 Linux 系统的排序命令，而且可以依据不同的数据类型来进行排序。sort 命令将文件中的每一行作为一个单位，相互比较。比较原则是从首字符向后，依次按 ASCII 码值进行比较，最后将它们按升序输出。命令格式如下：

```
[root@localhost ~]# sort [选项] 文件名
选项：
  -f:          忽略字母大小写
  -b:          忽略每行前面的空白部分
  -n:          按数值型进行排序。默认按字符串型进行排序
  -r:          反向排序
  -u:          删除重复行。就是 uniq 命令
  -t:          指定分隔符。默认分隔符是制表符
  -k n[,m]:    按照指定的字段范围进行排序。从第 n 个字段开始，到第 m 个字段结束（默认到行尾结束）
```

sort 命令默认是用每行开头的第一个字符来进行排序的，比如：

```
[root@localhost ~]# sort /etc/passwd
#对用户信息文件进行排序
abrt:x:173:173::/etc/abrt:/sbin/nologin
adm:x:3:4:adm:/var/adm:/sbin/nologin
bin:x:1:1:bin:/bin:/sbin/nologin
chrony:x:997:995::/var/lib/chrony:/sbin/nologin
...省略部分输出...
```

如果想要反向排序，则使用“-r”选项，比如：

```
[root@localhost ~]# sort -r /etc/passwd
#反向排序
user1:x:1000:1000::/home/user1:/bin/bash
tcpdump:x:72:72::/:/sbin/nologin
systemd-network:x:192:192:systemd Network Management:/:/sbin/nologin
sync:x:5:0:sync:/sbin:/bin/sync
...省略部分输出...
```

如果想要指定排序的字段，则需要使用“-t”选项指定分隔符，并使用“-k”选项指定字段号。假如我想要按照 UID 字段对/etc/passwd 文件进行排序，命令如下：

```
[root@localhost ~]# sort -t ":" -k 3,3 /etc/passwd
#指定分隔符是“:”，以第三个字段开头，以第三个字段结尾排序，也就是只用第三个字段排序
```

```
root:x:0:0:root:/root:/bin/bash
bin:x:1:1:bin:/bin:/sbin/nologin
user1:x:1000:1000::/home/user1:/bin/bash
operator:x:11:0:operator:/root:/sbin/nologin
games:x:12:100:games:/usr/games:/sbin/nologin
ftp:x:14:50:FTP User:/var/ftp:/sbin/nologin
abrt:x:173:173::/etc/abrt:/sbin/nologin
systemd-network:x:192:192:systemd Network Management:/:/sbin/nologin
daemon:x:2:2:daemon:/sbin:/sbin/nologin
...省略部分输出...
```

看起来好像很美，可是仔细看看，怎么 daemon 用户的 UID 是 2，反而排在下面？这是因为 sort 命令默认是按照字符进行排序的，而不是按照数字进行排序的，前面用户的 UID 的第一个字符都是 1，所以这么排序。要想按照数字进行排序，请使用“-n”选项，比如：

```
[root@localhost ~]# sort -n -t ":" -k 3,3 /etc/passwd
root:x:0:0:root:/root:/bin/bash
bin:x:1:1:bin:/bin:/sbin/nologin
daemon:x:2:2:daemon:/sbin:/sbin/nologin
adm:x:3:4:adm:/var/adm:/sbin/nologin
lp:x:4:7:lp:/var/spool/lpd:/sbin/nologin
sync:x:5:0:sync:/sbin:/bin/sync
...省略部分输出...
```

当然，“-k”选项可以直接使用“-k 3”，代表从第三个字段到行尾都排序（第一个字段先排序，如果一致，则第二个字段再排序，直到行尾）。

3.3.2 uniq 命令

uniq 是用来删除重复行的命令，其实和“sort -u”命令的作用是一样的。命令格式如下：

```
[root@localhost ~]# uniq [选项] 文件名
选项：
    -i:      忽略字母大小写
```

这个命令非常简单，就不再举例了。

3.3.3 统计命令 wc

我们在前面已经用到了 wc 命令，在这里详细讲解一下这个统计命令。命令格式如下：

```
[root@localhost ~]# wc [选项] 文件名
选项：
```

```
-l：只统计行数
-w：只统计单词数
-m：只统计字符数
```

使用 wc 命令统计一下/etc/passwd 文件中到底有多少行、多少个单词、多少个字符。命令如下：

```
[root@localhost ~]# wc /etc/passwd
  32   55 1537 /etc/passwd
```

还记得我们使用 wc 命令统计服务器上有多少个正常连接吗？

```
[root@localhost ~]# netstat -an | grep  ESTABLISHED | wc -l
4
```

因为笔者的实验服务器只是一台虚拟机，所以只有 4 个正常连接。

3.4　条件判断

test 是 Bash 中重要的判断命令，也是 Shell 脚本中条件判断的重要辅助工具。当需要让程序自动判断哪些事情是成立的时，test 命令就派上用场了。

3.4.1　按照文件类型进行判断

根据表 3-5，先来看看 test 命令可以进行哪些文件类型的判断。

表 3-5　文件类型判断

测试选项	作　用
-b 文件	判断该文件是否存在，并且是否为块设备文件（是块设备文件为真）
-c 文件	判断该文件是否存在，并且是否为字符设备文件（是字符设备文件为真）
-d 文件	判断该文件是否存在，并且是否为目录文件（是目录文件为真）
-e 文件	判断该文件是否存在（存在为真）
-f 文件	判断该文件是否存在，并且是否为普通文件（是普通文件为真）
-L 文件	判断该文件是否存在，并且是否为符号链接文件（是符号链接文件为真）
-p 文件	判断该文件是否存在，并且是否为管道文件（是管道文件为真）
-s 文件	判断该文件是否存在，并且是否非空（非空为真）
-S 文件	判断该文件是否存在，并且是否为套接字文件（是套接字文件为真）

光看这张表是完全不知道该怎么操作的，我们来举一个例子吧。先来判断一下存放脚本的目录/root/sh/是否存在，命令如下：

```
[root@localhost ~]# test -e /root/sh/
```

这条命令也可以这样写：

```
[root@localhost ~]# [ -e /root/sh/ ]
```

这两条命令的作用是一样的，推荐使用“[]”方式，因为在脚本的条件语句中主要使用这种方式。但是，这两条命令在执行之后是没有任何结果的。不过要注意，如果使用“[]”方式，则在“[]”的内部和数据之间必须使用空格；否则判断式会报错。

其实 test 命令就是这样的，但是我们该如何判断这条命令的执行是否正确呢？还记得“$?”预定义变量吗？就看这个变量的值，如果变量的值为 0，则代表 test 判断为真；如果变量的值为非 0，则代表 test 判断为假。例如：

```
[root@localhost ~]# [ -e /root/sh/ ]
[root@localhost ~]# echo $?
0
#如果判断结果为 0，则证明/root/sh/目录是存在的

[root@localhost ~]# [ -e /root/test ]
[root@localhost ~]# echo $?
1
#如果在/root/目录下没有 test 文件或目录，则“$?”的返回值为非 0
#这里的结果并不冲突，只是假设而已
```

不过，这样查看命令的执行结果非常麻烦，也不直观。还记得多命令顺序执行符“&&”和“||”吗？我们可以再判断一下/root/sh/是否是目录，命令如下：

```
[root@localhost ~]# [ -d /root/sh ] && echo "yes" || echo "no"
#第一条判断命令如果正确执行，则打印“yes”；否则打印“no”
yes
```

这样就直观多了，不过也并不方便。等我们学习了条件判断，就会知道 test 判断到底用在哪里，现在就先这样吧。

3.4.2 按照文件权限进行判断

test 是非常完善的判断命令，还可以判断文件的权限，我们通过表 3-6 来看看。

表 3-6 文件权限判断

测试选项	作 用
-r 文件	判断该文件是否存在，并且是否拥有读权限（拥有读权限为真）
-w 文件	判断该文件是否存在，并且是否拥有写权限（拥有写权限为真）
-x 文件	判断该文件是否存在，并且是否拥有执行权限（拥有执行权限为真）
-u 文件	判断该文件是否存在，并且是否拥有 SUID 权限（拥有 SUID 权限为真）
-g 文件	判断该文件是否存在，并且是否拥有 SGID 权限（拥有 SGID 权限为真）
-k 文件	判断该文件是否存在，并且是否拥有 SBIT 权限（拥有 SBIT 权限为真）

在使用 test 命令判断文件的权限时，并不能区分所有者、属组和其他人。只要文件拥有权限，test 判断就为真，而不能区分哪个用户身份拥有权限。比如：

```
[root@localhost ~]# ll student.txt
-rw-r--r--. 1 root root 97 6月  7 07:34 student.txt
[root@localhost ~]# [ -w student.txt ] && echo "yes" || echo "no"
yes
#判断 student.txt 文件是拥有写权限的
```

虽然 student.txt 文件只有所有者拥有写权限，但在使用 test 命令进行判断时，是不能区分用户身份的，只要拥有写权限就返回真。

3.4.3　在两个文件之间进行比较

通过表 3-7 来看看如何进行两个文件之间的比较。

表 3-7　在两个文件之间进行比较

测试选项	作　用
文件 1 -nt 文件 2	判断文件 1 的修改时间是否比文件 2 的修改时间新（如果新则为真）
文件 1 -ot 文件 2	判断文件 1 的修改时间是否比文件 2 的修改时间旧（如果旧则为真）
文件 1 -ef 文件 2	判断文件 1 的 inode 号是否和文件 2 的 inode 号一致，可以理解为两个文件是否为同一个文件。这个判断用于判断硬链接是很好的方法

我们一直很苦恼，到底该如何判断两个文件是否是硬链接呢？这时 test 就派上用场了，命令如下：

```
[root@localhost ~]# ln /root/student.txt /tmp/stu.txt
#创建一个硬链接
[root@localhost ~]#[ /root/student.txt -ef /tmp/stu.txt ]&&echo "yes"||echo
"no"
yes
#用 test 测试一下，输出是 yes，证明两个文件的 inode 号一致
```

3.4.4　在两个整数之间进行比较

通过表 3-8 来学习一下如何在两个整数之间进行比较。

表 3-8　在两个整数之间进行比较

测试选项	作　用
整数 1 -eq 整数 2	判断整数 1 是否和整数 2 相等（相等为真）
整数 1 -ne 整数 2	判断整数 1 是否和整数 2 不相等（不相等为真）
整数 1 -gt 整数 2	判断整数 1 是否大于整数 2（大于为真）

续表

测试选项	作　用
整数 1 -lt 整数 2	判断整数 1 是否小于整数 2（小于为真）
整数 1 -ge 整数 2	判断整数 1 是否大于或等于整数 2（大于或等于为真）
整数 1 -le 整数 2	判断整数 1 是否小于或等于整数 2（小于或等于为真）

举一个例子：

```
[root@localhost ~]# [ 23 -ge 22 ] && echo "yes" || echo "no"
yes
#判断 23 是否大于或等于 22，当然是了
[root@localhost ~]# [ 23 -le 22 ] && echo "yes" || echo "no"
no
#判断 23 是否小于或等于 22，当然不是了
```

3.4.5 字符串判断

通过表 3-9 来学习一下字符串判断。

表 3-9 字符串判断

测试选项	作　用
-z 字符串	判断字符串是否为空（为空返回真）
-n 字符串	判断字符串是否非空（非空返回真）
字串 1 ==字串 2	判断字符串 1 是否和字符串 2 相等（相等返回真）
字串 1 != 字串 2	判断字符串 1 是否和字符串 2 不相等（不相等返回真）

举一个例子：

```
[root@localhost ~]# name=sc
#给 name 变量赋值
[root@localhost ~]# [ -z "$name" ] && echo "yes" || echo "no"
no
#判断 name 变量是否为空。因为不为空，所以返回 no
```

再来看看如何判断两个字符串相等。命令如下：

```
[root@localhost ~]# aa=11
[root@localhost ~]# bb=22
#给变量 aa 和 bb 赋值
[root@localhost ~]# [ "$aa" == "bb" ] && echo "yes" || echo "no"
no
#判断两个变量的值是否相等（是按照字符串进行判断的，而不是按照数值进行判断的），明显不相等，因而返回 no
```

3.4.6　多重条件判断

通过表 3-10 来看看多重条件判断是什么样子的。

表 3-10　多重条件判断

测试选项	作　用
判断 1 -a 判断 2	逻辑与，判断 1 和判断 2 都成立，最终的结果才为真
判断 1 -o 判断 2	逻辑或，判断 1 和判断 2 有一个成立，最终的结果就为真
! 判断	逻辑非，使原始的判断式取反

举一个例子：

```
[root@localhost ~]# aa=11
#给变量aa赋值
[root@localhost ~]# [ -n "$aa"  -a "$aa" -gt 23 ] && echo "yes" || echo "no"
no
#判断变量aa是否有值，同时判断变量aa的值是否大于23
#因为变量aa的值不大于23，所以虽然第一个判断值为真，但返回值是假
```

要想让刚刚的判断式返回真，需要给变量 aa 重新赋一个大于 23 的值。命令如下：

```
[root@localhost ~]# aa=24
[root@localhost ~]# [ -n "$aa"  -a "$aa" -gt 23 ] && echo "yes" || echo "no"
yes
```

再来看看逻辑非是什么样子的。命令如下：

```
[root@localhost ~]# [ ! -n "$aa" ] && echo "yes" || echo "no"
no
#本来“-n”选项的作用是变量aa的值不为空，返回值就是真
#在加入“!”之后，判断值就会取反。所以，当变量aa有值时，返回值是假
```

注意：在“!”和“-n”之间必须加入空格，否则会报错。

3.5　流程控制

流程控制语句既是编程语言的灵魂，也是判断程序语言是否是编程语言的重要标志（一门语言是否是编程语言的判断标志是：是否支持变量，是否支持流程控制，是否支持运算符，是否支持函数）。比如，大家非常熟悉的 HTML 语言就不是真正的编程语言。程序语言的流程控制主要包含三大类：

- 条件判断控制（if、case）。
- 循环控制（for、while、until）。
- 特殊流程控制语句（exit、bread、continue）。

请大家注意，Shell 语句是顺序执行的，而且可以直接使用 Linux 系统的命令，所以更加有利于系统管理和维护。

3.5.1 if 条件判断

if 条件判断在程序语言中最为常见，主要用于判断条件是否成立。比如，笔者上课，并非所有的学员都可以进入教室，而必须符合条件（如必须是本班级学员）才能进入教室。当然，在上课时，是通过人的大脑进行判断的；如果在程序语言中，就要通过 if 条件判断语句来进行判断。

1．单分支 if 条件语句

单分支 if 条件语句最为简单，就是只有一个判断条件，如果符合条件则执行某个程序，否则什么事情都不做。语法如下：

```
if [ 条件判断式 ];then
    程序
fi
```

在使用单分支 if 条件语句时，需要注意以下几点：

- if 语句使用 fi 结尾，和一般语言使用大括号结尾不同。
- [条件判断式]就是使用 test 命令进行判断，所以，在中括号和条件判断式之间必须有空格。
- then 后面跟符合条件之后执行的程序，可以放在[]之后，用“;”分隔；也可以换行写入，就不需要“;”了。比如，单分支 if 条件语句还可以这样写：

```
if [ 条件判断式 ]
    then
        程序
fi
```

单分支 if 条件语句非常简单，但是，千万不要小看它，这是流程控制语句最基本的语法。而且在实现 Linux 系统管理时，我们的管理脚本一般都不复杂，单分支 if 条件语句的使用率还是很高的。

举一个例子，我想通过脚本判断根分区的使用率是否超过 80%，如果超过 80%则向管理员报警，提醒他注意。脚本就可以这样写：

```
[root@localhost ~]# df -h
#查看一下服务器的分区情况
文件系统              容量    已用    可用    已用%      挂载点
/dev/sda3             20G    1.8G    17G     10%          /
tmpfs                306M      0    306M      0%    /dev/shm
```

```
/dev/sda1          194M    26M  158M    15%          /boot
/dev/sr0           3.5G   3.5G     0   100%    /mnt/cdrom

[root@localhost ~]# vi sh/if1.sh
#!/bin/bash
#统计根分区的使用率
# Author: shenchao (Address: http://www.itxdl.cn/linux/)

rate=$(df -h | grep "/dev/sda3" | awk '{print $5}' | cut -d "%" -f1)
#把根分区的使用率作为变量值赋予变量 rate
if [ $rate -ge 80 ]
#判断变量 rate 的值，如果大于或等于 80，则执行 then 后的程序
    then
        echo "Warning! /dev/sda3 is full!!"
        #打印报警信息。在实际工作中，也可以向管理员发送邮件
fi
```

其实，这个脚本最主要的是“rate=$(df -h | grep "/dev/sda3" | awk '{print $5}' | cut -d "%" -f1)”这条命令。我们来分析一下这条命令：先使用“df -h”命令列出系统中的分区情况；然后使用“grep”命令提取出根分区行；接着使用“awk”命令列出第五列，也就是根分区的使用率这一列（不过使用率是 10%，不好比较，还要提取出 10 这个数字）；最后使用“cut”命令（cut 命令比 awk 命令简单），以“%”作为分隔符，提取出第一列。这条命令的执行结果如下：

```
[root@localhost ~]# df -h | grep "/dev/sda3" | awk '{print $5}' | cut -d "%" -f1
10
```

在提取出根分区的使用率后，判断这个数字是否大于或等于 80，如果大于或等于 80 则报警。至于报警信息，我们在脚本中直接输出到屏幕上。在实际工作中，因为服务器屏幕并不是 24 小时有人值守的，所以也可以给管理员发送邮件，用于报警。

当脚本写好之后，就可以利用系统定时任务（将在第 6 章中讲解），让这个脚本每天或几天执行一次，就可以自动检测硬盘剩余空间了。后续的系统管理的脚本如果需要重复执行，则也需要依赖系统定时任务，笔者在后面就不再强调了。

2. 双分支 if 条件语句

在双分支 if 条件语句中，当条件判断式成立时，执行某个程序；当条件判断式不成立时，执行另一个程序。语法如下：

```
if [ 条件判断式 ]
    then
        当条件判断式成立时，执行的程序
    else
        当条件判断式不成立时，执行的另一个程序
fi
```

例子 1：

还记得我们在进行条件测试时是怎么显示测试结果的吗？

```
[root@localhost ~]# [ -d /root/sh ] && echo "yes" || echo "no"
#第一条判断命令如果正确执行，则打印“yes”；否则打印“no”
yes
```

这样显示条件测试的结果还是非常不方便的。当时因为还没有讲 if 语句，所以只能用逻辑与和逻辑或来显示测试结果。既然我们已经学习了 if 语句，就把这个条件测试改写为 if 语句吧。

```
#!/bin/bash
#判断输入的文件是否是一个目录
# Author: shenchao (Address: http://www.itxdl.cn/linux/)

read -t 30 -p "Please input a directory: " dir
#read 接收键盘的输入，并存入 dir 变量中
if [ -d $dir ]
#测试$dir 中的内容是否是一个目录
    then
        echo "yes"
          #如果是一个目录，则输出“yes”
    else
        echo "no"
          #如果不是一个目录，则输出“no”
fi
```

解释一下这个脚本的思路：其实逻辑与和逻辑或也在判断前一条命令的“$?”的返回值是不是 0，如果是 0，则前一条命令正确执行；如果不是 0，则前一条命令执行错误。双分支 if 条件语句的判断思路也是判断条件判断式是否成立，如果成立，则执行 then 后的程序；如果不成立，则执行 else 后的程序。

例子 2：

我们写一个数据备份的例子。一些重要数据需要定时备份并进行压缩，这样才能保证数据安全。我们在这里写一个简单的数据备份脚本，利用系统定时任务，让它每天执行，这样就可以保证数据的安全。那到底备份哪个文件呢？其实无所谓，这里就用 MySQL 数据库来举例吧。注意：RPM 包安装的 MySQL 数据库存放在/var/lib/mysql/目录中，而源码包安装的 MySQL 数据库一般存放在/usr/local/mysql/var/目录中。这里为了举例方便，备份/var/lib/mysql/目录。

```
[root@localhost ~]# vi sh/bakmysql.sh
#!/bin/bash
#备份 MySQL 数据库
# Author: shenchao (Address: http://www.itxdl.cn/linux/)
```

```
ntpdate asia.pool.ntp.org &>/dev/null
#同步系统时间
date=$(date +%y%m%d)
#把当前系统时间按照“年月日”格式赋予变量date
size=$(du -sh /var/lib/mysql)
#统计MySQL数据库的大小，并把大小赋予变量size

if [ -d /tmp/dbbak ]
#判断备份目录是否存在，并且是否为目录
   then
      #如果判断为真，则执行以下脚本
     echo "Date : $date!" > /tmp/dbbak/dbinfo.txt
      #把当前系统时间写入临时文件中
     echo "Data size : $size" >> /tmp/dbbak/dbinfo.txt
      #把MySQL数据库的大小写入临时文件中
     cd /tmp/dbbak
      #进入备份目录
     tar -zcf mysql-lib-$date.tar.gz /var/lib/mysql dbinfo.txt &>/dev/null
      #打包压缩MySQL数据库与临时文件，把所有输出丢入垃圾箱（不想看到任何输出）
     rm -rf /tmp/dbbak/dbinfo.txt
      #删除临时文件
   else
     mkdir /tmp/dbbak
      #如果判断为假，则建立备份目录
     echo "Date : $date!" > /tmp/dbbak/dbinfo.txt
     echo "Data size : $size" >> /tmp/dbbak/dbinfo.txt
      #把当前系统时间和MySQL数据库的大小保存到临时文件中
     cd /tmp/dbbak
     tar -zcf mysql-lib-$date.tar.gz dbinfo.txt /var/lib/mysql &>/dev/null
      #压缩备份MySQL数据库与临时文件
     rm -rf /tmp/dbbak/dbinfo.txt
      #删除临时文件
fi
```

这个脚本中的 ntpdate 命令我们没有见过，在这里解释一下。ntpdate 是时间同步命令，后面跟的“asia.pool.ntp.org”是中国台湾的网络时间服务器的域名，可以随意指定。这条命令会让本机时间和网络时间服务器时间更新为一致。

也来解释一下这个脚本的思路：其实就是想把/var/lib/mysql/目录打包压缩，然后保存在其他目录中。不过，我们很难确定保存目录是否存在，所以需要用 if 语句判断/tmp/dbbak/目录是否存在，并且是否为目录。如果备份目录已经存在，则把当前系统时间和 MySQL 数据库的大小保存到一个临时文件中，然后把 MySQL 数据库和这个临时文件一起打包压缩，同时使压缩包的文件名按照日期命名，以免备份文件被覆盖。如果备份目录不存在，则建立这个备份目录，再执行建立临时文件并打包压缩的过程。

这个例子比刚刚的单分支 if 条件语句的例子就复杂了一点。不过大家要小心，这个脚本只能实现 MySQL 数据库的完全备份，而不能实现增量备份和差异备份。要想实现增量备份和差异备份，请参考第 9 章。

例子 3：

在工作中，服务器上的服务经常会宕机。如果我们对服务器监控不力，就会造成服务器上的服务宕机了，而管理员却不知道的情况。这时我们可以写一个脚本来监听本机上的服务，如果服务停止或宕机了，则可以自动重启这些服务。我们拿 Apache 服务来举例。

```
[root@localhost ~]# vi sh/autostart.sh
#!/bin/bash
#判断 Apache 服务是否启动，如果没有启动则自动启动
# Author: shenchao （Address: http://www.itxdl.cn/linux/）

port=$(nmap -sT 192.168.4.210 | grep tcp | grep http | awk '{print $2}')
#使用 nmap 命令扫描服务器，并截取 Apache 服务的状态，赋予变量 port
if [ "$port" == "open" ]
#如果变量 port 的值是“open”
    then
        echo "$(date) httpd is ok!" >> /tmp/autostart-acc.log
        #则证明 Apache 服务正常启动，在正常日志中写入一句话即可
    else
        /etc/rc.d/init.d/httpd start &>/dev/null
        #否则证明 Apache 服务没有启动，自动启动 Apache 服务
        echo "$(date) restart httpd !!" >> /tmp/autostart-err.log
        #并在错误日志中记录自动启动 Apache 服务的时间
fi
```

解释一下脚本思路：在这个例子中，关键点是如何判断 Apache 服务是否是启动的。如果使用 netstat -tlun 或 ps aux 命令，则只能判断本机上的 Apache 服务是否启动，而不能判断远程服务器是否启动了 Apache 服务。而如果使用 telnet 命令，那么，虽然可以探测远程服务器的 80 端口是否开启，但是要想退出探测界面，需要执行人机交互，非常麻烦。所以，我们使用 nmap 端口扫描命令。命令格式如下：

```
[root@localhost ~]# nmap -sT 域名或 IP
选项：
    -s:      扫描
    -T:      扫描所有开启的 TCP 端口
```

这条命令的执行结果如下：

```
[root@localhost ~]# nmap -sT 192.168.4.210
#可以看到这台服务器开启了如下服务
Starting Nmap 5.51 ( http://nmap.org ) at 2013-11-25 15:11 CST
Nmap scan report for 192.168.4.210
Host is up (0.0010s latency).
Not shown: 994 closed ports
PORT     STATE SERVICE
22/tcp   open  ssh
80/tcp   open  http                            ←Apache 服务的状态是 open
111/tcp  open  rpcbind
139/tcp  open  netbios-ssn
445/tcp  open  microsoft-ds
3306/tcp open  mysql

Nmap done: 1 IP address (1 host up) scanned in 0.49 seconds
```

我们在脚本中使用 nmap 命令就是为了截取 HTTP 的状态，只要状态是 open 就证明 Apache 服务正常启动；否则证明 Apache 服务启动错误。来看看脚本中命令的执行结果：

```
[root@localhost ~]# nmap -sT 192.168.4.210 | grep tcp | grep http | awk '{print
$2}'
#扫描指定计算机，先提取包含 tcp 的行，再提取包含 httpd 的行，截取第二列
open
#把截取的值赋予变量 port
```

3. 多分支 if 条件语句

在多分支 if 条件语句中，允许执行多次判断。也就是当条件判断式 1 成立时，执行程序 1；当条件判断式 2 成立时，执行程序 2；依次类推，当所有条件都不成立时，执行最后的程序。语法如下：

```
if [ 条件判断式 1 ]
    then
        当条件判断式 1 成立时，执行程序 1
elif [ 条件判断式 2 ]
    then
        当条件判断式 2 成立时，执行程序 2
…省略更多条件…
else
    当所有条件都不成立时，最后执行此程序
fi
```

例子 1：

用多分支 if 条件语句来判断用户输入的是什么文件。

```
[root@localhost ~]# vi sh/if-elif.sh
```

```
#!/bin/bash
#判断用户输入的是什么文件
# Author: shenchao (Address: http://www.itxdl.cn/linux/)

read -p "Please input a filename: " file
#接收键盘的输入，并赋予变量file

if [ -z "$file" ]
#判断变量file的值是否为空
   then
       echo "Error,please input a filename"
       #如果为空，则执行程序1，也就是输出报错信息
       exit 1
       #退出程序，并定义返回值为1（把返回值赋予变量$?）
elif [ ! -e "$file" ]
#判断变量file的值是否存在
   then
       echo "Your input is not a file!"
       #如果不存在，则执行程序2
       exit 2
       #退出程序，并定义返回值为2
elif [ -f "$file" ]
#判断变量file的值是否为普通文件
   then
       echo "$file is a regular file!"
       #如果是普通文件，则执行程序3
elif [ -d "$file" ]
#判断变量file的值是否为目录文件
   then
       echo "$file is a directory!"
       #如果是目录文件，则执行程序4
else
       echo "$file is an other file!"
       #如果以上判断都不是，则执行程序5
fi
```

解释一下脚本思路：这个脚本比较简单，需要说明的是 exit 这条命令。exit 是退出执行程序的命令，如果符合条件 1（没有输入）和条件 2（输入的不是文件），则需要执行 exit 命令；否则程序还是会运行脚本的，这不符合我们的要求。至于 exit 后面的返回值，是自由定义的，主要用于把返回值赋予变量$?。执行一下这个脚本：

```
[root@localhost ~]# chmod 755 sh/if-elif.sh
#赋予执行权限
[root@localhost ~]# sh/if-elif.sh
```

```
#执行脚本
Please input a filename:                    ←没有任何输入
Error,please input a filename               ←报错信息是在脚本中自己定义的
[root@localhost ~]# echo $?
1
#变量$?的返回值是自己定义的 1

[root@localhost ~]# sh/if-elif.sh
Please input a filename: jkgeia             ←随意输入不是文件的字符串
Your input is not a file!                   ←报错信息是在脚本中自己定义的
[root@localhost ~]# echo $?
2
#变量$?的返回值是自己定义的 2
```

例子 2：

在第 2 章的测试题中，笔者要求大家写一个加减乘除计算器。不过，那是使用逻辑与和逻辑或进行判断的，现在我们把这个程序改写成使用 if 语句进行判断。

```
[root@localhost ~]# vi sh/sum.sh
#!/bin/bash
#字符界面加减乘除计算器
# Author: shenchao （Address: http://www.itxdl.cn/linux/）

read -t 30 -p "Please input num1: " num1
read -t 30 -p "Please input num2: " num2
#通过 read 命令接收要计算的数值，并赋予变量 num1 和 num2
read -t 30 -p "Please input a operator: " ope
#通过 read 命令接收要计算的符号，并赋予变量 ope

if [ -n "$num1"  -a -n "$num2" -a -n "$ope"  ]
#第一层判断，用来判断变量 num1、num2 和 ope 中是否有值
      then
      test1=$(echo $num1 | sed 's/[0-9]//g')
      test2=$(echo $num2 | sed 's/[0-9]//g')
       #定义变量 test1 和 test2 的值为$(命令)的结果
       #后续命令的作用是把变量 test1 的值替换为空。如果能替换为空，则证明变量 num1 的值为数字
       #如果不能替换为空，则证明变量 num1 的值为非数字。使用这种方法判断变量 num1 的值是否为数字
       #用同样的方法测试变量 test2

      if [ -z "$test1" -a -z "$test2" ]
       #第二层判断，用来判断变量 num1 和 num2 的值是否为数字
       #如果变量 test1 和 test2 的值为空，则证明变量 num1 和 num2 的值是数字
            then
              #如果变量 test1 和 test2 的值是数字，则执行以下命令
```

```
                if [ "$ope" == '+' ]
                    #第三层判断，用来确认运算符
                    #测试变量$ope 中是什么运算符
                        then
                        sum=$(( $num1 + $num2 ))
                            #如果是加号，则执行加法运算
                elif [ "$ope" == '-' ]
                        then
                        sum=$(( $num1 - $num2 ))
                            #如果是减号，则执行减法运算
                elif [ "$ope"  == '*' ]
                        then
                        sum=$(( $num1 * $num2  ))
                elif [ "$ope" == '/' ]
                        then
                        sum=$(( $num1 / $num2 ))
                else
                        echo "Please enter a valid symbol"
                        #如果运算符不匹配，则提示输入有效的符号
                        exit 10
                            #退出程序，返回错误代码 10
                fi
         else
             #如果变量 test1 和 test2 的值不是数字
                echo "Please enter a valid value"
                #则提示输入有效的数值
                exit 11
                    #退出程序，返回错误代码 11
     fi
else
#如果变量 num1、num2 和 ope 中没有内容
   echo " Please input variables num1、num2、ope"
   #则提示给这 3 个变量输入内容
   exit 12
   #退出程序，返回错误代码 12
fi

echo " $num1 $ope $num2 : $sum"
#输出数值运算的结果
```

解释一下脚本思路：这个脚本的逻辑比较复杂，出现了 3 层判断。因为我们很难控制用户到底输入什么内容，所以必须加入必要的判断，以保证程序的正确执行。第一层判断用来保证 3 个变量中都有值；第二层判断用来保证变量 num1 和 num2 的值是数字；第三层判断用来确认运算符。这个脚本有 3 层判断，注意不要少写了 fi。

执行一下这个脚本：

```
[root@localhost ~]# ./sh/sum.sh
Please input num1: y
Please input num2: u
#如果没有输入数字
Please input a operator: +
Please enter a valid value
#则报错，请输入正确的数值
[root@localhost ~]# echo $?
11
#脚本的返回值是我们手工指定的 11

[root@localhost ~]# ./sh/sum.sh
Please input num1: 6
Please input num2: 9
Please input a operator: k
#如果运算符输入错误
Please enter a valid symbol
#则报错，请输入有效的符号
[root@localhost ~]# echo $?
10
#脚本的返回值是我们手工指定的 10

[root@localhost ~]# ./sh/sum.sh
Please input num1: 6
Please input num2: 9
Please input a operator: *
 6 * 9 : 54
#如果输入都正确，则可以正确地进行运算
```

3.5.2　多分支 case 条件语句

case 语句和 if...elif...else 语句一样，都是多分支条件语句。不过，和多分支 if 条件语句不同的是，case 语句只能判断一种条件关系，而 if 语句可以判断多种条件关系。case 语句的语法如下：

```
case $变量名 in
   "值 1")
        如果变量的值等于值 1，则执行程序 1
        ;;
   "值 2")
        如果变量的值等于值 2，则执行程序 2
        ;;
```

```
    …省略其他分支…
    *)
        如果变量的值都不是以上的值，则执行此程序
        ;;
esac
```

使用 case 语句需要注意以下几点：

- case 语句会取出变量中的值，然后与语句体中的值逐一比较。如果数值符合，则执行对应的程序；如果数值不符，则依次比较下一个值；如果所有的值都不符合，则执行“*)”（“*”代表所有的其他值）后的程序。
- case 语句以“case”开头，以“esac”结尾。
- 在每个分支程序之后要以“;;”（双分号）结尾，代表该程序段结束（千万不要忘记）。

需要注意的是，多分支 case 条件语句只能判断变量中的值到底是什么，而不能像多分支 if 条件语句那样可以判断多个条件，所以多分支 case 条件语句更加适合单条件多分支的情况。比如，我们在系统中经常看到请选择“yes/no”；或者在命令的输出中选择是执行第一个选项，还是执行第二个选项（fdisk 命令）。在这些情况下，使用 case 语句最为合适。我们写一个选择“yes/no”的例子，命令如下：

```
[root@localhost ~]# vi sh/case.sh
#!/bin/bash
#判断用户输入
# Author: shenchao (Address: http://www.itxdl.cn/linux/)

read -p "Please choose yes/no: " -t 30 cho
#在屏幕上输出“Please choose yes/no:”，然后把用户的选择赋予变量 cho
case $cho in
#判断变量 cho 的值
      "yes")
       #如果是 yes
             echo "Your choose is yes!"
              #则执行程序 1
             ;;
      "no")
       #如果是 no
             echo "Your choose is no!"
              #则执行程序 2
             ;;
      *)
       #如果既不是 yes，也不是 no
             echo "Your choose is error!"
              #则执行此程序
             ;;
esac
```

解释一下脚本思路：请用户输入 yes 或 no。如果输入的是 yes，则输出“Your choose is yes!”；如果输入的是 no，则输出“Your choose is no!”；如果输入的是其他字符，则输出“Your choose is error!”。

3.5.3 for 循环

for 循环是固定循环，也就是在循环时已经知道需要进行几次循环。有时也把 for 循环称为计数循环。for 循环的语法有两种。

语法一：

```
for 变量 in 值1 值2 值3…
    do
        程序
    done
```

在这种语法中，for 循环的次数取决于 in 后面值的个数（以空格分隔），有几个值就循环几次，并且每次循环都把值赋予变量。也就是说，假设 in 后面有 3 个值，那么 for 会循环 3 次，第一次循环会把值 1 赋予变量，第二次循环会把值 2 赋予变量，以此类推。

语法二：

```
for (( 初始值;循环控制条件;变量变化 ))
    do
        程序
    done
```

在这种语法中，需要注意以下几点。

- 初始值：在循环开始时，需要给某个变量赋予初始值，如 i=1。
- 循环控制条件：用于指定变量循环的次数。如 i<=100，则只要 i 的值小于或等于 100，循环就会继续。
- 变量变化：在每次循环之后，变量该如何变化。如 i=i+1，代表在每次循环之后，变量 i 的值都加 1。

1. 语法一举例

先来看看语法一是什么样子的。

```
例子 1：打印时间
[root@localhost ~]# vi sh/for.sh
#!/bin/bash
#打印时间
# Author: shenchao (Address: http://www.itxdl.cn/linux/)
```

```
for time in morning noon afternoon evening
        do
                echo "This time is $time!"
        done
```

解释一下脚本思路：in 后面有 4 个字符串，所以这个 for 会循环 4 次。每次循环会依次把字符串赋予变量 time，所以这个脚本会循环 4 次，并依次输出“morning noon afternoon evening”这 4 个字符串。这个脚本的执行结果如下：

```
 [root@localhost ~]# sh/for.sh
This time is morning!          ←循环 4 次，第一次循环把 morning 赋予变量 time
This time is noon!             ←第二次循环把 noon 赋予变量 time
This time is afternoon!        ←第三次循环把 afternoon 赋予变量 time
This time is evening!          ←第四次循环把 evening 赋予变量 time，循环结束
```

因为关键字 in 后面有 4 个值，所以 for 会循环 4 次。在每次循环时，会依次把 4 个值赋予变量 time。非常简单吧！

上一个例子非常简单，但是没有什么实际应用价值，那么我们写一个批量解压缩的脚本吧。这个批量解压缩的脚本会在第 8 章中用到，在这里先讲解一下这个例子。如果我们有很多压缩文件，那么手工逐一解压缩是非常烦琐的，何不写一个批量解压缩的脚本呢？假设我们把所有的压缩包复制到/lamp/目录中，那么批量解压缩脚本就应该这样写。

```
例子 2：批量解压缩
[root@localhost ~]# vi sh/auto-tar.sh
#!/bin/bash
#批量解压缩
# Author: shenchao （Address: http://www.itxdl.cn/linux/）

cd /lamp
#进入压缩包目录
ls *.tar.gz > ls.log
#把所有以.tar.gz 结尾的文件覆盖到 ls.log 临时文件中
for i in $(cat ls.log)
#读取 ls.log 文件的内容，文件中有多少个值，就会循环多少次，每次循环把文件名赋予变量 i
        do
                tar -zxf $i &>/dev/null
                  #解压缩，并把所有输出丢弃
        done
rm -rf /lamp/ls.log
#删除临时文件 ls.log
```

解释一下脚本思路：例子 2 更加贴近于实际的使用。初看 for…in…循环，感觉非常笨。因为如果要循环 100 次，那岂不是要在 in 后面写 100 个值？其实 for…in…循环更加贴近于系

统管理。比如批量解压缩这个脚本，如果是固定循环，就要先数有多少个压缩文件，再来决定循环多少次。而一旦压缩文件的个数发生变化，那么整个脚本都需要修改。而采用 for…in…循环，压缩文件的个数可以随意变化，而不用修改脚本。

2. 语法二举例

语法二和其他语言中的 for 循环类似，也就是事先决定循环次数的固定循环。先举一个简单的例子。

```
例子 1: 从 1 加到 100
#!/bin/bash
#从 1 加到 100
# Author: shenchao （Address: http://www.itxdl.cn/linux/）

s=0
for (( i=1;i<=100;i=i+1 ))
#定义循环 100 次
        do
                s=$(( $s+$i ))
                  #每次循环都给变量 s 赋值
        done
echo "The sum of 1+2+...+100 is : $s"
#输出从 1 加到 100 的和
```

解释一下脚本思路：在这个例子中，请注意“(())”是 Bash 中的数值运算格式，必须这样写，才能进行数值运算。

不过，上面的例子仍然和实际工作相距甚远，那么我们利用 for 固定循环来写一个批量添加指定数量的用户的脚本吧。用脚本批量添加普通用户，那么这些用户的用户名一定要遵守一个规则，并顺序添加，而且用户的初始密码也是一致的。

```
例子 2: 批量添加指定数量的用户
[root@localhost ~]# vi useradd.sh
#!/bin/bash
#批量添加指定数量的用户
# Author: shenchao （Address: http://www.itxdl.cn/linux/）

read -p "Please input user name: " -t 30 name
#让用户输入用户名，把输入保存到变量 name 中
read -p "Please input the number of users: " -t 30 num
#让用户输入添加用户的数量，把输入保存到变量 num 中
read -p "Please input the password of users: " -t 30 pass
#让用户输入初始密码，把输入保存到变量 pass 中

if [ ! -z "$name" -a ! -z "$num" -a ! -z "$pass" ]
```

```
#判断 3 个变量的值不为空
        then
        y=$(echo $num | sed 's/[0-9]//g')
         #定义变量的值为后续命令的执行结果
         #后续命令的作用是把变量 num 的值替换为空。如果能替换为空，则证明变量 num 的值为数字
         #如果不能替换为空，则证明变量 num 的值为非数字。使用这种方法判断变量 num 的值是否为数字
        if [ -z "$y" ]
         #如果变量 y 的值为空，则证明变量 num 的值是数字
                then
                for (( i=1;i<=$num;i=i+1 ))
                  #循环变量 num 指定的次数
                  do
                      /usr/sbin/useradd $name$i &>/dev/null
                          #添加用户，用户名为变量 name 的值加变量 i 的值
                      echo $pass | /usr/bin/passwd --stdin $name$i &>/dev/null
                          #给用户设定初始密码为变量 pass 的值
                  done
        fi
fi
```

解释一下脚本思路：因为我们想让用户自己来决定添加的用户的用户名、用户个数及用户的初始密码，所以使用 read 命令读取用户输入，并把输入赋予 name、num 和 pass 这 3 个变量。但是，如果用户并没有输入数据，这时脚本就会出现 Bug，所以我们先通过第一条 if 语句来保证用户给这 3 个变量赋值了，再通过第二条 if 语句来判断变量 num 的值是否为数字。在 Shell 中，判断变量的值是否为数字有很多种方法，在这里采用的方法是先把变量 num 的值输出，然后通过 sed 命令把数字替换为空，如果能够替换为空，则证明变量 num 的值是数字；否则证明变量 num 的值不是数字。如果变量 num 的值是数字，则再通过 for 循环批量添加用户，添加用户的用户名是变量 name 的值加变量 i 的值，共添加变量 num 指定的用户个数，并给用户设定初始密码为变量 pass 的值。

这个脚本的执行结果如下：

```
[root@localhost ~]# chmod 755 sh/useradd.sh
#赋予执行权限
[root@localhost ~]# sh/useradd.sh
#执行命令
Please input user name: stu                          ←输入用户名
Please input the number of users: 10                 ←输入添加用户的个数
Please input the password of users: 123              ←输入初始密码

[root@localhost ~]# cat /etc/passwd
#查看用户信息文件，stu1~stu10 共 10 个用户添加完成
stu1:x:502:502::/home/stu1:/bin/bash
```

```
stu2:x:503:503::/home/stu2:/bin/bash
stu3:x:504:504::/home/stu3:/bin/bash
stu4:x:505:505::/home/stu4:/bin/bash
stu5:x:506:506::/home/stu5:/bin/bash
stu6:x:507:507::/home/stu6:/bin/bash
stu7:x:508:508::/home/stu7:/bin/bash
stu8:x:509:509::/home/stu8:/bin/bash
stu9:x:510:510::/home/stu9:/bin/bash
stu10:x:511:511::/home/stu10:/bin/bash
```

既然可以批量添加用户，当然可以批量删除用户。不过这里做一些改变，我们不仅要批量删除刚刚用脚本添加的 stu1～stu10 这 10 个用户，而且要批量删除所有的普通用户。

```
例子 3：批量删除用户
[root@localhost ~]# vi sh/userdel.sh
#!/bin/bash
#批量删除用户
# Author: shenchao （Address: http://www.itxdl.cn/linux/）

user=$(cat /etc/passwd | grep "/bin/bash"|grep -v "root"|cut -d ":" -f 1)
#读取用户信息文件，提取可以登录的用户，取消 root 用户，截取第一列用户名
for i in $user
#循环，有多少个普通用户就循环多少次
	do
		userdel -r $i
		  #每次循环都删除指定的普通用户
	done
```

解释一下脚本思路：这个脚本的关键在于怎么提取出普通用户的用户名，只要提取出用户名，就可以使用循环批量删除普通用户了。提取普通用户的用户名主要依赖如下这条命令：

```
[root@localhost ~]# cat /etc/passwd | grep "/bin/bash"|grep -v "root"|cut -d
":" -f 1
stu1
stu2
stu3
stu4
stu5
stu6
stu7
stu8
stu9
stu10
```

看到了吧，这样就可以提取出所有普通用户的用户名了，接下来循环删除即可。

3．提取合法的 IP 地址

我们来写一个比较变态的例子，就是提取合法的 IP 地址。有人可能会说，这有什么变态的，用正则表达式就可以提取，比如“[0-9]\{1,3\}\.[0-9]\{1,3\}\.[0-9]\{1,3\}\.[0-9]\{1,3\}”。如果我们仔细分析一下 IP 地址的特点，就会发现这个正则表达式的缺陷。

IP 地址的范围是 1.0.0.0～255.255.255.255。也就是说，如果 IP 地址的百位数的范围是 0～1，则十位数和个位数的范围是 0～9；而如果百位数是 2，并且十位数的范围是 0～4，则个位数的范围是 0～9；而如果百位数是 2，并且十位数是 5，则个位数的范围是 0～5。

这样就发现这个正则表达式的缺陷了吧？这个正则表达式会匹配 0.0.0.0～999.999.999.999，这超出了合法 IP 地址的范围。如果想要完全匹配合法的 IP 地址，那么笔者的第一感觉是正则表达式太过笼统，不能做到，必须通过脚本来实现（事实证明笔者是错的，我们的学员就写出了用正则表达式匹配合法 IP 地址的例子，我们一会儿再看）。

这个提取合法 IP 地址的脚本，笔者会用两种 for 循环来实现，你们就能感受到为什么 for 循环的语法一更适合系统管理，而语法二更笨了。先来看看更笨的语法二是如何实现提取合法 IP 地址的吧。脚本如下：

```
[root@localhost ~]# vi sh/ip_test1.sh
#!/bin/bash
#提取合法的 IP 地址，语法二示例
# Author: shenchao (Address: http://www.itxdl.cn/linux/)

grep "^[0-9]\{1,3\}\.[0-9]\{1,3\}\.[0-9]\{1,3\}\.[0-9]\{1,3\}$" /root/sh/ip.txt >
/root/sh/ip_test1.txt
#把需要判断的 IP 地址放入 ip.txt 临时文件中
#先通过正则表达式把明显不符合规则的 IP 地址过滤掉，并把结果保存在 ip_test1.txt 临时文件中
line=$(wc -l ip_test1.txt | awk '{print $1}')
#统计 test1 中有几行 IP 地址

for (( i=1;i<=$line;i=i+1 ))
#有几行 IP 地址，就循环几次
do
       cat /root/sh/ip_test1.txt | awk 'NR=='$i'{print}' > /root/sh/ip_test2.txt
       #第几次循环，就把第几行读入 ip_test2.txt 文件中（在此文件中只有一行 IP 地址）
       a=$(cat  /root/sh/ip_test2.txt | cut -d '.' -f 1)
       b=$(cat  /root/sh/ip_test2.txt | cut -d '.' -f 2)
       c=$(cat  /root/sh/ip_test2.txt | cut -d '.' -f 3)
       d=$(cat  /root/sh/ip_test2.txt | cut -d '.' -f 4)
       #分别把 IP 地址的 4 个数值读入变量 a,b,c,d 中

       if [ "$a" -lt 1 -o "$a" -gt 255 ]
       #如果第一个数值小于 1，或者大于或等于 255
              then
```

```
                        continue
                        #则退出本次循环
        fi

        if [ "$b" -lt 0 -o "$b" -gt 255 ]
                then
                        continue
        fi

        if [ "$c" -lt 0 -o "$c" -gt 255 ]
                then
                        continue
        fi
        if [ "$d" -lt 0 -o "$d" -gt 255 ]
                then
                        continue
        fi
        #依次判断 IP 地址的 4 个数值是否超出范围，如果超出，则退出本次循环

        cat /root/sh/ip_test2.txt >> /root/sh/ip_test.txt
        #如果 IP 地址的 4 个数值都符合要求，则把合法的 IP 地址记录在文件中
done
rm -rf /root/sh/ip_test1.txt
rm -rf /root/sh/ip_test2.txt
#删除临时文件
```

为什么说这个脚本笨呢？因为我们要使用语法二，所以需要先统计 IP 地址共有多少行，并且需要用非常复杂的 awk 命令中的 NR 变量提取出每行 IP 地址，才可以进行循环判断。而如果使用语法一呢？我们来看看这个脚本：

```
[root@localhost ~]# vi sh/ip_test2.sh
#!/bin/bash
#提取合法的 IP 地址，语法一示例
# Author: shenchao (Address: http://www.itxdl.cn/linux/)

grep "^[0-9]\{1,3\}\.[0-9]\{1,3\}\.[0-9]\{1,3\}\.[0-9]\{1,3\}$" /root/sh/ip.txt
 > /root/ip_test1.txt
#先通过正则表达式把明显不符合规则的 IP 地址过滤掉，并把结果保存到临时文件中
for i in $(cat /root/sh/ip_test1.txt)
do
        a=$(echo "$i" | cut -d "." -f 1 )
        b=$(echo "$i" | cut -d "." -f 2 )
        c=$(echo "$i" | cut -d "." -f 3 )
        d=$(echo "$i" | cut -d "." -f 4 )
```

```
        #分别把 IP 地址的 4 个数值读入变量 a,b,c,d 中
        if [ "$a" -lt 1 -o "$a" -gt 255 ]
        #如果第一个数值大于 1，或者大于或等于 255
                then
                        continue
                        #则退出本次循环
        fi

        if [ "$b" -lt 0 -o "$b" -gt 255 ]
                then
                        continue
        fi

        if [ "$c" -lt 0 -o "$c" -gt 255 ]
                then
                        continue
        fi

        if [ "$d" -lt 0 -o "$d" -gt 255 ]
                then
                        continue
        fi

        echo "$i" >> /root/sh/ip_valid.txt
         #把合法的 IP 地址写入/root/sh/ip_valid.txt 文件中
done
rm -rf /root/sh/ip_test1.txt
#删除临时文件
```

看到了吗？如果使用语法一，则脚本明显变得更加简单。通过这个例子，我们应该能感觉到语法一和语法二的优缺点。在合适的时候使用合适的循环，会让我们的脚本变得更简单。

现在来说说，用正则表达式难道真不能提取合法的 IP 地址吗？其实是可以的，只是非常麻烦。

看看我们的学员写的提取合法 IP 地址的正则表达式吧：

```
"^(([0-9]\.)|([1-9][0-9]\.)|(1[0-9][0-9]\.)|(2[0-4][0-9]\.)|(25[0-5]\.)){3}(([0-9])|
([1-9][0-9])|(1[0-9][0-9])|(2[0-4][0-9])|(25[0-5]))$"
```

经过测试，这个正则表达式确实可以提取合法的 IP 地址。

3.5.4 while 循环

while 循环和后面要介绍的 until 循环都是不定循环，也称作条件循环，主要是指循环可以

一直进行，直到用户设定的条件达成为止，这就和 for 的固定循环不太一样了。语法如下：

```
while [ 条件判断式 ]
   do
      程序
   done
```

对于 while 循环来说，只要条件判断式成立，循环就会一直进行，直到条件判断式不成立，循环才会停止。我们还是写一个从 1 加到 100 的例子吧，这种例子虽然对系统管理帮助不大，但是对理解循环非常有帮助。

```
例子：从 1 加到 100
#!/bin/bash
#从 1 加到 100
# Author: shenchao (Address: http://www.itxdl.cn/linux/)

i=1
s=0
#给变量 i 和 s 赋值
while [ $i -le 100 ]
#如果变量 i 的值小于或等于 100，则执行循环
      do
            s=$(( $s+$i ))
            i=$(( $i+1 ))
      done
echo "The sum is: $s"
```

解释一下脚本思路：对于 while 循环来说，只要条件判断式成立，循环就会执行。所以，只要变量 i 的值小于或等于 100，循环就会继续。每次循环先给变量 s 加入变量 i 的值，再给变量 i 加 1，直到变量 i 的值大于 100，循环才会停止。然后输出变量 s 的值，也就是从 1 加到 100 的和。

3.5.5 until 循环

再来看看 until 循环，和 while 循环相反，只要条件判断式不成立，则进行循环，并执行循环程序；一旦条件判断式成立，则停止循环。语法如下：

```
until [ 条件判断式 ]
   do
      程序
   done
```

还是写从 1 加到 100 这个例子，注意和 while 循环的区别。

```
例子：从 1 加到 100
[root@localhost ~]# vi sh/until.sh
#!/bin/bash
#从 1 加到 100
# Author: shenchao （Address: http://www.itxdl.cn/linux/）

i=1
s=0
#给变量 i 和 s 赋值
until [ $i -gt 100 ]
#循环，直到变量 i 的值大于 100，就停止循环
        do
                s=$(( $s+$i ))
                i=$(( $i+1 ))
        done
echo "The sum is: $s"
```

解释一下脚本思路：对于 until 循环来说，只要条件判断式不成立，循环就会继续；一旦条件判断式成立，循环就会停止。所以我们判断变量 i 的值是否大于 100，一旦变量 i 的值大于 100，循环就会停止。

3.5.6 函数

对于函数，大家可以当成自定义程序来理解，比如，Linux 系统命令 ls 是列出目录中所有文件的命令，我们只要记住这个命令是干什么的，然后在需要的时候调用即可。但是，如果没有 ls 命令，那么，当我们需要查看某个目录中有哪些文件时，就需要自己来写实现列出目录中所有文件的代码，这当然非常麻烦。函数就是用户自己定义的程序集合，当我们在某个脚本中需要重复使用同一项功能时，就可以先把这项功能定义为一个函数，在每次使用时只要调用此函数即可，可以大大地简化程序代码。函数的语法如下：

```
function 函数名 () {
    程序
}
```

那我们写一个函数吧。还记得从 1 加到 100 这个循环吗？这次我们用函数来实现它，不过不再是从 1 加到 100 了，而让用户自己来决定从 1 加到多少。

```
例子：
[root@localhost ~]# vi sh/function.sh
#!/bin/bash
#接收用户输入的数字，然后从 1 加到这个数字
# Author: shenchao （Address: http://www.itxdl.cn/linux/）
```

```
function sum () {
#定义函数 sum
        s=0
        for (( i=0;i<=$1;i=i+1 ))
         #循环，直到 i 大于$1 为止。$1 是函数 sum 的第一个参数
         #在函数中也可以使用位置参数变量，不过这里的$1 指的是函数的第一个参数
                do
                        s=$(( $i+$s ))
                done
        echo "The sum of 1+2+3...+$1 is :  $s"
         #输出从 1 加到$1 的和
}

read -p "Please input a number: " -t 30 num
#接收用户输入的数字，并把值赋予变量 num
y=$(echo $num | sed 's/[0-9]//g')
#把变量 num 的值替换为空，并赋予变量 y
if [ -z "$y" ]
#判断变量 y 的值是否为空，以确定变量 num 的值是否为数字
        then
         sum $num
             #调用 sum 函数，并把变量 num 的值作为第一个参数传递给 sum 函数
         else
             echo "Error!! Please input a number!"
             #如果变量 num 的值不是数字，则输出报错信息
fi
```

当写好函数之后，只要写入函数名即可调用该函数，非常方便。如果在程序中需要多次调用同一项功能，那么定义函数可以优化程序代码。

函数也有自己的位置参数变量，$0 代表函数名，$1 代表函数的第一个参数，$2 代表函数的第二个参数，以此类推。

3.5.7　特殊的流程控制语句

1. exit 语句

在 Linux 系统中是有 exit 命令的，用于退出当前用户的登录状态。但是，在 Shell 脚本中，exit 语句是用来退出当前脚本的。也就是说，在 Shell 脚本中，只要碰到了 exit 语句，后续的程序就不再执行，而直接退出脚本。exit 语句的语法如下：

```
exit [返回值]
```

如果在 exit 之后定义了返回值，那么这个脚本执行之后的返回值就是我们自己定义的返回值。可以通过查看$?这个变量来查看返回值。如果在 exit 之后没有定义返回值，那么这个脚本执行之后的返回值是执行 exit 语句之前最后执行的一条命令的返回值。写一个有关 exit 语句的例子：

```
[root@localhost ~]# vi sh/exit.sh
#!/bin/bash
#演示 exit 语句的作用
# Author: shenchao （Address: http://www.itxdl.cn/linux/）

read -p "Please input a number: " -t 30 num
#接收用户的输入，并把输入赋予变量 num
y=$(echo $num | sed 's/[0-9]//g')
#如果变量 num 的值是数字，则把变量 num 的值替换为空；否则不替换
#把替换之后的值赋予变量 y
[ -n "$y" ] && echo "Error! Please input a number!" && exit 18
#判断变量 y 的值，如果不为空，则输出报错信息，退出脚本，返回值为 18
echo "The number is: $num"
#如果没有退出脚本，则打印变量 num 中的数字
```

在这个脚本中，大家需要思考，如果输入的不是数字，那么“echo "The number is: $num"”这条命令是否会执行？当然不会。因为如果输入的不是数字，那么“[-n "$y"] && echo "Error! Please input a number!" && exit 18”这条命令就会执行，exit 语句一旦执行，脚本就会停止。运行一下这个脚本：

```
[root@localhost ~]# chmod 755 sh/exit.sh
#给脚本赋予执行权限
[root@localhost ~]# sh/exit.sh                ←执行脚本
Please input a number: test                   ←输入值不是数字，而是 test
Error! Please input a number!                 ←输出报错信息，而不会输出 test
[root@localhost ~]# echo $?                   ←查看一下返回值
18                                            ←返回值居然是 18

[root@localhost ~]# sh/exit.sh
Please input a number: 10                     ←输入数字 10
The number is: 10                             ←输出数字 10
```

2．break 语句

再来看看特殊的流程控制语句 break 的作用。当程序执行到 break 语句时，会结束整个当前循环。而 continue 语句也是结束循环的语句，不过 continue 语句只会结束单次当前循环，而下次循环会继续。我们画一张示意图来解释一下 break 语句，如图 3-1 所示。

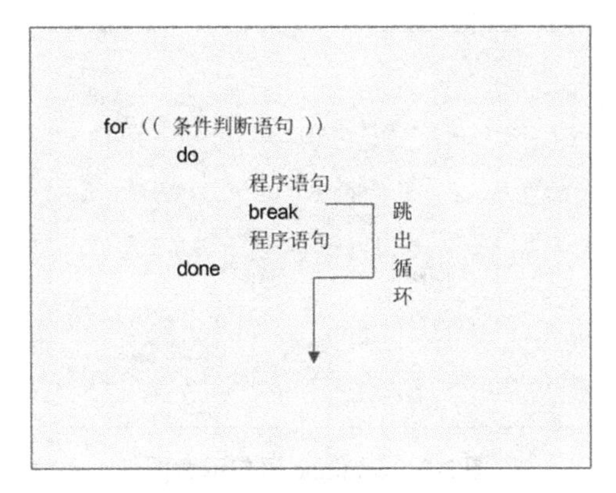

图 3-1　break 语句示意图

举一个例子：

```
[root@localhost ~]# vi sh/break.sh
#!/bin/bash
#演示 break 跳出循环
# Author: shenchao (Address: http://www.itxdl.cn/linux/)

for (( i=1;i<=10;i=i+1 ))
#循环 10 次
    do
        if [ "$i" -eq 4 ]
         #如果变量 i 的值等于 4
            then
            break
              #则跳出整个循环
        fi
        echo $i
         #输出变量 i 的值
    done
```

运行一下这个脚本。因为一旦变量 i 的值等于 4，就会跳出整个循环，所以应该只能循环 3 次。

```
[root@localhost ~]# chmod 755 sh/break.sh
[root@localhost ~]# sh/break.sh
1
2
3
```

3．continue 语句

再来看看 continue 语句，它也是结束循环的语句，但它只会结束单次当前循环。我们也画一张示意图来说明一下 continue 语句，如图 3-2 所示。

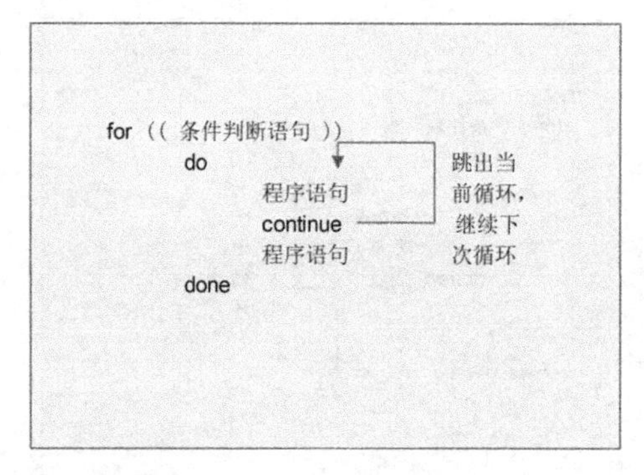

图 3-2　continue 语句示意图

还是用刚刚的脚本，不过跳出循环的语句换成了 continue 语句，看看会发生什么情况。

```
[root@localhost ~]# vi sh/continue.sh
#!/bin/bash
#演示 continue 语句
# Author: shenchao （Address: http://www.itxdl.cn/linux/）

for (( i=1;i<=10;i=i+1 ))
      do
            if [ "$i" -eq 4 ]
                  then
                  continue
                     #跳出循环的语句换成了 continue 语句
            fi
            echo $i
      done
```

运行一下这个脚本：

```
[root@localhost ~]# chmod 755 sh/continue.sh
#赋予脚本执行权限
[root@localhost ~]# sh/continue.sh
1
2
3
5                                          ←少了 4 这个输出
6
7
8
9
10
```

continue 语句只会退出单次当前循环，并不会影响后续的循环，所以只会缺少 4 这个输出。

本章小结

本章重点

- 正则表达式。
- 字符截取命令。
- test 测试命令。
- 流程控制语句。

本章难点

- 正则表达式的理解。
- awk 命令的使用。
- sed 命令的使用。
- 流程控制语句。

测试题

操作题

1．请写一个正则表达式，匹配任意邮箱地址。

2．请写一个脚本，让这个脚本自动 ping 指定的 IP 地址（把 IP 地址保存到指定的文件中），并统计包的丢包率。

3．请写一个脚本，让这个脚本可以按照指定的 IP 地址（把 IP 地址保存到指定的文件中）重启服务器。

第4章

庖丁解牛，悬丝诊脉：Linux启动管理

学前导读

Linux 系统的启动是不需要人为参与和控制的，只要按下电源，系统就会按照设定好的方式进行启动。不过，了解系统的启动有助于我们在系统出现问题时能够快速地修复 Linux 系统。

在 CentOS 7.x 中，系统启动过程对比 CentOS 6.x 系统启动过程变化较大，在 CentOS 7.x 中使用 systemd 启动服务取代了 CentOS 6.x 中的 Upstart 启动服务。systemd 已经使所有的程序并行启动，如果碰到依赖程序，那么被依赖的程序会发送成功运行的欺骗信号，实际上自己依然在启动过程中；而 Upstart 是半并行启动方式，程序并行启动，但如果有依赖关系，那么依然是线性启动。这导致 CentOS 7.x 比旧系统的启动速度更快。

同时 systemd 取代了 init 作为 Linux 系统启动的第一个程序，服务也都被 systemd 接管，服务的管理也和 CentOS 6.x 产生了巨大的不同。

笔者在这里解释一下，因为我们都是先接触旧版本的系统，再学习和使用新版本的系统的，所以在版本更新的时候，难免会进行新旧版本的对比讲解，这样可以让老手学员快速上手；如果你是新手学员，从来没有接触过旧版的 Linux 系统，那么你只要开始新的学习即可，没必要去理解新旧版本的对比。

本章内容

4.1 CentOS 7.x 系统启动过程详解

CentOS 7.x 系统启动过程发生了较大的变化，在 CentOS 7.x 中使用 systemd 启动服务取代了 CentOS 6.x 中的 Upstart 启动服务。systemd 已经使所有的程序并行启动，如果碰到依赖程序，那么被依赖的程序会发送成功运行的欺骗信号，实际上自己依然在启动过程中；而 Upstart 是半并行启动方式，程序并行启动，但如果有依赖关系，那么依然是线性启动。这导致 CentOS 7.x 比旧系统的启动速度更快。

我们学习 Linux 系统的启动过程，有助于了解 Linux 系统的结构，也对系统的排错有很大的帮助。

4.1.1 CentOS 7.x 基本启动过程

启动过程比较复杂，我们先整理一下基本的启动过程，有一个整体的印象，再进一步说明。

目前 CentOS 7.x 的基本启动过程是这样的：

- 服务器加电，加载 BIOS 信息，BIOS 进行系统检测。依照 BIOS 设定找到第一个可以启动的设备（一般是硬盘）。
- 读取第一个启动设备的 MBR（主引导记录），加载 MBR 中的 Boot Loader（启动引导程序，最为常见的是 grub，在 CentOS 7.x 中最新版本为 grub2）。
- 依据 grub2 的设置加载内核，内核会再进行一遍系统检测。系统一般会采用内核检测硬件的信息，而不一定采用 BIOS 的自检信息。
- 由 grub2 加载 initramfs 虚拟文件系统，在内存中加载虚拟文件系统/boot/initramfs。
- 内核初始化，以加载动态模块的形式加载部分硬件的驱动。并且调用 initrd.target，挂载 /etc/fstab 中的文件系统。这时就可以由虚拟文件系统模拟出的根目录切换回硬盘真实的根目录。
- 内核启动系统的第一个进程，也就是 systemd（由 systemd 取代了之前的 init 进程）。由 systemd 接管启动过程，并行启动后续的程序。
- systemd 开始调用默认单元组（default.target），并按照默认单元组开始运行子单元组。systemd 把所有的启动程序变成了单元（unit），多个单元合成单元组（target）。而且把 CentOS 6.x 以前版本中的运行级别映射成了单元组，这里的默认单元组就可以看成旧版系统中的默认运行级别。按照默认单元组中定义的 target，开始分别加载启动单元组。
  - systemd 调用 sysinit.target 单元组，初始化系统。检测硬件，加载剩余硬件的驱动模块等。
  - systemd 调用 basic.target 单元组，准备操作系统。加载外围硬件的驱动模块，加载防火墙，加载 SELinux 安全上下文等。
  - systemd 调用 multi-user.target 单元组，启动字符界面所需的程序。
  - systemd 调用 multi-user.target 单元组中的/etc/rc.d/rc.local 文件，执行文件中的命令。

- systemd 调用 multi-user.target 单元组中的 getty.target 单元组，初始化本地终端（tty）及登录界面。如果是字符界面启动，则到此启动完成。
- 如果是图形界面启动，那么 systemd 会接着调用 graphical.target 单元组，启动图形界面所需的单元。

简单来看启动过程就是这样的，这里需要注意的是 systemd 的并发启动，也就是所有的程序同时运行。可以通过命令“systemd-analyze plot”来看看并发启动的过程。因为这条命令的输出内容是网页格式的，所以我们把命令的执行结果保存成网页格式。命令如下：

```
[root@localhost ~]# systemd-analyze plot > boot.svg
#把命令的执行结果保存成网页格式
```

然后把 boot.svg 文件导入浏览器中进行查看，结果如图 4-1 所示。

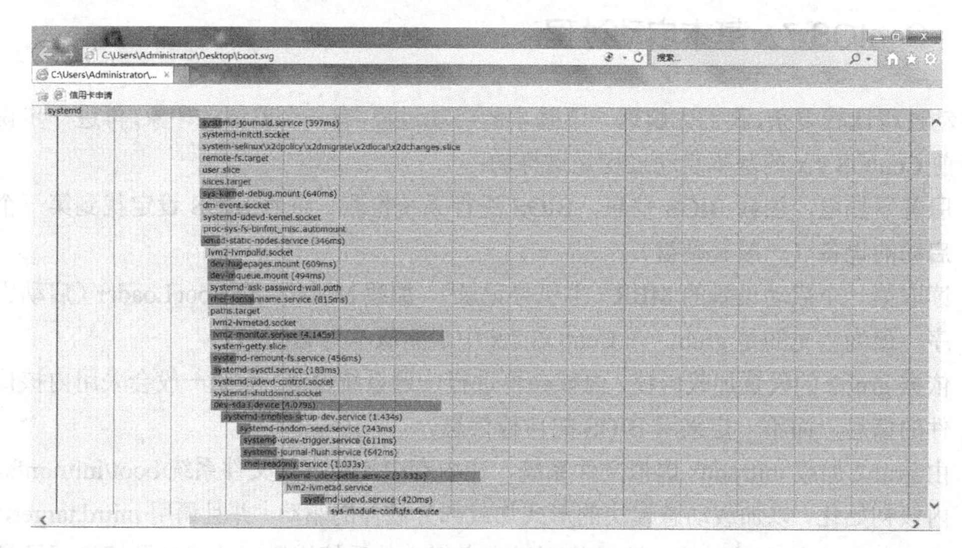

图 4-1　systemd 并发启动

接下来分别介绍每一步启动过程。

4.1.2　BIOS 自检

BIOS（Basic Input Output System，基本输入/输出系统）是固化在主板上一个 ROM（Read-Only Memory，只读存储器）芯片上的程序，主要保存计算机的基本输入/输出信息、系统设置信息、开机自检程序和系统自启动程序，用来为计算机提供最底层和最直接的硬件设置与控制。

BIOS 在系统启动过程中会加载这些主机信息，并完成系统的第一次自检（第二次自检由内核完成），我们把 BIOS 的自检过程称作 POST（Power On Self Test，加电自检）。自检完成之后，开始执行硬件的初始化，之后定义可以启动的设备的顺序，然后从第一个可以启动的设备的 MBR（Main Boot Record，主引导记录）中读取 Boot Loader（启动引导程序）。Linux 系统中最常见的 Boot Loader 就是 grub 程序。

4.1.3　MBR 的结构

MBR 也就是主引导记录，位于硬盘的 0 磁道、0 柱面、1 扇区中，主要记录了启动引导程序和磁盘的分区表。我们通过图 4-2 来看看 MBR 的结构。

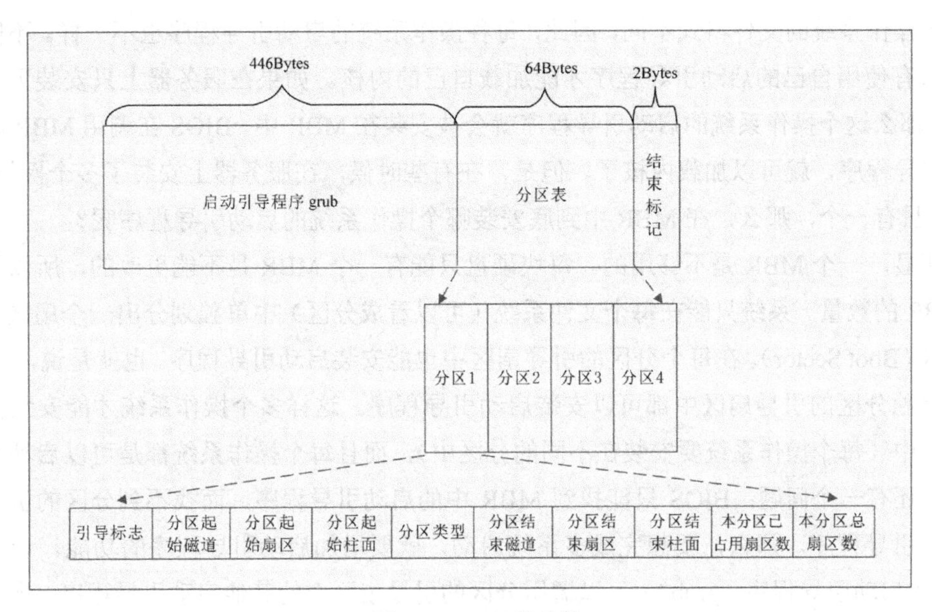

图 4-2　MBR 的结构

MBR 共占用一个扇区，也就是 512 Bytes。其中，446 Bytes 安装启动引导程序，其后 64 Bytes 描述分区表，最后的 2 Bytes 是结束标记。我们已经知道，每块硬盘只能划分 4 个主分区，原因就是在 MBR 中描述分区表的空间只有 64 Bytes。其中每个分区必须占用 16 Bytes，那么 64 Bytes 就只能划分 4 个主分区。每个分区的 16 字节的规划如表 4-1 所示。

表 4-1　分区表内容

存储字节	数据内容及含义
第 1 字节	引导标志
第 2 字节	本分区的起始磁道号
第 3 字节	本分区的起始扇区号
第 4 字节	本分区的起始柱面号
第 5 字节	分区类型，可以识别主分区和扩展分区
第 6 字节	本分区的结束磁道号
第 7 字节	本分区的结束扇区号
第 8 字节	本分区的结束柱面号
第 9～12 字节	本分区之前已经占用的扇区数
第 13～16 字节	本分区的总扇区数

大家注意到了吧，MBR 最主要的功能就是存储启动引导程序。

4.1.4 启动引导程序的作用

BIOS 的作用就是自检，然后从 MBR 中读取出启动引导程序。那么，启动引导程序最主要的作用就是加载操作系统的内核。

每种操作系统的文件格式不同，因此，每种操作系统的启动引导程序也不一样。不同的操作系统只有使用自己的启动引导程序才能加载自己的内核。如果在服务器上只安装了一个操作系统，那么这个操作系统的启动引导程序就会被安装在 MBR 中。BIOS 在调用 MBR 时读取出启动引导程序，就可以加载内核了。但是，在有些时候，在服务器上安装了多个操作系统，而 MBR 只有一个，那么，在 MBR 中到底安装哪个操作系统的启动引导程序呢？

很明显，一个 MBR 是不够用的。每块硬盘只能有一个 MBR 是不能更改的，所以不可能增加 MBR 的数量。系统只能在每个文件系统（可以看成分区）中单独划分出一个扇区，称作引导扇区（Boot Sector）。在每个分区的引导扇区中也能安装启动引导程序。也就是说，在 MBR 和每个单独分区的引导扇区中都可以安装启动引导程序。这样多个操作系统才能安装在同一台服务器中（每个操作系统要安装在不同的分区中），而且每个操作系统都是可以启动的。

但是还有一个问题：BIOS 只能找到 MBR 中的启动引导程序，而找不到分区的引导扇区中的启动引导程序。那么，要想完成多系统启动，就要增加启动引导程序的功能，让安装到 MBR 中的启动引导程序（grub2）可以调用分区的引导扇区中的其他启动引导程序。所以，启动引导程序就拥有了以下功能：

- 加载操作系统的内核。这是启动引导程序最主要的功能。
- 拥有一个可以让用户选择的菜单，来选择到底启动哪个系统。大家如果在服务器上安装过双 Windows 系统，就应该见过类似的选择菜单。不过，这个选择菜单是由 Windows 系统的启动引导程序提供的，而不是由 grub2 提供的。
- 可以调用其他的启动引导程序，这是多系统启动的关键。不过，需要注意的是，Windows 系统的启动引导程序不能调用 Linux 系统的启动引导程序，所以我们一般建议先安装 Windows 系统，后安装 Linux 系统，是为了将 Linux 系统的启动引导程序安装到 MBR 中，覆盖 Windows 系统的启动引导程序。当然，这个安装顺序不是绝对的，就算最后安装了 Windows 系统，也可以通过手工再安装一遍 grub2 的方法，来保证 MBR 中安装的还是 Linux 系统的启动引导程序。
- 加载虚拟文件系统 initramfs。关于这个虚拟文件系统的作用，在下一小节中再进行详述。

我们画一张示意图来看看启动引导程序的功能，如图 4-3 所示。

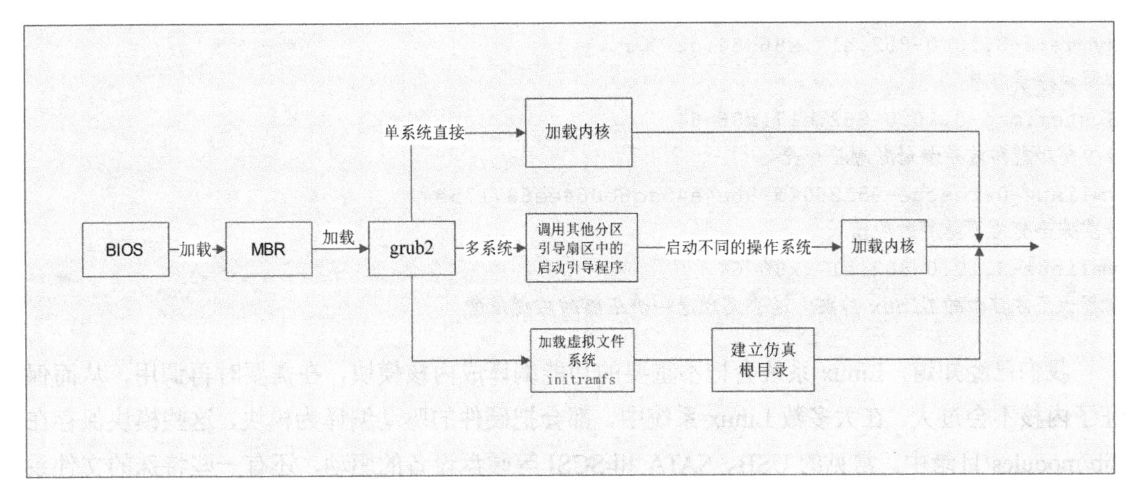

图 4-3　启动引导程序的功能

4.1.5　grub2 加载内核与 initramfs 虚拟文件系统

1．grub2 加载内核

当 grub2 加载内核之后，内核首先会再进行一次系统自检，而不一定使用 BIOS 检测的硬件信息。这时，内核终于开始替代 BIOS 接管 Linux 系统的启动过程了。当内核完成再次系统自检之后，开始采用动态的方式加载每个硬件的模块，这个动态模块可以想象成硬件的驱动（默认 Linux 硬件的驱动是不需要手工安装的，如果是重要的功能，则会被直接编译到内核当中；如果是不重要的功能，比如硬件的驱动，则会被编译为模块，在需要时再由内核调用。不过，如果没有被内核识别的硬件，要想驱动，就需要手工安装这个硬件的模块了。具体的安装方法将在 4.3 节中介绍）。

那么，Linux 系统的内核到底放在哪里了？当然放在/boot 的启动目录中了，我们来看看这个目录下的内容。

```
[root@localhost ~]# ls /boot/
config-3.10.0-862.el7.x86_64
#内核的配置文件，在进行内核编译时选择的功能与模块
efi
#可扩展固件接口，是英特尔为全新 PC 固件的体系结构、接口和服务提出的建议标准
grub
#旧版 grub1 的数据目录，目前不再使用
grub2
#启动引导程序 grub2 的数据目录
initramfs-0-rescue-9512604d996e4e45ad6b064ee687175e.img
#虚拟文件系统，这是在安全模式下使用的
initramfs-3.10.0-862.el7.x86_64.img
#虚拟文件系统，这是在系统启动时使用的
```

```
symvers-3.10.0-862.el7.x86_64.gz
#模块符号信息
System.map-3.10.0-862.el7.x86_64
#内核功能和内存地址的对应列表
vmlinuz-0-rescue-9512604d996e4e45ad6b064ee687175e
#在安全模式下使用的内容
vmlinuz-3.10.0-862.el7.x86_64
#用于正常启动的 Linux 内核。这个文件是一个压缩的内核镜像
```

我们已经知道，Linux 系统会把不重要的功能编译成内核模块，在需要时再调用，从而保证了内核不会过大。在大多数 Linux 系统中，都会把硬件的驱动编译为模块，这些模块保存在/lib/modules/目录中。常见的 USB、SATA 和 SCSI 等硬盘设备的驱动，还有一些特殊的文件系统（如 LVM、RAID 等）的驱动，都是以模块的方式来保存的。

如果 Linux 系统安装在 IDE 硬盘之上，并且采用的是默认的 ext3/4 文件系统，那么内核启动后加载根分区和加载模块都没有什么问题，系统会顺利启动。但是，如果 Linux 系统安装在 SCSI 硬盘之上，或者采用的是 LVM 文件系统，那么内核（内核加载入内存是由启动引导程序 grub2 调用的，grub2 可以识别 SCSI 硬盘与 LVM 文件系统的驱动）在加载根目录之前需要加载 SCSI 硬盘或 LVM 文件系统的驱动。而 SCSI 硬盘和 LVM 文件系统的驱动都是放在硬盘的/lib/modules/目录中的，既然内核没有办法识别 SCSI 硬盘或 LVM 文件系统，那怎么可能读取/lib/modules/目录中的驱动呢？Linux 系统给出的解决办法是使用 initramfs 这个虚拟文件系统来处理这个问题。

2. grub2 加载 initramfs 虚拟文件系统

在 CentOS 7.x 中使用 initramfs 虚拟文件系统取代了旧版本中的 initrd RAM Disk。它们的作用类似，可以通过启动引导程序加载到内存中，然后会解压缩并在内存中仿真成一个根目录，并且这个仿真的文件系统能够提供一个可执行程序，通过该程序来加载启动过程中所需的内核模块，如 USB、SATA、SCSI 硬盘和 LVM、RAID 文件系统的驱动。也就是说，通过 initramfs 虚拟文件系统在内存中模拟出一个根目录，然后在这个虚拟根目录中加载 SCSI 等硬件的驱动，就可以加载真正的系统根目录了，之后才能调用 Linux 系统的第一个进程 systemd。

initramfs 虚拟文件系统主要有以下优点：

- initramfs 虚拟文件系统随着其中数据的增减自动增减容量。
- 在 initramfs 虚拟文件系统和页面缓存之间没有重复数据。
- initramfs 虚拟文件系统重复利用了 Linux caching 的代码，因此几乎没有增加内核尺寸，而 caching 的代码已经经过良好测试，所以 initramfs 虚拟文件系统的代码质量也有保证。
- 不需要额外的文件系统驱动。

其实大家只需要知道，initramfs 虚拟文件系统是为了在内核中建立一个虚拟根目录，这个虚拟根目录是为了可以调用 USB、SATA、SCSI 硬盘和 LVM、RAID 文件系统的驱动，在加载了驱动后才可以加载真正的系统根目录。

3. 内核初始化，并开始加载 initrd.target

之后内核开始在内存中解压初始化，并加载必要的驱动。之后开始执行 initrd.target 单元组，initrd.target 单元组会进行初始化设定，主要进行硬件检测、部分内核功能的启动等。这时系统终于可以从虚拟根目录切换回实际硬盘下的根目录了。我们可以通过示意图 4-4 来表示这个过程。

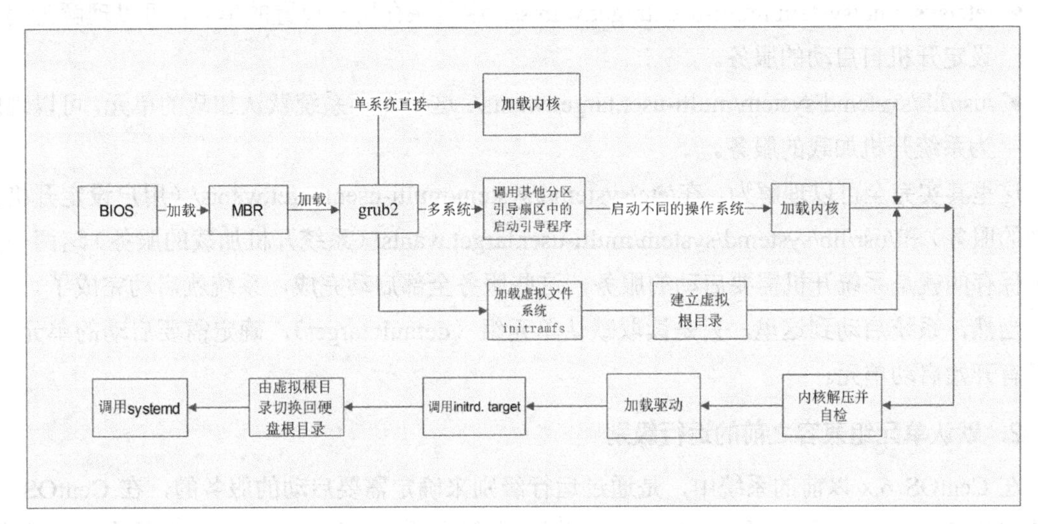

图 4-4　grub2 加载内核和 initramfs 虚拟文件系统

4.1.6　由内核调用第一个进程 systemd，并调用默认单元组

当内核初始化完成之后，开始加载系统的第一个进程 systemd，systemd 的 PID（进程 ID）是 1。systemd 进程类似于之前的 init 进程，是系统启动的第一个进程，后续进程的启动都依赖 systemd 的调用。systemd 的主要功能是初始化系统的基本环境，如设定主机名、定义网络参数、定义语言环境、定义文件系统、启动系统服务等。systemd 首先会调用系统的默认单元组（default.target）。

1. systemd 调用默认单元组（default.target）

从 CentOS 7.x 开始，系统不再使用运行级别（Run Level）的概念，而使用单元组的概念。这里 systemd 开始调用默认单元组（default.target），可以理解为之前的默认运行级别。默认单元组保存在/etc/systemd/system/default.target 文件中，也可以通过以下命令来查看与设定默认单元组。

```
例子 1：查看默认单元组
[root@localhost ~]# systemctl get-default
multi-user.target
#当前默认单元组是 multi-user.target，也就是字符界面
```

```
例子 2：修改默认单元组
[root@localhost ~]# systemctl set-default graphical.target
#将默认单元组修改为graphical.target，也就是图形界面（注意：需要安装图形界面）
```

笔者使用的操作系统没有安装图形界面，所以默认单元组是 multi-user.target，也就是字符界面。确定了默认单元组，就需要加载此单元组中的单元了。单元放在如下位置。

- /etc/systemd/system/multi-user.target.wants/：这里保存用户设置的单元，可以理解为用户设定开机自启动的服务。
- /usr/lib/systemd/system/multi-user.target.wants/：这里保存系统默认加载的单元，可以理解为系统开机加载的服务。

这里其实完全可以理解为，在/etc/systemd/system/multi-user.target.wants/（用户设定开机自启动的服务）和/usr/lib/systemd/system/multi-user.target.wants/（系统开机加载的服务）这两个目录中保存的就是系统开机需要启动的服务，这些服务全部启动完成，系统就启动完成了。

当然，系统启动到这里，只是读取默认单元组（default.target），确定需要启动的单元组，还没有开始启动单元。

2．默认单元组兼容之前的运行级别

在 CentOS 6.x 以前的系统中，是通过运行级别来确定需要启动的服务的，在 CentOS 7.x 中被默认单元组取代了。为了兼容之前版本的运行级别，系统通过一系列的软链接来进行兼容，我们查看一下，命令如下：

```
[root@localhost ~]# ll /usr/lib/systemd/system/runlevel*.target
lrwxrwxrwx. 1 root root 15 10月 24 2018 /usr/lib/systemd/system/runlevel0.target
-> poweroff.target
lrwxrwxrwx. 1 root root 13 10月 24 2018 /usr/lib/systemd/system/runlevel1.target
-> rescue.target
lrwxrwxrwx. 1 root root 17 10月 24 2018 /usr/lib/systemd/system/runlevel2.target
-> multi-user.target
lrwxrwxrwx. 1 root root 17 10月 24 2018 /usr/lib/systemd/system/runlevel3.target
-> multi-user.target
lrwxrwxrwx. 1 root root 17 10月 24 2018 /usr/lib/systemd/system/runlevel4.target
-> multi-user.target
lrwxrwxrwx. 1 root root 16 10月 24 2018 /usr/lib/systemd/system/runlevel5.target
-> graphical.target
lrwxrwxrwx. 1 root root 13 10月 24 2018 /usr/lib/systemd/system/runlevel6.target
-> reboot.target
```

在 CentOS 6.x 以前的系统中，是通过“init 运行级别”命令来进行运行级别切换的，例如，init 0 表示关机，init 6 表示重启。现在，这些命令都需要通过 systemctl 命令来进行调用，具体的对应关系如表 4-2 所示。

表 4-2　单元组与运行级别对应表

运行级别（旧版）	systemd（新版）	含　义
init 0	systemctl poweroff	关机
init 1	systemctl rescue	单用户模式，主要用于系统修复
init 2	systemctl isolate multi-user.target	不完全的命令行模式，不含 NFS 服务
init 3		完全的命令行模式，就是标准字符界面
init 4		系统保留
init 5	systemctl isolate graphical.target	图形界面（需要安装）
init 6	systemctl reboot	重启

4.1.7　由 systemd 进程开始并发启动单元组

当定义好默认单元组之后，系统还需要启动一系列的单元组，用于初始化系统，之后才能按照默认单元组加载其中的单元，依次启动服务。这里的启动都是并发式启动，我们来看看主要的启动流程。

1．systemd 调用 sysinit.target 单元组，初始化系统

systemd 首先调用 sysinit.target 单元组来进行系统的初始化。可以通过以下命令来查看 sysinit.target 单元组依赖的服务，通过这些服务可以了解 sysinit.target 单元组具体初始化了哪些服务。

```
[root@localhost ~]# systemctl list-dependencies sysinit.target
sysinit.target
● ├─dev-hugepages.mount
● ├─dev-mqueue.mount
● ├─dmraid-activation.service
● ├─kmod-static-nodes.service
● ├─lvm2-lvmetad.socket
● ├─lvm2-lvmpolld.socket
● ├─lvm2-monitor.service
● ├─plymouth-read-write.service
● ├─plymouth-start.service
● ├─proc-sys-fs-binfmt_misc.automount
● ├─rhel-autorelabel.service
● ├─rhel-domainname.service
● ├─rhel-import-state.service
● ├─rhel-loadmodules.service
● ├─sys-fs-fuse-connections.mount
● ├─sys-kernel-config.mount
● ├─sys-kernel-debug.mount
● ├─systemd-ask-password-console.path
```

```
● ├─systemd-binfmt.service
● ├─systemd-firstboot.service
● ├─systemd-hwdb-update.service
● ├─systemd-journal-catalog-update.service
● ├─systemd-journal-flush.service
● ├─systemd-journald.service
● ├─systemd-machine-id-commit.service
● ├─systemd-modules-load.service
● ├─systemd-random-seed.service
● ├─systemd-sysctl.service
● ├─systemd-tmpfiles-setup-dev.service
● ├─systemd-tmpfiles-setup.service
● ├─systemd-udev-trigger.service
● ├─systemd-udevd.service
● ├─systemd-update-done.service
● ├─systemd-update-utmp.service
● ├─systemd-vconsole-setup.service
● ├─cryptsetup.target
● ├─local-fs.target
● │ ├─-.mount
● │ ├─boot.mount
● │ ├─rhel-readonly.service
● │ └─systemd-remount-fs.service
● └─swap.target
●   └─dev-disk-by\x2duuid-b1257857\x2d4e3c\x2d42b1\x2daf4f\x2d09d7b254feb9.swap
```

可以看到，sysinit.target 单元组主要初始化了以下一些服务：

- 调用了 local-fs.target 单元组，挂载了/etc/fstab 中规定的文件系统。
- 调用了 swap.target 单元组，挂载了/etc/fstab 中规定的交换分区。
- 挂载了特殊的文件系统，主要包括磁盘阵列、iSCSI 网络磁盘、LVM（逻辑卷管理）、内存分页（dev-hugepages.mount）、消息队列（dev-mqueue.mount）等功能。
- 日志式日志文件的加载，主要通过 systemd-journald.service 服务加载。
- 加载额外的内核，加载额外的内核设置参数等。
- 设置终端字体，主要通过 systemd-vconsole-setup.service 服务进行设置。
- 启动动态设备管理器 systemd-udevd.service，主要用于实际设备读/写与设备文件之间的对应。

2. systemd 调用 basic.target 单元组，准备操作系统

当执行完 sysinit.target 单元组之后，systemd 会调用 basic.target 单元组来准备操作系统。basic.target 单元组加载的服务可以通过以下命令进行查看：

```
[root@localhost ~]# systemctl list-dependencies basic.target
```

这个单元组主要的功能如下：

- 加载声音驱动，通过 alsa 服务加载。
- 加载防火墙设置。
- 加载 SELinux，增加安全组件。
- 将启动产生的日志写入/var/log/dmesg 中。
- 加载管理员指定的模块。

通过 sysinit.target 与 basic.target 两个单元组的加载，系统的基本功能已经启动完毕，这时就需要启动对应的默认单元组（在这里是 multi-user.target）里的各种服务了。

3．systemd 调用 multi-user.target 单元组，启动字符界面所需的程序

在讲解默认单元组的时候介绍过，一旦默认单元组被确定，就需要到以下两个目录中加载启动的服务。

- /etc/systemd/system/multi-user.target.wants/：这里保存用户设置的单元，可以理解为用户设定开机自启动的服务。
- /usr/lib/systemd/system/multi-user.target.wants/：这里保存系统默认加载的单元，可以理解为系统开机加载的服务。

这两个目录中所定义的服务都会并发启动，这是 systemd 多任务启动的体现。当这些服务都启动完成之后，Linux 系统就基本启动完成了。

注意：这里设定的服务都是系统开机之后自动启动的服务，笔者也把这种系统开机之后自动启动服务的方法叫作“服务的自启动”。我们会在后续的章节中再来详细探讨服务的启动与自启动方法。

4．systemd 调用 multi-user.target 单元组中的/etc/rc.d/rc.local 文件

在 CentOS 6.x 以前的系统中，系统在启动完成之后会调用/etc/rc.d/rc.local 文件中的可执行命令，让这些命令在开机之后自动运行，这也是在旧版系统中让服务开机自启动的一种方法。

在 CentOS 7.x 中，标准自启动服务的方法是通过 systemctl 命令来进行服务管理（在第 5 章中再详细介绍）。也就是先把服务的启动脚本放入/etc/systemd/system/multi-user.target.wants/目录中，然后通过“systemctl enable 服务名”的方式来自动启动服务。

那么，在 CentOS 7.x 中，/etc/rc.d/rc.local 文件还可以使用吗？答案是肯定的。这是为了让老管理员可以更顺利地使用新系统。

不过，在默认情况下，因为/etc/rc.d/rc.local 文件是没有执行权限的，所以这个文件是不生效的。在 CentOS 7.x 中，调用/etc/rc.d/rc.local 文件需要依赖 rc-local.service 服务，我们查看一下该服务的状态。命令如下：

```
[root@localhost ~]# systemctl status rc-local.service
● rc-local.service - /etc/rc.d/rc.local Compatibility
   Loaded: loaded (/usr/lib/systemd/system/rc-local.service; static; vendor
preset: disabled)
```

```
  Active: inactive (dead)
#服务处于未激活状态

[root@localhost ~]# systemctl list-dependencies multi-user.target | grep rc-local
#在 multi-user.target 字符界面单元组中，也找不到这个服务
```

如果需要让/etc/rc.d/rc.local 文件生效，则只需给这个文件赋予执行权限即可，而不需要手工再把 rc-local.service 服务设置为启动与自启动，系统会自动调用这个文件。在重启系统（/etc/rc.d/rc.local 文件是在系统启动时才加载的，为了查看这个文件是否会自动加载，因而重启系统）之后，再查看一下 rc-local.service 服务的状态。命令如下：

```
[root@localhost ~]# chmod 755 /etc/rc.d/rc.local
#给文件赋予执行权限
[root@localhost ~]# reboot
#重启系统

[root@localhost ~]# systemctl status rc-local.service
● rc-local.service - /etc/rc.d/rc.local Compatibility
 Loaded: loaded (/usr/lib/systemd/system/rc-local.service; static; vendor preset: disabled)
  Active: active (exited) since 一 2019-06-24 19:26:06 CST; 27s ago
 Process: 904 ExecStart=/etc/rc.d/rc.local start (code=exited, status=0/SUCCESS)
#在重启系统后，rc-local.service 服务已经启动

[root@localhost ~]# systemctl list-dependencies multi-user.target | grep rc-local
● ├─rc-local.service
# 在 multi-user.target 字符界面单元组中，rc-local.service 服务也已经启动
```

也就是说，只要给/etc/rc.d/rc.local 文件赋予执行权限，这个文件就会生效。把命令写入这个文件中，系统在启动时就会执行了。

5. systemd 调用 multi-user.target 单元组中的 getty.target 单元组

接下来会调用 getty.target 单元组，启动本地登录终端。默认可以启动 6 个本地字符终端，也就是 tty1～tty6，这时用户就可以登录了，字符界面的启动过程就结束了。我们通过图 4-5 来看看这个过程。

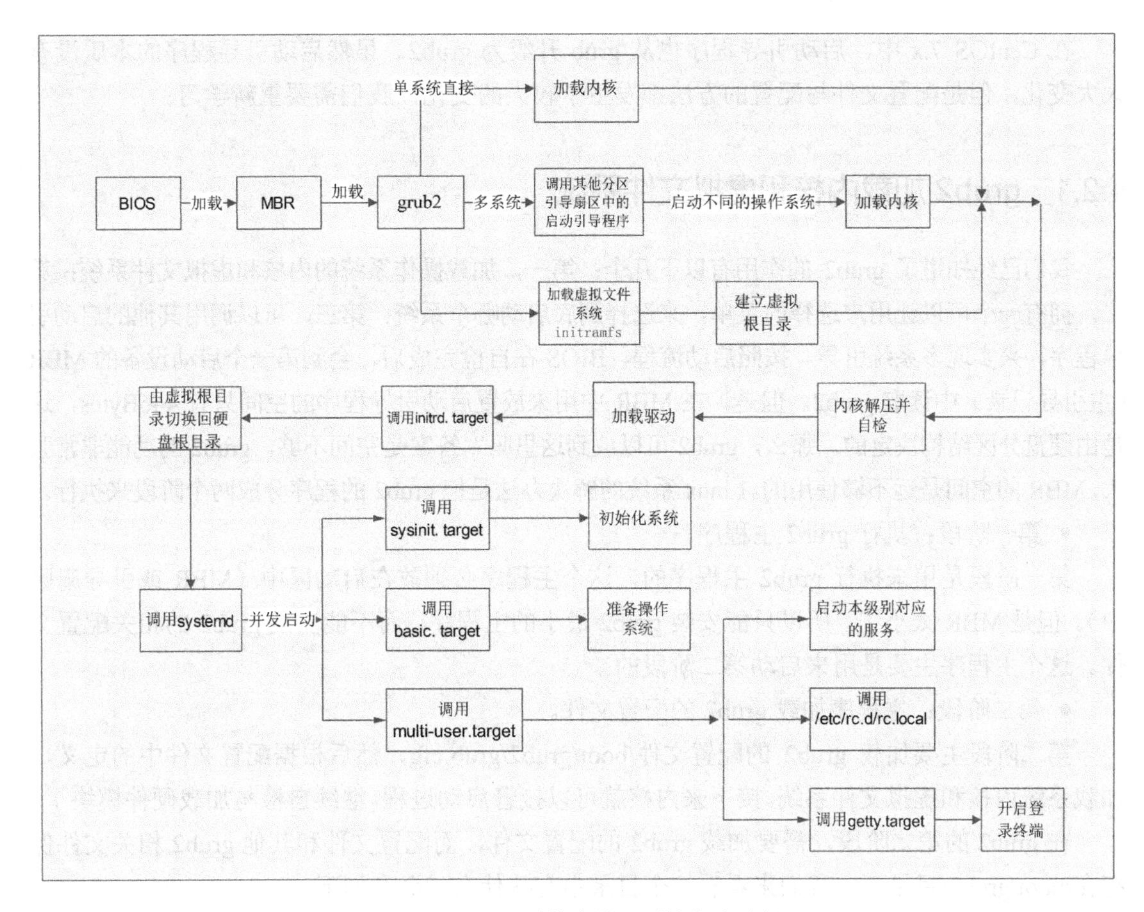

图 4-5　Linux 系统字符界面的启动过程

如果启动字符界面的 Linux 系统，那么启动过程到这里就结束了。如果需要启动图形界面的 Linux 系统，则需要加载 graphical.target 单元组，启动图形界面对应的服务。

这里还需要注意一下，默认的字符终端是 tty1～tty6，共 6 个，可以通过/etc/systemd/logind.conf 文件中的“NAutoVTs=6”选项来修改终端个数。

CentOS 7.x 的启动过程还是比较复杂的，而且和 CentOS 6.x 的启动过程相比变化比较大。作为初学者，学习启动过程会对 Linux 系统的结构有更好的理解，但是并不需要彻底掌握，了解一下即可。

4.2　启动引导程序（Boot Loader）

在刚刚的启动过程中，启动引导程序（Boot Loader，也就是 grub2）会在启动过程中加载内核，之后内核才能取代 BIOS 接管启动过程。如果没有启动引导程序，那么内核是不能被加载的。接下来看看启动引导程序加载内核的过程，当然 initramfs 这个虚拟文件系统也是要靠启动引导程序调用的。

在 CentOS 7.x 中，启动引导程序也从 grub 升级为 grub2。虽然启动引导程序的本质没有太大变化，但是配置文件与配置的方法都发生了较大的变化，我们需要重新学习。

4.2.1 grub2 加载内核和虚拟文件系统

我们已经知道了 grub2 的作用有以下几个：第一，加载操作系统的内核和虚拟文件系统；第二，拥有一个可以让用户选择的菜单，来选择到底启动哪个系统；第三，可以调用其他的启动引导程序，来实现多系统引导。按照启动流程，BIOS 在自检完成后，会到第一个启动设备的 MBR（主引导记录）中读取 grub2。但是，在 MBR 中用来放置启动引导程序的空间只有 446Bytes，这是由硬盘分区结构决定的。那么，grub2 可以放到这里吗？答案是空间不够。grub2 的功能非常强大，MBR 的空间是远不够使用的。Linux 系统的解决办法是把 grub2 的程序分成两个阶段来执行。

- 第一阶段：执行 grub2 主程序。

第一阶段是用来执行 grub2 主程序的，这个主程序必须放在启动区中（MBR 或引导扇区中）。但是 MBR 太小了，所以只能安装 grub2 最小的主程序，而不能安装 grub2 的相关配置文件。这个主程序主要是用来启动第二阶段的。

- 第二阶段：主程序加载 grub2 的配置文件。

第二阶段主要加载 grub2 的配置文件/boot/grub2/grub.cfg，然后根据配置文件中的定义，加载系统内核和虚拟文件系统。接下来内核就可以接管启动过程，继续自检与加载硬件模块了。

在 grub2 的第二阶段，需要加载 grub2 的配置文件，而配置文件和其他 grub2 相关文件保存在/boot/grub2/目录下，我们来看看这个目录中有些什么。命令如下：

```
[root@localhost ~]# ll /boot/grub2/
总用量 32
-rw-r--r--. 1 root root   84 10 月 24 2018 device.map
#grub2 中硬盘的设备文件名与系统的设备文件名的对应
drwxr-xr-x. 2 root root   25 10 月 24 2018 fonts
#在启动过程中会用到的字体文件
-rw-r--r--. 1 root root 4425 6 月  25 18:16 grub.cfg
#grub2 的配置文件
-rw-r--r--. 1 root root 1024 10 月 24 2018 grubenv
#环境变量
drwxr-xr-x. 2 root root 8192 10 月 24 2018 i386-pc
#x86 系统需要的 grub2 相关模块（驱动）
drwxr-xr-x. 2 root root 4096 10 月 24 2018 locale
#语系相关文件
```

4.2.2 grub2 的配置文件

1. 在 grub2 中分区的表示方法

我们已经知道，Linux 系统分区的设备文件名的命名是有严格规范的，类似于/dev/sda1 代表第一块 SCSI 硬盘的第一个主分区。在 grub2 中，分区也有自己独立的命名方式，并不和系统分区的设备文件名一致。而且 grub2 中分区的命名方式也和 grub 中分区的命名方式稍有不同，采用类似于(hd0,msdos1)这种方式，我们来解释一下。

- hd 代表硬盘。不再区分是 SCSI 接口硬盘，还是 IDE 接口硬盘，都用 hd 代表。
- 第一个 0 代表 Linux 系统查找到的第一块硬盘，第二块硬盘为 1，以此类推。
- msdos 代表分区表为传统的 MBR 分区表。如果是 GTP 分区表，则写为(hd0,gpt1)。
- msdos1 中这个 1 代表系统的第一个分区，第二个分区为 2，以此类推。

这里注意硬盘的代号是以 0 代表第一块硬盘的，而分区是以 1 代表第一个分区的。我们通过表 4-3 来说明一下 Linux 系统对分区的描述和 grub 中对硬盘的描述。

表 4-3　分区表示

硬　盘	分　区	Linux 系统中的设备文件名	grub 中的设备文件名
第一块 SCSI 硬盘（modos）	第一个主分区	/dev/sda1	hd0,msdos1
	第二个主分区	/dev/sda2	hd0,msdos2
	扩展分区	/dev/sda3	hd0,msdos3
	第一个逻辑分区	/dev/sda5	hd0,msdos5
第二块 SCSI 硬盘（gpt）	第一个分区	/dev/sdb1	hd1,gpt1
	第二个分区	/dev/sdb2	hd1,gpt2
	第三个分区	/dev/sdb3	hd1,gpt3
	第四个分区	/dev/sdb4	hd1,gpt4

这里要注意，如果是 GPT 分区表，则分区不再区分主分区、扩展分区和逻辑分区，所有的分区都是主分区，默认支持128个主分区。在Linux系统中，分区的设备文件名就会按照/dev/sdb1、/dev/sdb2……依次排列；而在 grub2 中，分区代号也会按照 gpt1、gpt2……依次排列。

另外，grub2 中的分区表示方式只在 grub2 的配置文件中生效。一旦离开了 grub2 的配置文件，就要使用 Linux 系统中的设备文件名来表示分区。

2. grub2 的配置文件内容

grub2 的配置文件是/boot/grub2/grub.cfg，这个文件和 grub 的配置文件相比变化巨大，而且语法复杂。如果打开该文件，则会发现文件开头明显写着“# DO NOT EDIT THIS FILE（不要编辑此文件）”这样的官方提示。这是因为这个文件语法复杂，而且不够友好，不建议用户手工编辑修改。我们只需大概了解一下此文件的结构，方便理解以后的修改即可。文件内容如下：

```
[root@localhost ~]# vi /boot/grub2/grub.cfg
#
# DO NOT EDIT THIS FILE
#
# It is automatically generated by grub2-mkconfig using templates
# from /etc/grub.d and settings from /etc/default/grub
#
```

```
### BEGIN /etc/grub.d/00_header ###
#以下都是默认值设置与基本环境设置
…省略部分内容…

if [ "${next_entry}" ] ; then
   set default="${next_entry}"
   set next_entry=
   save_env next_entry
   set boot_once=true
else
   set default="${saved_entry}"
fi
#set default 用于指定默认启动项

…省略部分内容…

if [ x$feature_timeout_style = xy ] ; then
  set timeout_style=countdown
  set timeout=5
# Fallback hidden-timeout code in case the timeout_style feature is
# unavailable.
elif sleep --interruptible 5 ; then
  set timeout=0
fi
#set timeout 用于指定默认等待时间
…省略部分内容…

### BEGIN /etc/grub.d/10_linux ###
menuentry 'CentOS Linux (3.10.0-862.el7.x86_64) 7 (Core)' --class centos --
class \
gnu-linux --class gnu --class os --unrestricted $menuentry_id_option \
 'gnulinux-3.10.0-862.el7.x86_64-advanced-7d37d4fa-3e3c-48a5-87cc-
2a34e0aac2a8' {
    load_video
    set gfxpayload=keep
    insmod gzio
    insmod part_msdos
    insmod xfs
    #加载要读取内核文件所需的磁盘、分区、文件系统、解压缩等的驱动程序
    set root='hd0,msdos1'
    #设置 grub 所在的分区，就是第一块硬盘的第一个分区
    if [ x$feature_platform_search_hint = xy ]; then
      search  --no-floppy  --fs-uuid  --set=root  --hint-bios=hd0,msdos1 --hint-
efi=hd0,msdos1  --hint-baremetal=ahci0,msdos1  --hint='hd0,msdos1'   8a3294a1-
```

```
2931-4d3c-a0d2-a63e55196dfd
    else
      search --no-floppy --fs-uuid --set=root 8a3294a1-2931-4d3c-a0d2-a63e55196dfd
    fi
    linux16  /vmlinuz-3.10.0-862.el7.x86_64  root=UUID=7d37d4fa-3e3c-48a5-87cc-
2a34e0aac2a8 ro crashkernel=auto rhgb quiet
    #内核所在位置。这里的/vmlinuz-3.10.0-862.el7.x86_64 就是/boot/vmlinuz-3.10.0-
862.el7.x86_64
    #grub2 已经通过设置 set root 指定了第一块硬盘的第一个分区（/boot）是主分区
    initrd16 /initramfs-3.10.0-862.el7.x86_64.img
    #设定虚拟文件系统的位置，同样在/boot 下
}
#每个menuentry 代表一个可选启动项，第一个menuentry 代表标准启动

menuentry 'CentOS Linux (0-rescue-9512604d996e4e45ad6b064ee687175e) 7 (Core)' --
class centos --class gnu-linux --class gnu --class os --unrestricted $menuentry_id_
option 'gnulinux-0-rescue-9512604d996e4e45ad6b064ee687175e-advanced-7d37d4fa-3e3c-
48a5-87cc-2a34e0aac2a8' {
    load_video
    insmod gzio
    insmod part_msdos
    insmod xfs
    set root='hd0,msdos1'
    if [ x$feature_platform_search_hint = xy ]; then
      search --no-floppy --fs-uuid --set=root --hint-bios=hd0,msdos1 --hint-
efi=hd0,msdos1 --hint-baremetal=ahci0,msdos1 --hint='hd0,msdos1'  8a3294a1-
2931-4d3c-a0d2-a63e55196dfd
    else
      search   --no-floppy   --fs-uuid   --set=root   8a3294a1-2931-4d3c-a0d2-
a63e55196dfd
    fi
    linux16 /vmlinuz-0-rescue-9512604d996e4e45ad6b064ee687175e root=UUID=
7d37d4fa-3e3c-48a5-87cc-2a34e0aac2a8 ro crashkernel=auto rhgb quiet
    initrd16 /initramfs-0-rescue-9512604d996e4e45ad6b064ee687175e.img
}
#第二个menuentry 代表Linux rescue 安全修复模式

…省略部分内容…
```

既然不建议直接修改配置文件/boot/grub2/grub.cfg，那么，要想修改 grub2 的启动配置该怎么办？官方的建议是修改/etc/default/grub 文件与/etc/grub.d/目录下的相关子文件，之后执行 grub2-mkconfig 命令再生成/boot/grub2/grub.cfg 配置文件，这样修改会简单明了很多。也就是说，我们需要学习的是/etc/default/grub 文件与/etc/grub.d/目录下相关子文件的使用方法。

3．/etc/default/grub 配置文件

既然要通过/etc/default/grub 文件来配置 grub2，那么我们需要详细学习这个文件。先来看看这个文件的内容，如下：

```
[root@localhost ~]# vi /etc/default/grub
GRUB_TIMEOUT=5
GRUB_DISTRIBUTOR="$(sed 's, release .*$,,g' /etc/system-release)"
GRUB_DEFAULT=saved
GRUB_DISABLE_SUBMENU=true
GRUB_TERMINAL_OUTPUT="console"
GRUB_CMDLINE_LINUX="crashkernel=auto rhgb quiet"
GRUB_DISABLE_RECOVERY="true"
```

这是/etc/default/grub 文件的默认值，我们分别来看看它们的作用。

- GRUB_TIMEOUT：设置进入默认启动项的倒数秒数。想要倒数多少秒，直接设置数字即可。如果设置为 0，则代表不等待，直接进入默认启动项；如果设置为-1，则代表一直等待，直到用户选择为止。
- GRUB_DISTRIBUTOR：这个选项的内容"$(sed 's, release .*$,,g' /etc/system-release)"是一条 Linux 命令，这条命令的执行结果会导入启动项中。那么，这条命令到底是干什么的？我们执行一下试试：

```
[root@localhost ~]# sed 's, release .*$,,g' /etc/system-release
CentOS Linux
#只是提取了文件中发行版“CentOS Linux”的字样，然后显示在启动项中
```

- GRUB_DEFAULT：设置默认启动项。既可以设置为数字，如 0 代表默认启动第一个操作系统，1 代表默认启动第二个操作系统，以此类推；也可以使用分区 ID 作为默认启动项，当然需要给每个分区指定 ID。这里在配置文件中写的是“saved”，代表使用 grub2-set-default 命令设定的默认启动项，这个命令的值一般是 0，也就是默认启动第一个操作系统。
- GRUB_DISABLE_SUBMENU：隐藏子选项，一般使用默认值 true，隐藏起来就可以了。
- GRUB_TERMINAL_OUTPUT：选择数据输出终端格式，一般使用“console”终端输出即可。
- GRUB_CMDLINE_LINUX：在加载内核时，向内核传递的参数。这些参数不需要手工修改，了解即可。
  - crashkernel=auto：自动为 crashkernel 预留内存。
  - rhgb（redhat graphics boot）：用图片来代替启动过程中的文字信息。在启动完成之后，可以使用 dmesg 命令来查看这些文字信息。
  - quiet：隐藏启动信息，只显示重要信息。
- GRUB_DISABLE_RECOVERY：是否显示修复模式选项，“true”表示禁用，“false”表示启用。

- GRUB_TIMEOUT_STYLE：这个选项默认不存在，如果需要使用，则需要手工添加。这个选项的作用是设置是否隐藏启动项。默认值是“menu”，代表不隐藏启动项；如果设置为“countdown”，则代表隐藏启动项，只显示时间倒数；如果设置为“hidden”，则代表隐藏启动项，连时间倒数也不显示。

这些默认选项是可以修改的，要注意的是，在修改之后需要使用 grub2-mkconfig 命令来更新真正的配置文件/boot/grub2/grub.cfg，这样才能生效。举一个例子，修改一下 GRUB_DISABLE_RECOVERY 选项，看看修复模式长什么样子。命令如下：

```
[root@localhost ~]# vi /etc/default/grub
GRUB_DISABLE_RECOVERY="false"
#把值从“true”改为“false”，开启修复模式

[root@localhost ~]# grub2-mkconfig -o /boot/grub2/grub.cfg
#更新/boot/grub2/grub.cfg 配置文件
```

修改完成，重启系统，可以看到如图 4-6 所示的结果

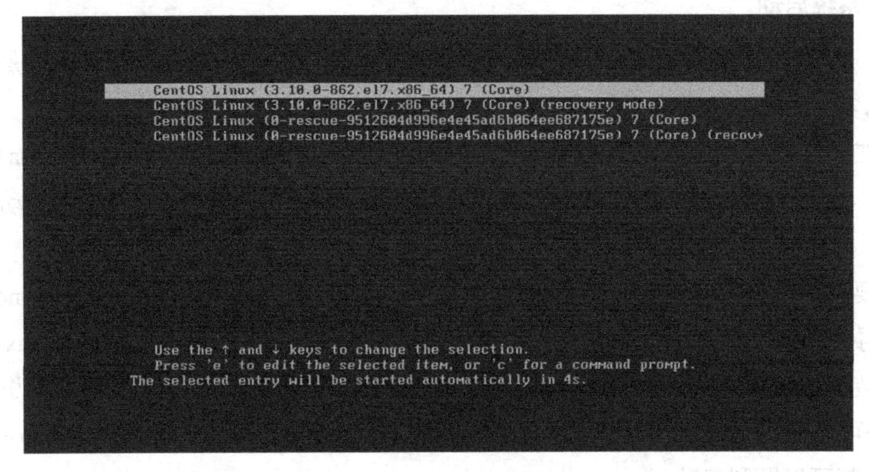

图 4-6　显示 grub2 修复模式

可以看到，在 grub2 的启动项中多出了两个“recovery mode”选项。

4．/etc/grub.d/目录

在执行 grub2-mkconfig 命令生成/boot/grub2/grub.cfg 配置文件的时候，也会读取/etc/grub.d/目录下所有的可执行文件。这些文件都是以数字开头的，数字越小越优先执行。此外，这个目录下的文件必须拥有执行权限，才能被 grub2-mkconfig 命令执行，并把配置合并到/boot/grub2/grub.cfg 配置文件中。此目录下的文件如下：

```
[root@localhost ~]# ls /etc/grub.d/
00_header  01_users  20_linux_xen     30_os-prober  41_custom
00_tuned   10_linux  20_ppc_terminfo  40_custom     README
```

在此目录中也可以由用户手工建立文件，只要符合格式并拥有执行权限，也能在启动时生效。该目录中主要文件的作用如下。

- 00_header：配置初始的显示项目，如默认选项、屏幕终端格式、倒数秒数、选项是否隐藏等。在/etc/default/grub 配置文件中设置的内容都会导入这个文件中，再由这个文件生成/boot/grub2/grub.cfg 配置文件。
- 01_users：如果需要使用 grub2 的加密功能，则可以把加密的用户名和密码信息写入这个文件中。
- 10_linux：配置与内核相关的系统模块与参数，包括系统头、内核等信息，不要随便修改。
- 30_os-prober：用于在系统上寻找可能含有的操作系统，然后生成该系统的启动项。
- 40_custom：如果用户有修改启动项的需求，则可以写入此文件中。

这些文件主要用于定义/boot/grub2/grub.cfg 配置文件中加载的模块、定义的选项、终端的格式等参数，一般不需要用户手工修改。如果用户有修改启动项的需求，则可以写入 40_custom 文件中，这个文件是预留给用户修改启动项的。

5. 多系统启动

grub2 还有一个功能，就是可以把系统启动权交给另一个启动引导程序，也就是可以通过 grub2 启动多个系统，这是多系统并存的根本。

假设在计算机上安装了两个操作系统：一个是 Linux 系统，启动分区是/dev/sda1；另一个是 Windows 系统，启动分区是/dev/sda2。我们看看 grub2 应该如何设置，才能正常启动 Windows 系统。

不过要注意，一般建议先安装 Windows 系统，后安装 Linux 系统。原因是 Windows 系统的启动引导程序无法把启动过程转交到 Linux 系统的 grub 中，自然就不能启动 Linux 系统了。如果后安装 Linux 系统，就会把 grub 安装到 MBR 中，覆盖 Windows 系统的启动引导程序。而 grub 是可以把启动过程转交到 Windows 系统的启动引导程序中的，所以 Windows 系统和 Linux 系统都可以顺利启动。

```
[root@localhost ~]# vi /etc/grub.d/40_custom
#通过修改 40_custom 文件加入特殊的启动项，不要直接修改/boot/grub2/grub.cfg 配置文件
menuentry 'windows' {
    insmod chain                      ←加载启动引导程序跳转模块
    insmod ntfs                       ←加载 Windows 文件系统模块
    set root ='hd0,msdos2'            ←指定 Windows 系统的启动分区
    chainloader +1                    ←把启动过程交给此分区的第一个扇区
}

[root@localhost ~]# grub2-mkconfig -o /boot/grub2/grub.cfg
#更新 grub2 的配置文件
```

关于双系统并存，笔者还想多解释一句：在生产环境下，很难想象在一台服务器上既安装

Linux 系统又安装 Windows 系统这样的情况，不仅没有必要，还浪费资源。所以，双系统并存常见于实验环境中。随着虚拟机的功能越来越完善，双系统并存的情况也越来越少见了。

4.2.3　手工安装 grub2

在 CentOS 7.x 中，grub2 的安装命令已经变成了 grub2-install，如果系统的 grub2 出现问题，就需要使用这个命令重新安装。先来看看这个命令的格式：

```
[root@localhost ~]# grub2-install [选项] 硬盘或分区
选项：
    --boot-directory=DIR:    指定 grub2 的实际安装目录
```

要想正确地重新安装 grub2，需要进入光盘修复模式。而目前我们还不知道如何进入光盘修复模式，所以手工安装 grub2 的实验将放在 4.3.3 节中进行介绍。

4.2.4　grub2 加密

在系统启动的时候，可以在倒数秒数的界面中，通过按“e”键进入编辑模式，修改系统的启动项，如图 4-7 所示。

图 4-7　grub2 菜单界面

在编辑模式下，用户可以修改内核的启动项，既能进入单用户模式，也能修改 root 的密码。但这些操作都比较危险，是否可以给 grub2 设置一个密码，保护 grub2 的编辑模式呢？当然是可以的，我们来看看具体怎么操作。

给 grub2 设置密码有两种方式：一种方式是设置明文密码，优点是比较简单，缺点是不够安全；另一种方式是设置密文密码，优点是安全，缺点是稍微麻烦一点。我们分别来看看。

1．给 grub2 设置明文密码

密码设置可以直接写入/boot/grub2/grub.cfg 配置文件中，但是我们并不推荐直接修改配置文件。这里建议先写入/etc/grub.d/01_users 文件中，然后由此文件最终生成/boot/grub2/grub.cfg 配置文件。

```
[root@localhost ~]# vi /etc/grub.d/01_users
cat << eof
set superusers="sc"                        ←设定用户名为 sc
password sc 123                            ←设定密码为 123
eof
#这里需要注意，此文件是可执行文件，需要通过 cat 命令输入设置才能生效
[root@localhost ~]# grub2-mkconfig -o /boot/grub2/grub.cfg
#生成 grub2 的配置文件
```

这里需要注意，/etc/grub.d/01_users 是可执行文件，最终要导入 grub2 的配置文件中才能生效，所以设置密码的命令需要通过 cat 命令+输入重定向的方法写入才能生效；sc 用户只是 grub2 的用户，并不是 Linux 系统的用户，也不需要在 Linux 系统中添加这个用户。

我们重新启动系统来测试一下，如图 4-8 所示。

图 4-8　grub2 加密

可以看到，在按“e”键之后，没有直接进入 gurb2 的编辑模式，而要求输入用户名和密码，表示明文加密成功了。

如果要使用明文加密，则一定要注意，对于/etc/grub.d/01_users 和/boot/grub2/grub.cfg 文件，除 root 用户以外，其他用户没有读写权限，否则是非常不安全的。

2．给 grub2 设置密文密码

grub2 的明文加密虽然简单，但是有安全隐患，应该避免使用。何况密文加密其实并没有比明文加密复杂多少，我们还是推荐使用密文加密。

```
[root@localhost ~]# grub2-mkpasswd-pbkdf2
输入口令：
Reenter password:
#输入两次密码
```

```
PBKDF2 hash of your password is grub.pbkdf2.sha512.10000.2E04DF2D7BA92F91C494CB
0A7CAB2E637249B669B27B81F78942FBFCB1ED5D246BCBB658B3CB68E737B513E9105264ED29C
63B05B0F1AB3DCA4AD37DA637FB12.F1750B995483D85093FE0A831D7D9726D8C601E28F18451
4EACF9ED401217304317D3618F1802ABDAB06877927F2C3BEF7D547F971AE3E1768B31526A307
5629
#生成密码串，加粗部分是密码，复制下来
[root@localhost ~]# vi /etc/grub.d/01_users
cat << eof
set superusers="sc"
password_pbkdf2 sc grub.pbkdf2.sha512.10000.2E04DF2D7BA92F91C494CB0A7CAB2E637249B
669B27B81F78942FBFCB1ED5D246BCBB658B3CB68E737B513E9105264ED29C63B05B0F1AB3DCA
4AD37DA637FB12.F1750B995483D85093FE0A831D7D9726D8C601E28F184514EACF9ED4012173
04317D3618F1802ABDAB06877927F2C3BEF7D547F971AE3E1768B31526A3075629
eof
#密文密码的写法和明文密码的写法一致，只需把密码换成密文
[root@localhost ~]# grub2-mkconfig -o /boot/grub2/grub.cfg
#不要忘记重新生成 grub2 的配置文件
```

4.3　系统修复模式

在操作系统的使用过程中，因为人为的误操作，或者系统非正常关机，都有可能造成系统错误，从而导致系统不能正常启动。Linux 系统为此准备了完善的修复手段。本节主要学习如何进入单用户模式，如何破解 root 密码，以及如何进入光盘修复模式。

4.3.1　单用户模式

Linux 系统的单用户模式有些类似于 Windows 系统的安全模式，只启动最少的程序用于系统修复。在单用户模式（运行级别为 1）中，Linux 引导进入根 Shell，网络被禁用，只有少数进程会运行。单用户模式可以用来修复文件系统损坏、还原配置文件、移动用户数据等。

之前单用户模式的主要用途就是进行系统的简单修改，如遗忘密码之后的密码破解。但是，现在要想在启动时进入单用户模式，必须输入密码（之前的版本不需要），这样一来，单用户模式就不能用于破解系统密码，作用大幅下降。

如何进入单用户模式？肯定不是在系统中执行 systemctl rescue 命令，因为系统修复的原因一定是出现问题，无法正常进入系统。所以需要重新启动系统，在 grub2 的读秒界面（见图 4-7）中按“e”键进入编辑模式，如图 4-9 所示。

```
setparams 'CentOS Linux (3.10.0-862.el7.x86_64) 7 (Core)'

        load_video
        set gfxpayload=keep
        insmod gzio
        insmod part_msdos
        insmod xfs
        set root='hd0,msdos1'
        if [ x$feature_platform_search_hint = xy ]; then
          search --no-floppy --fs-uuid --set=root --hint-bios=hd0,msdos1 --hin\
t-efi=hd0,msdos1 --hint-baremetal=ahci0,msdos1 --hint='hd0,msdos1'  8a3294a1-2\
931-4d3c-a0d2-a63e55196dfd
        else
          search --no-floppy --fs-uuid --set=root 8a3294a1-2931-4d3c-a0d2-a63e\
55196dfd

      Press Ctrl-x to start, Ctrl-c for a command prompt or Escape to
      discard edits and return to the menu. Pressing Tab lists
      possible completions.
```

图 4-9 grub2 编辑界面

在实际界面中并没有这根横线，笔者加入横线的目的是区分 grub2 编辑界面的两部分：上半部分是 grub2 配置文件中启动生效的参数，也就是需要修改的部分；下半部分是界面操作的快捷键提醒，如 Ctrl+X 组合键用于启动。

向下移动光标，找到以“linux16”开头的行（内核参数行），在行尾加入“systemd.unit=rescue.target”这句话，注意前面要有空格，如图 4-10 所示。

```
        insmod part_msdos
        insmod xfs
        set root='hd0,msdos1'
        if [ x$feature_platform_search_hint = xy ]; then
          search --no-floppy --fs-uuid --set=root --hint-bios=hd0,msdos1 --hin\
t-efi=hd0,msdos1 --hint-baremetal=ahci0,msdos1 --hint='hd0,msdos1'  8a3294a1-2\
931-4d3c-a0d2-a63e55196dfd
        else
          search --no-floppy --fs-uuid --set=root 8a3294a1-2931-4d3c-a0d2-a63e\
55196dfd
        fi
        linux16 /vmlinuz-3.10.0-862.el7.x86_64 root=UUID=2d3744fa-3e3c-48a5-82\
cc-2a34e0aac2a8 ro crashkernel=auto rhgb quiet systemd.unit=rescue.target_
        initrd16 /initramfs-3.10.0-862.el7.x86_64.img

      Press Ctrl-x to start, Ctrl-c for a command prompt or Escape to
      discard edits and return to the menu. Pressing Tab lists
      possible completions.
```

图 4-10 修改内核启动参数

修改之后，按 Ctrl+X 组合键来继续启动。不要直接重启系统，因为这种修改是临时生效的，重启系统后，修改内容会消失。登录后的界面如图 4-11 所示。

```
Welcome to emergency mode! After logging in, type "journalctl -xb" to view
system logs, "systemctl reboot" to reboot, "systemctl default" or ^D to
boot into default mode.
Give root password for maintenance
(■ ■ Control-D ■ ■ ■ )■
[root@localhost ~]# _
```

图 4-11 进入单用户模式

在箭头位置需要输入 root 用户的密码，才能进入单用户模式。之前单用户模式主要是用于破解 root 密码的，现在明显不能用于破解 root 密码了。如果需要破解 root 密码，那该怎么办？

4.3.2　破解 root 密码

在 CentOS 7.x 中，破解 root 密码有两种常用的方法，原理类似，下面分别介绍。

1．第一种方法

在系统启动时，按“e”键进入 grub2 的编辑模式，找到以“linux16”开头的行，把启动权限从“ro”改为“rw”，这样就不需要在破解时重新以“rw”权限挂载分区了。然后在行尾加入“init=/sysroot/bin/bash”，如图 4-12 所示。这样，在系统启动之后，会提供一个 Bash 操作界面，不需要输入密码而拥有 root 权限，接下来就可以重新设置 root 密码了。

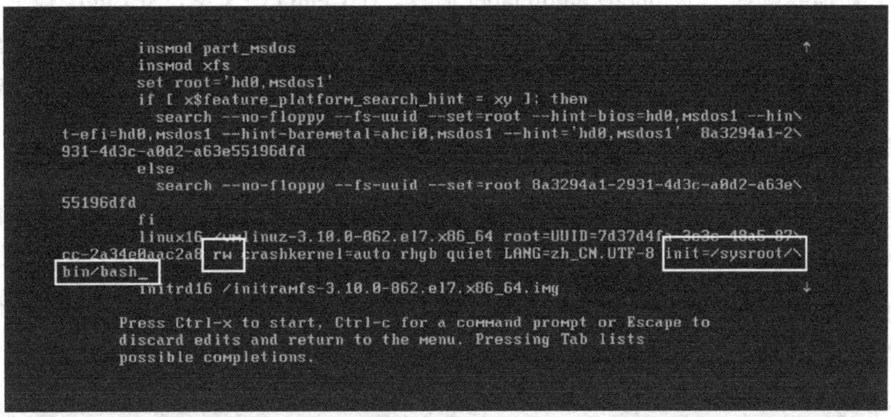

```
        insmod part_msdos
        insmod xfs
        set root='hd0,msdos1'
        if [ x$feature_platform_search_hint = xy ]; then
          search --no-floppy --fs-uuid --set=root --hint-bios=hd0,msdos1 --hin\
t-efi=hd0,msdos1 --hint-baremetal=ahci0,msdos1 --hint='hd0,msdos1'  8a3294a1-2\
931-4d3c-a0d2-a63e55196dfd
        else
          search --no-floppy --fs-uuid --set=root 8a3294a1-2931-4d3c-a0d2-a63e\
55196dfd
        fi
        linux16 /vmlinuz-3.10.0-862.el7.x86_64 root=UUID=7d37d4fa-3e3e-48a5-87\
cc-2a34e0aac2a8 rw crashkernel=auto rhgb quiet LANG=zh_CN.UTF-8 init=/sysroot/\
bin/bash_
        initrd16 /initramfs-3.10.0-862.el7.x86_64.img

      Press Ctrl-x to start, Ctrl-c for a command prompt or Escape to
      discard edits and return to the menu. Pressing Tab lists
      possible completions.
```

图 4-12　启动时直接调用 Bash 操作界面

接下来按 Ctrl+X 组合键继续启动 Linux 系统。这时不需要输入密码，就会直接进入 Linux 系统，并得到 root 权限，如图 4-13 所示。

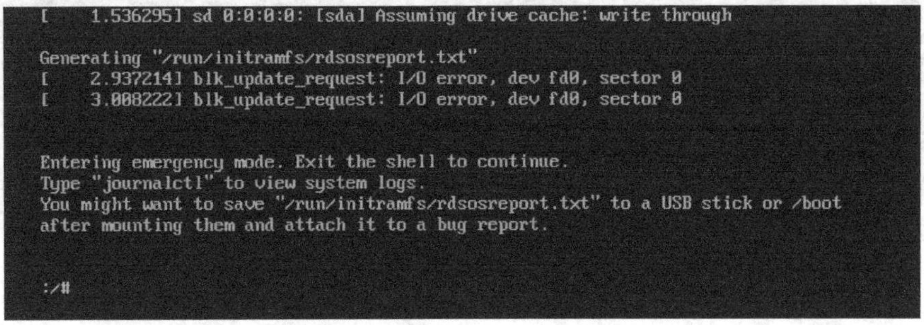

```
[    1.536295] sd 0:0:0:0: [sda] Assuming drive cache: write through

Generating "/run/initramfs/rdsosreport.txt"
[    2.937214] blk_update_request: I/O error, dev fd0, sector 0
[    3.008222] blk_update_request: I/O error, dev fd0, sector 0


Entering emergency mode. Exit the shell to continue.
Type "journalctl" to view system logs.
You might want to save "/run/initramfs/rdsosreport.txt" to a USB stick or /boot
after mounting them and attach it to a bug report.


:/#
```

图 4-13　直接进入 Linux 系统

可以看到，我们已经进入了 Linux 系统，但是提示符非常别扭。这是因为定义提示符的环境变量没有被正确加载，但是这并不影响系统命令的执行。接下来需要执行以下命令：

```
:/# chroot /sysroot/
#因为系统根目录挂载在/sysroot/目录下，所以需要通过 chroot 命令来切换系统根目录
:/# passwd
```

```
#设置新的 root 密码
:/# touch /.autorelabel
#更新/.autorelabel 文件，以便在系统启动时自动更新 SELinux 安全上下文
:/# reboot
#重启系统之后，就可以使用新密码登录了
```

需要解释一下 chroot 命令。chroot 命令的作用是改变系统根目录，也就是可以把根目录暂时移动到某个目录当中。因为我们是通过 init=/sysroot/bin/bash 直接获取 Bash 进入系统的，所以现在所在的根目录并不是真正的系统根目录，而是一个虚拟根目录，真正的系统根目录被当作外来设备放在/sysroot/目录中，需要通过 chroot 命令来进行切换。

此外，还需要解释一下 touch /.autorelabel 命令。在 CentOS 7.x 中，SELinux 被更全面地应用，而我们的修改密码操作会修改/etc/shadow 文件，这时需要更新 SELinux，否则系统将会产生无法登录的错误。touch /.autorelabel 命令会让 SELinux 在启动的时候，重新扫描系统文件。

2．第二种方法

同样需要重启系统，按“e”键进入 grub2 的编辑模式，找到以“linux16”开头的行，在行尾加入“rd.break”，如图 4-14 所示。笔者在这里还把“LANG=zh_CN.UTF-8”改为“LANG=en_US.FTF-8”，这是因为 Linux 纯字符界面不支持中文显示，需要把字符编码改为英文，否则会出现乱码（这一步不是必需的）。

```
        insmod part_msdos
        insmod xfs
        set root='hd0,msdos1'
        if [ x$feature_platform_search_hint = xy ]; then
          search --no-floppy --fs-uuid --set=root --hint-bios=hd0,msdos1 --hin\
t-efi=hd0,msdos1 --hint-baremetal=ahci0,msdos1 --hint='hd0,msdos1'  8a3294a1-2\
931-4d3c-a0d2-a63e55196dfd
        else
          search --no-floppy --fs-uuid --set=root 8a3294a1-2931-4d3c-a0d2-a63e\
55196dfd
        fi
        linux16 /vmlinuz-3.10.0-862.el7.x86_64 root=UUID=7d37d4fa-3e3c-48a5-87\
cc-2a34e0aac2a8 ro crashkernel=auto rhgb quiet LANG=en_US.UTF-8 rd.break_
        initrd16 /initramfs-3.10.0-862.el7.x86_64.img

      Press Ctrl-x to start, Ctrl-c for a command prompt or Escape to
      discard edits and return to the menu. Pressing Tab lists
      possible completions.
```

图 4-14　修改为 rd.break 模式

接下来按 Ctrl+X 组合键继续启动 Linux 系统，这时不需要输入密码，就会直接进入 Linux 系统，并得到 root 权限，如图 4-15 所示。

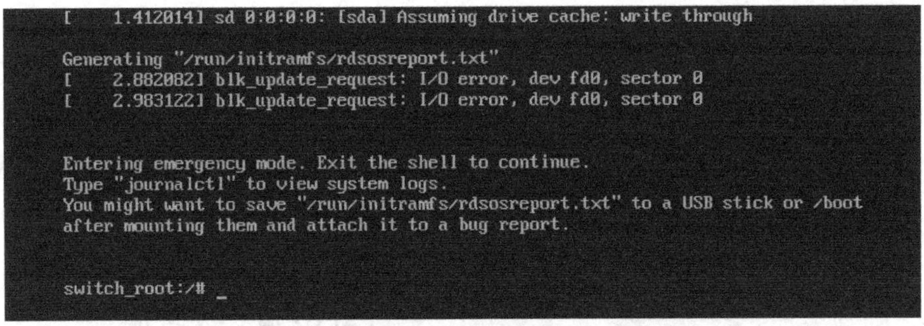

```
[    1.412014] sd 0:0:0:0: [sda] Assuming drive cache: write through

Generating "/run/initramfs/rdsosreport.txt"
[    2.882082] blk_update_request: I/O error, dev fd0, sector 0
[    2.983122] blk_update_request: I/O error, dev fd0, sector 0


Entering emergency mode. Exit the shell to continue.
Type "journalctl" to view system logs.
You might want to save "/run/initramfs/rdsosreport.txt" to a USB stick or /boot
after mounting them and attach it to a bug report.


switch_root:/# _
```

图 4-15　通过 rd.break 模式直接进入 Linux 系统

然后就可以执行以下命令：

```
switch_root:/# mount -o remount,rw /sysroot/
#以读写权限重新挂载/sysroot 目录。因为第一种方法在启动时就修改了“rw”权限，所以没有重新挂载
switch_root:/# chroot /sysroot/
#把/sysroot/目录重新挂载为根目录
sh-4.2# passwd
#更新 root 密码
sh-4.2# touch /.autorelabel
#更新/.autorelabel 文件，以便在系统启动时自动更新 SELinux 安全上下文
sh-4.2# exit
#退出 chroot 环境
switch_root:/# reboot
#重启系统，使用新 root 密码登录
```

这两种方法都可以破解 root 密码，虽然原理不同，但是作用与操作方法类似，掌握其中一种方法即可。

4.3.3　光盘修复模式

如果系统错误已经导致无法进入单用户模式，那么是否需要重新安装 Linux 系统？不用着急，为了应对单用户模式也无法修复的错误，Linux 系统提供了光盘修复模式。

光盘修复模式的原理是不再使用硬盘中的文件系统启动 Linux，而使用光盘中的文件系统启动 Linux。这样，就算硬盘中的 Linux 系统已经不能登录了（单用户也不能登录），光盘修复模式还是可以使用的。当然，光盘修复模式也不是万能的，如果出现连光盘修复模式都无法修复的错误，那么只能重新安装 Linux 系统了。

1. 进入光盘修复模式

首先准备一张安装 CentOS 7.x 系统的光盘，然后重启系统进入 BIOS 设置界面，选择使用光驱优先启动，如图 4-16 所示。

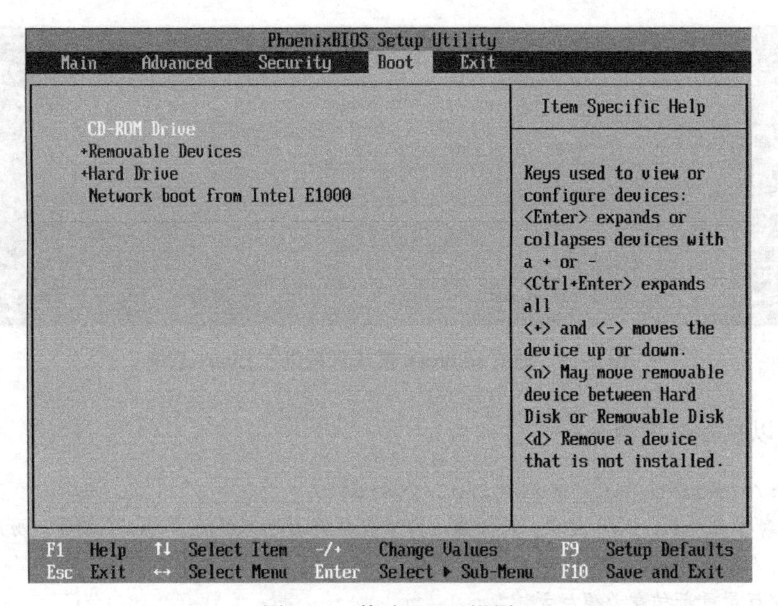

图 4-16　修改 BIOS 设置

在 BIOS 界面中，通过“+”键，把光盘变为第一优先级启动，然后保存退出。在系统重启之后，会进入光盘启动界面，如图 4-17 所示。

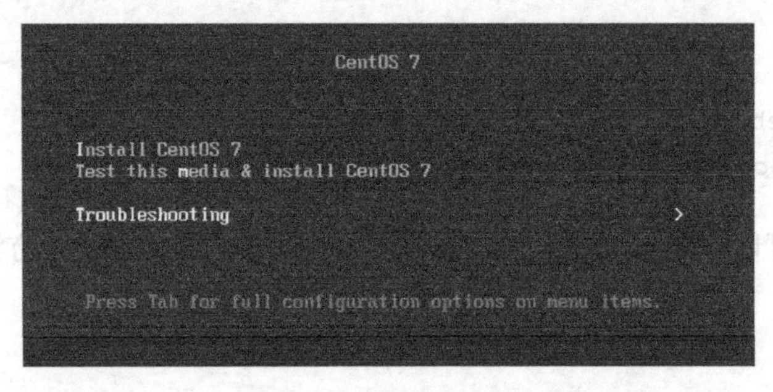

图 4-17　光盘启动界面

我们在安装 CentOS 7.x 的时候见过这个界面，不过在这里需要选择“Troubleshooting（故障排除）”选项，进入之后会看到故障排除界面，如图 4-18 所示。

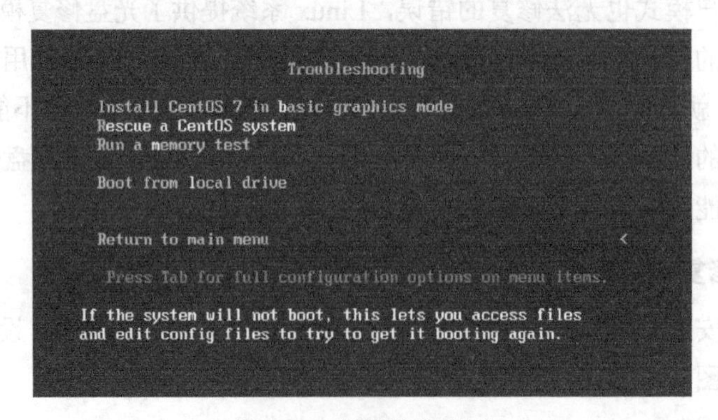

图 4-18　故障排除界面

选择“Rescue a CentOS system”，进入安全模式选择界面，如图 4-19 所示。

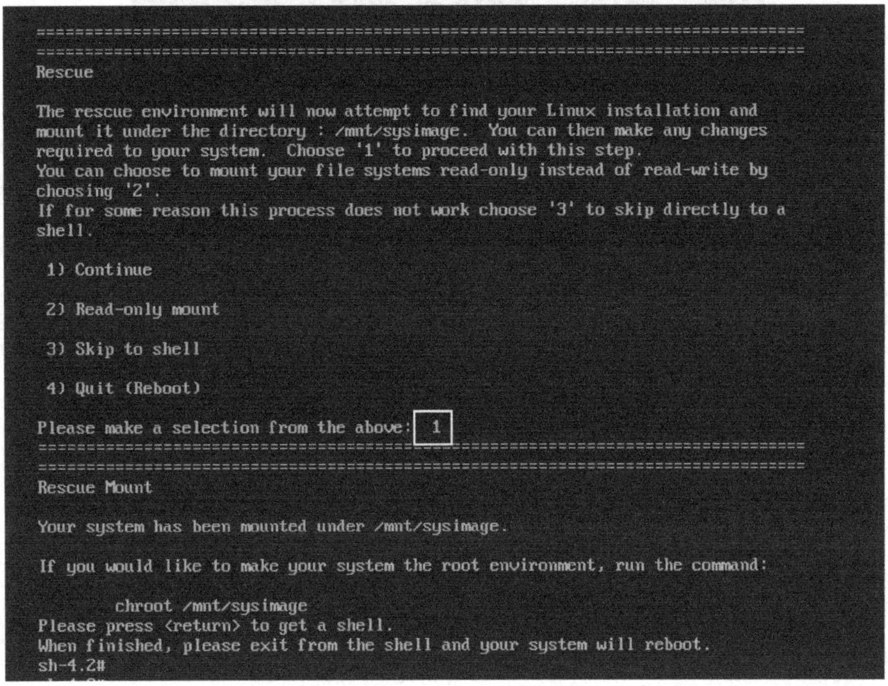

```
================================================================================
================================================================================
Rescue

The rescue environment will now attempt to find your Linux installation and
mount it under the directory : /mnt/sysimage.  You can then make any changes
required to your system.  Choose '1' to proceed with this step.
You can choose to mount your file systems read-only instead of read-write by
choosing '2'.
If for some reason this process does not work choose '3' to skip directly to a
shell.

 1) Continue

 2) Read-only mount

 3) Skip to shell

 4) Quit (Reboot)

Please make a selection from the above: 1
================================================================================
================================================================================
Rescue Mount

Your system has been mounted under /mnt/sysimage.

If you would like to make your system the root environment, run the command:

        chroot /mnt/sysimage
Please press <return> to get a shell.
When finished, please exit from the shell and your system will reboot.
sh-4.2#
```

图 4-19　安全模式选择界面

在这里需要进行安全模式的选择，选择“1”也就是“Continue”继续进入光盘修复模式，然后会看到提示符“sh-4.2#”，表明系统已经进入光盘修复模式。

不过，现在使用的是光盘模拟的根目录，并不是真正的系统根目录，真正的系统根目录被当成外来设备放在/mnt/sysimage/目录中。这时就需要使用 chroot 命令把现在所在的根目录改为真正的系统根目录。命令如下：

```
sh-4.2# chroot /mnt/sysimage
```

在执行完 chroot 命令之后，就从光盘模拟的根目录切换到了真正的系统根目录。

2. 重新安装 grub2

在之前学习重新安装 grub2 的时候，只讲了命令，并没有进行实验，那是因为重新安装 grub2 需要进入光盘修复模式。我们现在来做一下这个实验。

```
[root@localhost ~]# rm -rf /boot/grub2/
#删除/boot/grub2/目录，模拟 grub2 数据丢失
```

在这里只删除了/boot/grub2/目录，如果想把整个分区删除，则记得备份除/boot/grub2/目录之外的其他数据。因为 grub2 的重新安装只能安装 grub2 的相关数据，而不能安装其他内容，像内核与虚拟文件系统等都需要手工备份与恢复。

这时，如果重启系统，则会报错，如图 4-20 所示。

```
error: file '/grub2/i386-pc/normal.mod' not found.
Entering rescue mode...
grub rescue> _
```

图 4-20　系统启动失败

既然 grub2 已经被删除了，当然会启动失败了。解决办法是进入光盘修复模式来进行修复。只需在光盘修复模式下执行如图 4-21 所示的命令重新安装 grub2 即可。

```
sh-4.2# chroot /mnt/sysimage/
bash-4.2#
bash-4.2# grub2-install --boot-directory=/boot /dev/sda
Installing for i386-pc platform.
Installation finished. No error reported.
bash-4.2#
bash-4.2# grub2-mkconfig -o /boot/grub2/grub.cfg
Generating grub configuration file ...
Found linux image: /boot/vmlinuz-3.10.0-862.el7.x86_64
Found initrd image: /boot/initramfs-3.10.0-862.el7.x86_64.img
Found linux image: /boot/vmlinuz-0-rescue-9512604d996e4e45ad6b064ee687175e
Found initrd image: /boot/initramfs-0-rescue-9512604d996e4e45ad6b064ee687175e.img
done
```

图 4-21　重新安装 grub2

下面分别解释一下这里执行的命令。

```
sh-4.2# chroot /mnt/sysimage
#从光盘模拟的根目录切换到真正的系统根目录
bash-4.2# grub2-install --boot-directory=/boot /dev/sda
#重新安装 grub2，指定安装位置
bash-4.2# grub2-mkconfig -o /boot/grub2/grub.cfg
#重新生成 grub.cfg 配置文件
```

需要注意的是，在执行 grub2-install 命令重新安装 grub2 的时候，是不会建立 grub.cfg 配置文件的，需要利用 grub2-mkconfig 命令手工生成，否则系统是无法正常启动的。

当 grub2 安装完成之后，需要退出根目录，并重启系统。

```
bash-4.2# exit
#退出/mnt/sysimage 目录
sh-4.2# reboot
#重启系统
```

当系统重启之后，会自动重启两次，用于 grub2 的重新构建。注意要改回使用硬盘启动，不要一直使用光盘启动。

4.4　内核模块管理

我们已经知道，Linux 系统的内核会在启动过程中自动检验和加载硬件与文件系统的驱动。

Linux 系统的内核加载驱动的过程一般分以下几种情况：

- 第一种，Linux 系统的内核会把少数重要的驱动直接写入内核中，方便在启动的时候调用。这种驱动一般是 Linux 系统启动所必需的底层驱动，而且数量不会太多，否则 Linux 系统的内核会过大，进而影响系统性能（之所以嵌入式开发需要大量的内核裁剪，是因为 Linux 系统的内核自带的驱动一般只适合服务器硬件，对手机来讲，绝大多数是用不到的）。
- 第二种，Linux 系统中绝大多数的驱动会以模块的形式保存在/lib/modules/3.10.0-862.el7.x86_64/kernel/目录下（其中，3.10.0-862.el7.x86_64 是当前内核的版本，版本不同，目录名也会稍有不同）。如果内核需要这种驱动，则可以随时加载调用，虽然没有直接放入内核的驱动加载速度快，但是也不会造成内核过大。
- 第三种，Linux 系统可以识别这种驱动，但认为重要度不高，所以既没有将这种驱动直接写入内核中，也没有将其编译成模块放入硬盘中。如果需要 Linux 系统的内核识别这种驱动，则需要重新编译内核。
- 第四种，Linux 系统不能识别的驱动。这种驱动要想被 Linux 系统识别，需要厂商提供驱动。如果厂商不提供驱动，那么只剩下自己写驱动这一条途径了。

绝大多数的驱动是以模块的形式加载的，也就是第二种情况。使用模块的形式保存驱动，可以不直接把驱动放入内核中，有利于控制内核大小。

模块的全称是动态可加载内核模块，它是具有独立功能的程序，可以被单独编译，但不能独立运行。模块是为内核或其他模块提供功能的代码集合。

4.4.1　内核模块的保存位置与模块保存文件

内核模块的保存位置在哪里？其实在/lib/modules/内核版本/kernel/目录中。在 CentOS 7.x 中，这个目录就是：

```
[root@localhost ~]# cd /lib/modules/3.10.0-862.el7.x86_64/kernel/
```

查看一下目录中的内容，如下：

```
[root@localhost kernel]# ls
arch                          ←与硬件相关的模块
crypto                        ←内核支持的加密技术的相关模块
drivers                       ←硬件的驱动程序模块，如显卡、网卡等
fs                            ←文件系统模块，如 fat、vfat、nfs 等
lib                           ←函数库
net                           ←网络协议相关模块
sound                         ←音效相关模块
```

Linux 系统中所有模块的依赖关系都存放在/lib/modules/3.10.0-862.el7.x86_64/modules.dep

文件中，在安装模块时，依靠这个文件来查找所有的模块，因而不需要指定模块所在位置的绝对路径，而且也要依靠这个文件来解决模块的依赖性。如果这个文件丢失了怎么办？不用担心，使用 depmod 命令会自动扫描系统中已有的模块，并生成 modules.dep 文件。命令格式如下：

```
[root@localhost ~]# depmod [选项]
#如果不加选项，那么 depmod 命令会扫描系统中的内核模块，并写入 modules.dep 文件中
选项：
  -a: 扫描所有模块
  -A: 扫描新模块。只有在有新模块时，才会更新 modules.dep 文件
  -n: 不把扫描结果写入 modules.dep 文件中，而输出到屏幕上
```

删除 modules.dep 文件，看看使用 depmod 命令是否可以重新生成这个文件。命令如下：

```
[root@localhost ~]# cd /lib/modules/3.10.0-862.el7.x86_64/
#进入模块目录
[root@localhost 3.10.0-862.el7.x86_64]# rm -rf modules.dep
#删除 modules.dep 文件
[root@localhost 3.10.0-862.el7.x86_64]# depmod
#重新扫描模块
[root@localhost 3.10.0-862.el7.x86_64]# ll modules.dep
-rw-r--r--. 1 root root 280615 6月  29 19:32 modules.dep
#再查看一下，重新生成了 modules.dep 文件
```

depmod 命令会扫描系统中所有的内核模块，然后把扫描结果放入 modules.dep 文件中。后续的模块安装或删除就依赖这个文件中的内容。也就是说，如果要手工安装一个模块，则需要先把模块复制到指定位置，一般复制到/lib/modules/3.10.0-862.el7.x86_64/kernel/目录中，在使用 depmod 命令扫描之后，才能继续安装。

4.4.2 内核模块的查看

使用 lsmod 命令可以查看系统中到底安装了哪些内核模块。命令如下：

```
[root@localhost ~]# lsmod
Module                  Size  Used by
ip6t_rpfilter          12595  1
ipt_REJECT            12541  2
nf_reject_ipv4         13373  1 ipt_REJECT
ip6t_REJECT            12625  2
nf_reject_ipv6         13717  1 ip6t_REJECT
xt_conntrack           12760  11
…省略部分输出…
```

lsmod 命令的执行结果共有 3 列。

- Module：模块名。
- Size：模块大小。
- Used by：模块是否被其他模块调用。

还可以使用 modinfo 命令来查看这些模块的说明。命令格式如下：

```
[root@localhost ~]# modinfo 模块名

例如：
[root@localhost ~]# modinfo ip6t_rpfilter
filename:       /lib/modules/3.10.0-862.el7.x86_64/kernel/net/ipv6/netfilter/
ip6t_rpfilter.ko.xz
description:    Xtables: IPv6 reverse path filter match
author:         Florian Westphal <fw@strlen.de>
license:        GPL
retpoline:      Y
rhelversion:    7.5
srcversion:     7F2EAB75EFD6D085D98EB70
depends:
intree:         Y
vermagic:       3.10.0-862.el7.x86_64 SMP mod_unload modversions
signer:         CentOS Linux kernel signing key
sig_key:        3A:F3:CE:8A:74:69:6E:F1:BD:0F:37:E5:52:62:7B:71:09:E3:2B:96
sig_hashalgo:   sha256
#能够看到模块名、来源和简易说明
```

4.4.3　内核模块的添加与删除

其实，如果已经将模块下载到本机了，那么安装模块的方法非常简单。首先需要把模块复制到指定位置，一般复制到/lib/modules/3.10.0-862.el7.x86_64/kernel/目录中，模块的扩展名一般是*.ko.xz；然后需要执行 depmod 命令扫描这些新模块，并写入 modules.dep 文件中；最后就可以利用 modprobe 命令安装这些模块了。命令格式如下：

```
[root@localhost ~]# modprobe [选项] 模块名
选项：
    -l：列出所有模块的文件名，依赖 modules.dep 文件
    -f：强制加载模块
    -r：删除模块
```

例如，我们需要安装 vfat 模块（fat32 文件系统的驱动模块），那么只需执行如下命令即可。

```
[root@localhost ~]# lsmod | grep vfat
[root@localhost ~]#
#默认没有安装 vfat 模块
```

```
[root@localhost ~]# modprobe vfat
#安装 vfat 模块
[root@localhost ~]# lsmod | grep vfat
vfat                    8575  0
fat                    47049  1 vfat
#安装之后就可以找到了
```

因为 vfat 模块是系统中的默认模块，所以不需要执行 depmod 命令进行扫描。如果是外来模块，则必须执行 depmod 命令。因为已经把模块的完整文件名写入 modules.dep 文件中，所以安装模块的命令不需要写绝对路径。那么，如何删除这个模块呢？命令如下：

```
[root@localhost ~]# modprobe -r vfat
[root@localhost ~]# lsmod  | grep vfat
#查找为空
```

4.4.4 安装 NTFS 文件系统

UNIX 类操作系统的内核对 NTFS 文件系统（Windows 最新文件系统）的支持不好，包括 Linux 和 Mac OS，在默认情况下是不能识别 NTFS 格式的硬盘的。如果要想识别 NTFS 文件系统的驱动，则有以下 3 种方法。

- 第一种方法是完整地重新编译内核，然后在内核中选择 NTFS 功能。但这种方法过于麻烦，如果只是为了加入对 NTFS 文件系统的支持，则不建议采用这么复杂的方法。
- 第二种方法是先得到 NTFS 文件系统模块（可以到互联网上下载，也可以利用本机的内核部分编译之后产生，不用完整地重新编译内核，要简单和方便得多），然后使用 modprobe 命令安装。
- 第三种方法是安装 NTFS 文件系统的第三方插件，如 NTFS-3G。这种插件安装简单、功能完整。

我们会介绍后两种安装 NTFS 文件系统的方法。大家注意，Linux 系统对 NTFS 文件系统的支持非常不好，就算重新编译内核，加入了 NTFS 文件系统的驱动，Linux 系统对 NTFS 文件系统也只能拥有只读权限，而没有写权限。所以，让 Linux 系统识别 NTFS 文件系统，其实作用并不大，大家了解一下即可。

1. 得到 NTFS 文件系统模块后，手工安装

如果使用这种方法，则首先需要得到 NTFS 文件系统模块，这些模块一般是以*.ko.xz 作为扩展名的。可以直接在互联网上找到 ntfs.ko 的模块文件下载之后安装；也可以先下载完整的内核源码，自己编译生成 ntfs.ko 模块，然后压缩成 ntfs.ko.xz 格式，最后安装。我们采用下载内核源码，自己编译的方法。具体步骤如下。

1）下载内核源码

可以到内核的官方网站 www.kernel.org 上下载和本机安装的内核版本相同的内核源码版本。

本机内核的版本可以使用 uname -r 命令查看。命令如下：

```
[root@localhost ~]# uname -r
3.10.0-862.el7.x86_64
```

这里下载的是 linux-3.10.1.tar.bz2 这个内核源码（内核版本最好一致。如果实在找不到一致的内核版本，则尽量下载版本相近的，否则有可能安装不成功）。我们可能会发现，在内核的官方网站上找到的内核源码的版本可能和本机内核的版本不完全相同，这不会有太大影响，只需找到和本机内核版本差不多的内核源码版本即可。

2）解压内核源码

下载的内核源码是压缩包，需要解压。解压命令如下：

```
[root@localhost ~]# tar -jxvf linux-3.10.1.tar.bz2
[root@localhost ~]# cp -r linux-3.10.1 /usr/src/kernels/
#复制内核源码到默认内核源码保存位置
```

3）生成内核编译所需的.config 配置文件

在进行内核编译时，是需要依赖.config 配置文件来配置内核功能的。这个文件是通过 make menuconfig 命令生成的。不过，在这里不讲解完整的内核编译过程，只是为了生成 ntfs.ko 模块，因而不需要执行复杂的 make menuconfig 命令。我们可以 RPM 包安装内核源码。虽然使用 RPM 包安装的内核源码并不完整（早期 Linux 版本会安装完整的内核源码），但是有.config 配置文件，我们可以直接利用这个配置文件，而不需要使用 make menuconfig 命令自己生成.config 配置文件（在进行真正的内核编译时，是需要使用 make menuconfig 命令来配置自己需要的功能，并生成.config 配置文件的）。命令如下：

```
[root@localhost ~]# mount /dev/cdrom /mnt/cdrom/
[root@localhost ~]# rpm -ivh /mnt/cdrom/Packages/kernel-devel-3.10.0-862.el7.
x86_64.rpm
#使用 RPM 包安装不完整的内核源码
[root@localhost ~]# cp /usr/src/kernels/3.10.0-862.el7.x86_64/.config /usr/src/
 kernels/linux-3.10.1/
#从 RPM 包的内核源码中复制.config 配置文件到源码包的内核源码中
```

这样，我们就有了.config 配置文件。当然也可以通过 make menuconfig 命令生成这个配置文件，不过我们现在还没有学习内核的编译过程，所以采用了这种简单的办法。当然，还要修改一下.config 配置文件，让它支持 NTFS 文件系统。需要把“# CONFIG_NTFS_FS is not set”这行代码改为“CONFIG_NTFS_FS=m”，意思是以模块形式加载 NTFS 文件系统。命令如下：

```
[root@localhost ~]# vi /usr/src/kernels/linux-3.10.1/.config
…省略部分输出…
# CONFIG_NTFS_FS is not set
#改为
CONFIG_NTFS_FS=m
```

```
…省略部分输出…
```

4）编译模块

使用 make modules 命令来编译所有的模块。因为我们开启了 NTFS 文件系统模块，所以会生成 ntfs.ko 文件。当然，编译要想正确进行，必须安装 gcc 编译器。命令如下：

```
[root@localhost ~]# cd /usr/src/kernels/linux-3.10.1/
#编译命令一定要进入内核目录才能执行，因为编译命令编译的是模块当前所在目录
[root@localhost linux-3.10.1]# make modules
#在命令的执行过程中，需要选择安装哪些模块。这时只选择 NTFS 相关模块，其他模
#块都不安装，这样能加快安装速度。注意：需要选择的选项较多，不要漏选
…省略部分输出…
NTFS file system support (NTFS_FS) [M/n/y/?] m
  NTFS debugging support (NTFS_DEBUG) [N/y/?] (NEW) y
  NTFS write support (NTFS_RW) [N/y/?] (NEW) y
#只有这几个功能选择 y（安装）或 m（安装成模块），其他功能都不需要安装
…省略部分输出…
```

接下来需要等待编译过程结束，就能看到 ntfs.ko 模块了。命令如下：

```
[root@localhost linux-3.10.1]# ll /usr/src/kernels/linux-3.10.1/fs/ntfs/ntfs.ko
-rw-r--r--. 1 root root 4736864 6月  29 22:29 /usr/src/kernels/linux-3.10.1/fs/
ntfs/ntfs.ko
```

5）模块安装

有了 ntfs.ko 模块，接下来的安装过程就比较简单了。先把 ntfs.ko 模块压缩成 ntfs.ko.xz 格式，命令如下：

```
[root@localhost linux-3.10.1]# xz -z /usr/src/kernels/linux-3.10.25/fs/ntfs/ntfs.ko
#把 ntfs.ko 模块压缩成 ntfs.ko.xz 格式
```

然后把 ntfs.ko.xz 复制到指定位置，命令如下：

```
[root@localhost  linux-3.10.1]#  cp  fs/ntfs/ntfs.ko.xz   /lib/modules/3.10.0-
862.el7.x86_64/kernel/fs/
#把 ntfs.ko.xz 复制到指定位置
```

最后开始安装模块，命令如下：

```
[root@localhost linux-3.10.1]# depmod -a
#扫描所有模块
[root@localhost linux-3.10.1]# modprobe ntfs
#安装 ntfs 模块
```

如果 modprobe ntfs 命令报错，那是因为版本不符。这个问题很好解决，只需执行如下命令，强制安装 ntfs 模块即可。

```
[root@localhost linux-3.10.1]# modprobe -f ntfs
#-f: 强制
```

然后查询一下：

```
[root@localhost linux-3.10.1]# lsmod | grep ntfs
ntfs                   93874  0 [permanent]
```

这样，ntfs 模块就安装成功了，我们就可以尝试挂载和使用 NTFS 文件系统的分区或移动硬盘了。

注意：虽然我们使用了部分内核编译命令，但是我们的目的不是编译内核，而只是生成 ntfs.ko.xz 模块，所以不需要完成内核的完整编译与安装过程。而且，如果执行了 make install 命令，那么安装的新内核只有 NTFS 功能，其他功能都不存在，新内核是不能被正确使用的。

2．利用 NTFS-3G 插件安装 NTFS 文件系统

我们已经学习了利用 ntfs.ko.xz 模块安装 NTFS 文件系统，使用这种方法生成 ntfs.ko.xz 模块比较麻烦。如果采用安装 NTFS-3G 插件的方式安装 NTFS 文件系统，则更加简单和方便。具体步骤如下。

1）下载 NTFS-3G 插件

从网站 http://www.tuxera.com/community/ntfs-3g-download/上下载 NTFS-3G 插件到 Linux 服务器上。

2）安装 NTFS-3G 插件

在编译安装 NTFS-3G 插件之前，要保证已经安装 gcc 编译器。具体安装命令如下：

```
[root@localhost ~]# tar -zxvf ntfs-3g_ntfsprogs-2017.3.23.tgz
#解压（稳定版就是 2017 年的）
[root@localhost ~]# cd ntfs-3g_ntfsprogs-2017.3.23
#进入解压目录
[root@localhost ntfs-3g_ntfsprogs-2017.3.23]# ./configure
#编译器准备。没有指定安装目录，安装到默认位置
[root@localhost ntfs-3g_ntfsprogs-2017.3.23]# make
#编译
[root@localhost ntfs-3g_ntfsprogs-2017.3.23]# make install
#编译安装
```

这样安装就完成了，就可以挂载和使用 NTFS 文件系统的分区了。不过，需要注意，在挂载分区时的文件系统不是 NTFS，而是 NTFS-3G。挂载命令如下：

```
[root@localhost ~]# mount -t ntfs-3g 分区设备文件名 挂载点

例如：
```

```
[root@localhost ~]# mount -t ntfs-3g /dev/sdb1 /mnt/win
```

这样看来，还是采用安装 NTFS-3G 插件的方式来安装 NTFS 文件系统更加简单和方便。需要注意，就算可以正常挂载 NTFS 文件系统的分区，也只能拥有只读权限，而无法写入数据。

本章小结

本章重点

- CentOS 7.x 系统启动过程详解。
- 启动引导程序：grub2。
- 系统修复模式。
- 内核模块管理。

本章难点

- 对系统启动过程的理解。
- grub2 的配置文件。
- 手工安装 grub2。
- 系统修复模式。

第5章

掌柜先生敲算盘：服务管理

学前导读

系统服务是在后台运行的应用程序，并且可以提供一些本地系统或网络的功能。那么，Linux 系统中常见的服务有哪些？这些服务怎么分类？服务如何启动？服务如何自启动？服务如何查看？这些就是本章需要解决的主要问题。

在 CentOS 7.x 中使用 systemd 取代了传统的 init 服务管理，所以服务管理发生了较大的变化，但是服务管理的命令得到了整合，服务管理更加方便了。

本章内容

5.1　旧版系统中的服务管理

我们知道，系统服务是在后台运行的应用程序，并且可以提供一些本地系统或网络的功能。我们把这些应用程序称作服务，也就是 Service。不过，我们有时会看到 Daemon 的叫法。Daemon 的英文原意是“守护神”，在这里是“守护进程”的意思。那么，什么是守护进程？它和服务又有什么关系呢？守护进程就是为了实现服务功能的进程。比如，我们的 Apache 服务就是服务（Service），它是用来实现 Web 服务的。那么，启动 Apache 服务的进程是哪个进程呢？就是 httpd 这个守护进程（Daemon）。也就是说，守护进程就是服务在后台运行的真实进程。

如果分不清服务和守护进程，那么也没有关系，可以把服务与守护进程等同起来。在 Linux 系统中就是通过启动 httpd 进程来启动 Apache 服务的，可以把 httpd 进程当作 Apache 服务的别名来理解。

但是，在 CentOS 7.x 中，我们的服务被当作单元（Unit）来进行管理，变化较大，而且和旧版系统联系紧密。所以我们先复习一下旧版系统中的服务管理方法，再对比学习 CentOS 7.x 中的服务管理，更加容易理解。

5.1.1 服务和端口

1. 端口简介

服务是给系统提供功能的，在系统中除了有系统服务，还有网络服务。而每个网络服务都有自己的端口，一般端口号都是固定的。那么，什么是端口呢？

我们知道，IP 地址是计算机在互联网上的地址编号，每台联网的计算机都必须有自己的 IP 地址，而且必须是唯一的，这样才能正常通信。也就是说，在互联网上是通过 IP 地址来确定不同计算机的位置的。大家可以把 IP 地址想象成家庭的“门牌号码”，不管你住的是大杂院、公寓楼还是别墅，都有自己的门牌号码，而且门牌号码是唯一的。

如果知道了一台服务器的 IP 地址，我们就可以找到这台服务器。但在这台服务器上有可能搭建了多个网络服务，如 WWW 服务、FTP 服务、Mail 服务，那么，我们到底需要服务器为我们提供哪个网络服务呢？这时就要靠端口（Port）来区分了，因为每个网络服务对应的端口都是固定的。比如，WWW 服务对应的端口是 80，FTP 服务对应的端口是 20 和 21，Mail 服务对应的端口是 25 和 110。也就是说，可以将 IP 地址想象成“门牌号码”，将端口想象成“家庭成员”，找到了 IP 地址只能找到你们家，只有找到了端口，寄信时才能找到真正的收件人。

为了统一整个互联网的端口和网络服务的对应关系，以便让所有的主机都能使用相同的机制来请求或提供网络服务，同一个网络服务使用相同的端口，这就是协议。计算机中的协议主要分为两大类：一类是面向连接的可靠的 TCP 协议（Transmission Control Protocol，传输控制协议）；另一类是面向无连接的不可靠的 UDP 协议（User Datagram Protocol，用户数据报协议）。这两种协议都支持 2^{16}（65 535）个端口。这么多端口怎么记忆呢？系统提供了网络服务与端口的对应文件/etc/services。查看一下：

```
[root@localhost ~]# vi /etc/services
…省略部分输出…
ftp-data        20/tcp
ftp-data        20/udp
```

```
# 21 is registered to ftp, but also used by fsp
ftp            21/tcp
ftp            21/udp         fsp fspd
#FTP 服务的端口
…省略部分输出…
smtp           25/tcp         mail
smtp           25/udp         mail
#邮箱发送信件的端口
…省略部分输出…
http           80/tcp         www www-http    # WorldWideWeb HTTP
http           80/udp         www www-http    # HyperText Transfer Protocol
#WWW 服务的端口
…省略部分输出…
pop3           110/tcp        pop-3           # POP version 3
pop3           110/udp        pop-3
#邮箱接收信件的端口
…省略部分输出…
```

网络服务对应的端口能够修改吗？当然是可以的。不过，一旦修改了端口，那么客户机在访问服务器时很难知道服务器对应的端口是什么，也就不能正确地获取网络服务了。所以，除非在实验环境下，否则不要修改网络服务对应的端口。

2．查询系统中已经启动的网络服务

既然每个网络服务对应的端口是固定的，那么是否可以通过查询服务器上开启的端口，来判断当前服务器开启了哪些网络服务？当然是可以的。虽然判断服务器上开启的网络服务还有其他方法（如通过 ps 命令），但是通过端口的方法查看最为准确。命令格式如下：

```
[root@localhost ~]# netstat 选项
选项：
   -a:     列出系统中所有的网络连接，包括已经连接的网络服务、监听的网络服务和 Socket 套接字
   -t:     列出 TCP 数据
   -u:     列出 UDP 数据
   -l:     列出正在监听的网络服务（不包含已经连接的网络服务）
   -n:     用端口号来显示服务，而不用服务名
   -p:     列出该服务的进程 ID（PID）
```

举一个例子：

```
[root@localhost ~]# netstat -tlunp
#列出系统中所有已经启动的网络服务（已经监听的端口），但不包含已经连接的网络服务
Active Internet connections (only servers)
Proto Recv-Q Send-Q   Local Address     Foreign Address   State      PID/Program name
tcp      0      0     0.0.0.0:111       0.0.0.0:*         LISTEN     526/rpcbind
```

```
tcp     0     0     0.0.0.0:22          0.0.0.0:*          LISTEN     902/sshd
tcp     0     0     127.0.0.1:25        0.0.0.0:*          LISTEN     1120/master
tcp6    0     0     :::111              :::*               LISTEN     526/rpcbind
tcp6    0     0     :::80               :::*               LISTEN     51298/httpd
tcp6    0     0     :::21               :::*               LISTEN     51804/vsftpd
tcp6    0     0     :::22               :::*               LISTEN     902/sshd
tcp6    0     0     ::1:25              :::*               LISTEN     1120/master
udp     0     0     0.0.0.0:111         0.0.0.0:*                     526/rpcbind
udp     0     0     0.0.0.0:693         0.0.0.0:*                     526/rpcbind
udp6    0     0     :::111              :::*                          526/rpcbind
udp6    0     0     :::693              :::*                          526/rpcbind
```

执行这条命令会看到服务器上所有已经开启的端口。也就是说，通过这些端口就可以知道当前服务器上开启了哪些网络服务。解释一下命令的执行结果。

- Proto：数据包的协议。分为 TCP 和 UDP 数据包。
- Recv-Q：表示收到的数据已经在本地接收缓冲，但是还没有被进程取走的数据包数量。
- Send-Q：对方没有收到的数据包数量；或者没有 Ack 回复的，还在本地缓冲区的数据包数量。
- Local Address：本地 IP:端口。通过端口可以知道本机开启了哪些网络服务。
- Foreign Address：远程主机:端口。也就是远程是哪个 IP、使用哪个端口连接到本机。由于这条命令只能查看监听端口，所以没有 IP 连接到本机。
- State：连接状态。主要有已经建立连接（ESTABLISED）和监听（LISTEN）两种状态，当前只能查看监听状态。
- PID/Program name：进程 ID 和进程命令。

再举一个例子：

```
[root@localhost ~]# netstat -an
#查看所有的网络连接，包括已连接的网络服务、监听的网络服务和 Socket 套接字
Active Internet connections (servers and established)
Proto Recv-Q Send-Q Local Address       Foreign Address      State
tcp      0      0   0.0.0.0:53575       0.0.0.0:*            LISTEN
tcp      0      0   0.0.0.0:111         0.0.0.0:*            LISTEN
tcp      0      0   0.0.0.0:22          0.0.0.0:*            LISTEN
tcp      0      0   127.0.0.1:631       0.0.0.0:*            LISTEN
tcp      0      0   127.0.0.1:25        0.0.0.0:*            LISTEN
tcp      0      0   192.168.0.210:22    192.168.0.105:4868   ESTABLISHED
tcp      0      0   :::57454                  :::*           LISTEN
…省略部分输出…
udp      0      0   :::932                    :::*
Active UNIX domain sockets (servers and established)
```

```
Proto RefCnt Flags       Type     State        I-Node       Path
#Socket 套接字输出，后面有具体介绍
unix     2    [ ACC ]    STREAM    LISTENING    11712  /var/run/dbus/system_bus_socket
unix     2    [ ACC ]    STREAM    LISTENING    8450   @/com/ubuntu/upstart
unix     2    [ ]        DGRAM                  8651   @/org/kernel/udev/udevd
unix     2    [ ACC ]    STREAM    LISTENING    11942  @/var/run/hald/dbus-b4QVLkivfl
…省略部分输出…
```

执行 netstat -an 命令能够查看更多的信息，在 State 列中也看到了已经建立的连接（ESTABLISED）。这是 ssh 远程管理命令产生的连接，ssh 对应的端口是 22。

而且还看到了 Socket 套接字。在服务器上，除网络服务可以绑定端口，用端口来接收客户端的请求数据外，系统中的网络程序或我们自己开发的网络程序也可以绑定端口，用端口来接收客户端的请求数据。这些网络程序就是通过 Socket 套接字来绑定端口的。也就是说，网络服务或网络程序要想在网络中传递数据，必须利用 Socket 套接字绑定端口。

使用 netstat -an 命令查看到的这些 Socket 套接字虽然不是网络服务，但是同样会占用端口，并在网络中传递数据。解释一下 Socket 套接字的输出。

- Proto：协议，一般是 unix。
- RefCnt：连接到此 Socket 的进程数量。
- Flags：连接标识。
- Type：Socket 访问类型。
- State：状态，LISTENING 表示监听，CONNECTED 表示已经建立连接。
- I-Node：程序文件的 i 节点号。
- Path：Socket 程序的路径，或者相关数据的输出路径。

5.1.2　服务的启动与自启动的区别

学习服务管理，首先要能区分什么是服务的启动管理，什么是服务的自启动管理。这两个名词比较相近，但是含义完全不同。而且不论是 Windows 系统还是 Linux 系统，不论是旧版系统还是新版系统，都需要区分这两个概念。

既然 Windows 系统也有服务的启动管理和自启动管理，那么图形工具更好理解，我们看看 Windows 系统的服务管理工具。在 Windows 系统的桌面上，用鼠标右键单击“计算机”图标，在弹出的快捷菜单中选择“管理”命令，在打开的“计算机管理”对话框中会看到“计算机管理（本地）”这个工具，如图 5-1 所示。

在“计算机管理（本地）”工具中，选择“服务”工具，可以看到 Windows 系统中所有的系统服务。可以发现，每个系统服务都有“状态”和“启动类型”两种服务状态。双击任意一个服务，打开这个服务的子选项卡，就会看到如图 5-2 所示的界面。

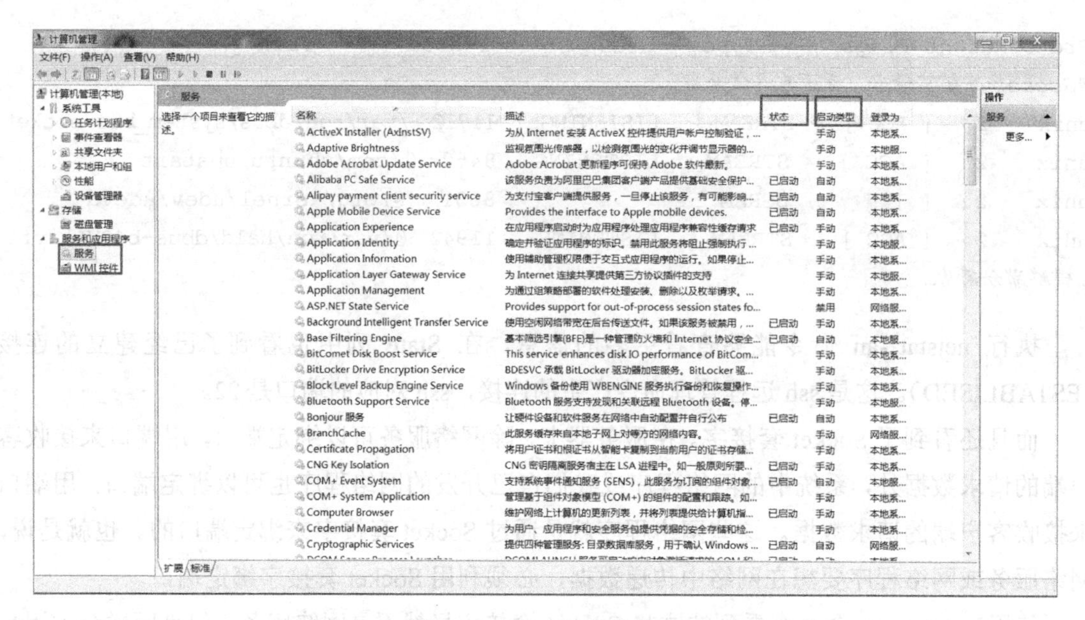

图 5-1　Windows 服务管理

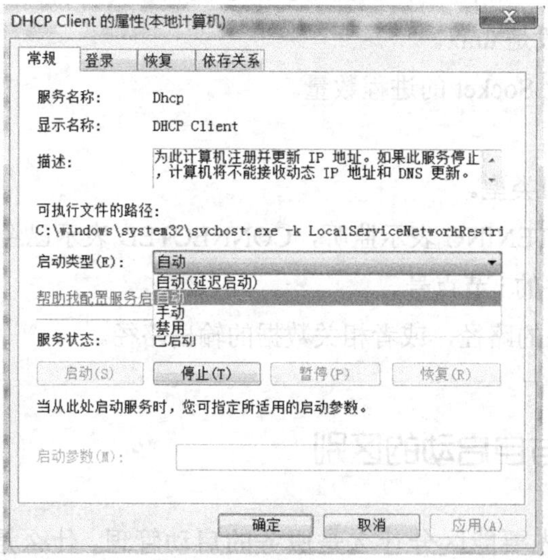

DHCP Client 的属性(本地计算机)

常规　登录　恢复　依存关系

服务名称:　Dhcp

显示名称:　DHCP Client

描述:　为此计算机注册并更新 IP 地址。如果此服务停止，计算机将不能接收动态 IP 地址和 DNS 更新。

可执行文件的路径:

C:\windows\system32\svchost.exe -k LocalServiceNetworkRestri

启动类型(E):　自动

自动(延迟启动)

自动

手动

禁用

帮助我配置服务启

服务状态:　已启动

启动(S)　停止(T)　暂停(P)　恢复(R)

当从此处启动服务时，您可指定所适用的启动参数。

启动参数(M):

确定　取消　应用(A)

图 5-2　服务的启动状态

到底什么是服务的启动，什么是服务的自启动呢？我们分别来看看。

- 服务的启动：指的是在当前系统中，该服务是否运行，一般就是“启动”与“停止”两种状态（在 Windows 系统中有暂停状态）。但是，下次系统开机，服务是否开机自动启动，不受服务启动管理控制。在 Windows 服务工具中，“服务状态”就是用来管理 Windows 服务的启动情况的。
- 服务的自启动：指的是下次系统开机，该服务是否随着系统启动而自动运行。但是，在当前系统下，该服务是否启动，不受服务自启动管理控制。在 Windows 服务工具中，“启动类型”就是用来管理 Windows 服务的自启动情况的。“自动”是指下次系统开机，此服务开机自动启动；“禁用”是指下次系统开机，此服务不自动启动。注意，在 Windows 系统的服务管理中，“启动类型”有一个“手动”选项，指的是下次系统开机，服务不直接启动，但是，如果有服务需要调用此服务，那么该服务会自动启动。

5.1.3　回顾旧版系统服务的分类与管理

历史上，Linux 系统一直使用 init 进行服务管理，但是在 CentOS 7.x 中被 systemd 取代。虽然 init 的优点众多，但是有两个明显的缺点导致其最终被 systemd 取代。

- 一个缺点是使用 init 启动服务的启动时间较长，这是因为 init 是串行启动的，每个服务依次启动，耗费时间长。
- 另一个缺点是启动脚本相对复杂。init 进程只负责执行服务的启动脚本，而不处理其他事情。每个服务具体启动的方式需要由服务脚本自己来决定，从而导致服务的启动脚本相对复杂。

虽然 init 的服务管理在新版系统中已经被淘汰了，但还是需要简单回顾一下 init 服务的分类与管理方法。

笔者始终认为，源码包安装的服务，由于安装位置是用户的手工指定位置（一般是/usr/local/目录下，如源码包 Apache 一般安装在/usr/local/apache2/目录下），默认不能被服务管理命令所识别，所以应该独立成一种服务类型。这种情况在 CentOS 7.x 中依然存在，源码包安装的服务默认不能被服务管理命令所识别，需要手工添加。

所以，笔者建议，在进行服务分类时，把 RPM 包默认安装的服务和源码包安装的服务区别对待，作为两种不同的服务类别来进行管理，这样更符合实际使用情况。这时 init 服务的分类如图 5-3 所示。

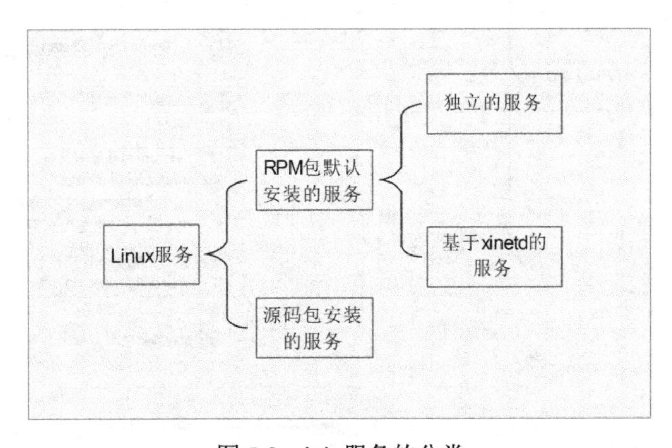

图 5-3　init 服务的分类

服务分类说明如下。

- RPM 包默认安装的服务。这些服务是通过 RPM 包安装的，可以被服务管理命令识别。这些服务又可以分为两种。

- 独立的服务。就是独立启动的意思，这种服务可以自行启动，而不用依赖其他的管理服务。因为不依赖其他的管理服务，所以，当客户端请求访问时，独立的服务响应请求更快速。目前，Linux 系统中的大多数服务都是独立的服务，如 Apache 服务、FTP 服务、Samba 服务等。
- 基于 xinetd 的服务。这种服务就不能独立启动了，而要依靠管理服务来调用。这个负责管理的服务就是 xinetd 服务。xinetd 服务是系统的超级守护进程，其作用就是管理不能独立启动的服务。当客户端请求访问时，先请求 xinetd 服务，再由 xinetd 服务去唤醒相对应的服务。当客户端请求访问结束后，被唤醒的服务会关闭并释放资源。这样做的好处是，只需要持续启动 xinetd 服务，而其他基于 xinetd 的服务只有在需要时才被启动，不会占用过多的服务器资源。但是，这种服务由于只有在有客户端请求时才会被唤醒，所以响应时间相对较长。

● 源码包安装的服务。这些服务是通过源码包安装的，所以安装位置都是手工指定的。由于不能被系统中的服务管理命令直接识别，所以这些服务的启动与自启动方法一般都是源码包设计好的。每个源码包的启动脚本都不一样，一般需要查看说明文档才能确定。

了解了 init 服务的分类，我们通过图 5-4 来看看 init 服务的管理。

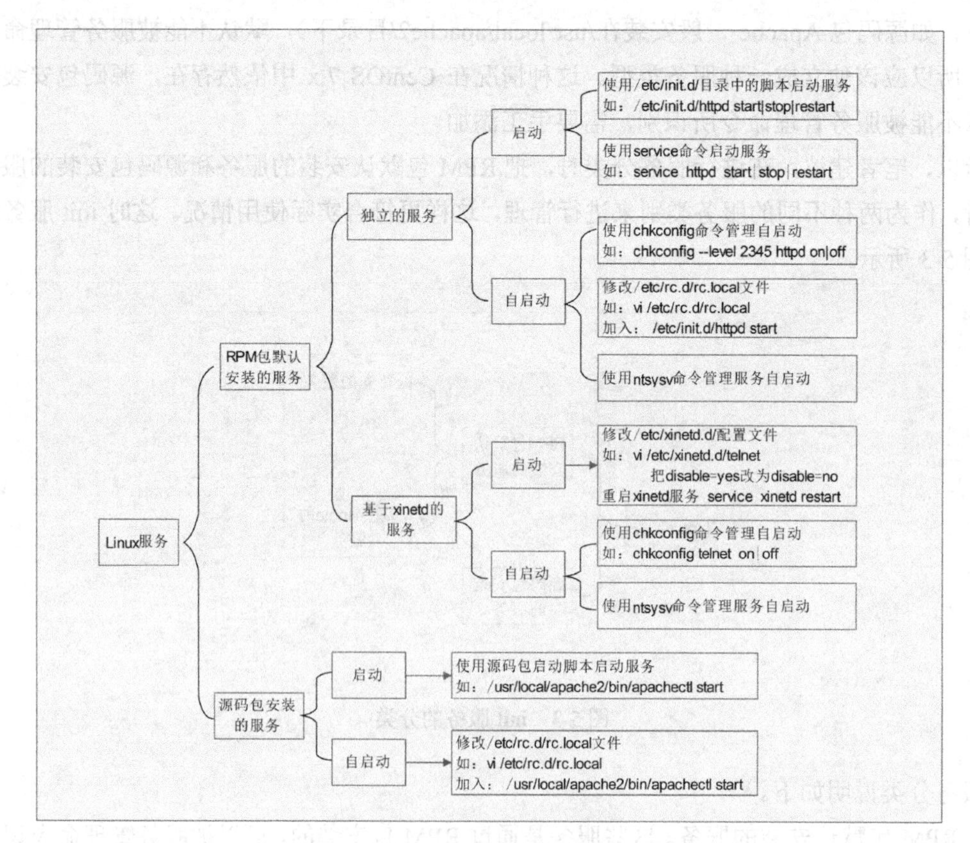

图 5-4　init 服务的管理

5.2 CentOS 7.x 中 RPM 包默认安装的单元管理

5.2.1 CentOS 7.x 服务（单元）的分类

在 CentOS 7.x 中，RPM 包默认安装的服务不再分为独立的服务与基于 xinetd 的服务，而全部作为单元被 systemd 管理，而单元又被细分为多种不同的类型。

一组单元又组成了单元组，这个单元组有些类似于旧版系统中的运行级别。也就是只要启动了这个单元组，就会启动单元组中所有的单元，然后就可以启动对应的服务环境。

除 RPM 包默认安装的服务是一个大类别之外，笔者认为源码包安装的服务应该是一个独立的类型。我们来看看在 CentOS 7.x 中服务的分类。

- RPM 包默认安装的服务（单元）。
  - .service：也就是系统服务单元（Service Unit），这就是系统中最主要的服务，包括本地服务与网络服务等。
  - .target：单元组，也就是一组单元的集合。常见的单元组如 multi-user.target 就是字符界面环境，graphical.target 就是图形界面环境。
  - .socket：套接字单元（Socket Unit），这类服务主要用于进程间通信。
  - .mount/.automout：与文件系统挂载相关的单元，主要用于挂载和自动挂载，如 NFS 服务的自动挂载。
  - .path：检测文件或路径的单元（Path Unit），用于队列服务，如打印服务。
  - .timer：定时执行程序的单元（Timer Unit），有点类似于系统定时任务。
  - 除以上常见的单元类型外，systemd 管理的单元还有.device（硬件设备）、.scope（外部进程）、.slice（进程组）、.snapshot（快照）、.swap（swap 文件）等，共 12 种。
- 源码包安装的服务。

RPM 包默认安装的服务，如果通过 systemd 进行管理，则都会被识别为单元。虽然单元的分类比较多，但是常用的只有两种：一种是服务单元，也就是系统服务，我们手工启动和自启动的就是这种服务；另一种是单元组。

源码包安装的服务，其保存位置一般在用户指定的安装位置下，一般建议安装在/usr/local/目录下，如源码包 Apache 会被安装在/usr/local/apache2/目录下。那么，RPM 包默认安装的服务会保存在哪里呢？我们来学习一下这些服务的保存位置。

- /usr/lib/systemd/system/：服务的启动脚本保存位置，只要是系统已经安装的系统服务（RPM 包默认安装的服务）都保存在这里，不论这个服务会不会开机自启动。这个目录的作用类似于旧版系统中/etc/rc.d/init.d/目录的作用。
- /etc/systemd/system/：管理员决定的、真正需要在开机时执行的服务的保存位置。这个目录下的文件全部是软链接，指向/usr/lib/systemd/system/。也就是说，服务是否开机启动，由

/etc/systemd/system/目录下的软链接决定。这个目录的作用类似于旧版系统中/etc/rc.d/rc[0-6].d/目录的作用。

5.2.2 通过 systemctl 启动与自启动系统单元

在 CentOS 7.x 中，服务管理命令被统一成 systemctl。这样做的优点是功能强大、管理方便，但是同样导致了 systemctl 体系庞大、非常复杂。

这导致很多人非常反对 systemd，其中就包括 Linux 系统的内核开发者李纳斯·托瓦兹。反对者认为 systemd 不遵守 UNIX 原则；不考虑 Linux 系统之外的系统，如 BSD 系统；接管了过多的服务，例如，crond 可以被 systemd 的 timer 单元取代（目前 crond 依然可以使用），syslogd 被 systemd-journal 取代；systemd 的可靠程度也备受质疑。

但是，这些都无法阻挡 RedHat 使用 systemd 的决心。要想使用最新版本的 RedHat 系列 Linux，就不得不学习 systemd。

在这里说明一下：笔者也会将 RPM 包默认安装的单元称为系统单元，因为 CentOS 系统就是通过 RPM 包安装的。

1．通过 systemctl 启动系统单元

服务管理命令被统一成 systemctl，也就是说，不论是启动单元、自启动单元、查询单元，还是启动字符界面或图形界面，都使用 systemctl 这个命令。那我们的启动单元的命令也是 systemctl，主要通过选项来进行区分。命令格式如下：

```
[root@localhost ~]# systemctl [选项] 单元名
选项：
    start:       启动单元
    stop:        停止单元
    restart:     重启动单元。就是先 stop，再 start
    reload:      平滑重启。就是在不关闭单元的情况下，重新加载配置文件，让配置文件生效
```

举一个例子，尝试启动 RPM 包默认安装的 Apache 单元。

```
[root@localhost ~]# yum -y install httpd
#通过 RPM 包安装 Apache 单元（注意：yum 源需要正常配置）
[root@localhost ~]# systemctl start httpd.service
#启动 RPM 包默认安装的 Apache 单元，没有提示，证明启动正常
#在 CentOS 7.5 以上的版本中，httpd.service 可以简写为 httpd
```

在低版本的 CentOS 7.x 中（如 7.1），需要写全单元名，也就是 httpd.service。但是，在笔者目前使用的较高版本中（CentOS 7.5，也就是 1804 版），单元名可以简写成 httpd。

在旧版系统中，只有系统命令可以通过 Tab 键进行补全。在新版系统中，我们惊喜地发

现，不仅系统命令可以通过 Tab 键进行补全，系统的选项和参数也可以通过 Tab 键进行补全，不过需要确认 bash-completion 这个包是否安装。

如果启动命令正常，则通常是没有提示的。那么，服务真启动了吗？我们确认一下，命令如下：

```
[root@localhost ~]# netstat -tulnp
…省略部分内容…
tcp6       0      0 :::80                 :::*                    LISTEN      1118/httpd
…省略部分内容…
#可以看到 80 端口已经开启
```

通过查看网络端口，可以确认 80 端口已经开启，开启该端口的是 httpd 服务；但是，无法确认启动的是 RPM 包默认安装的 Apache 服务，还是源码包安装的 Apache 服务。这时，就需要通过查看进程来进一步确认。

```
[root@localhost ~]# ps aux | grep httpd
root      1118  0.0  0.4 224024  5020 ?     Ss   05:33   0:01 /usr/sbin/httpd -DFOREGROUND
apache    1119  0.0  0.3 226108  3096 ?      S   05:33   0:00 /usr/sbin/httpd -DFOREGROUND
apache    1120  0.0  0.3 226108  3096 ?      S   05:33   0:00 /usr/sbin/httpd -DFOREGROUND
apache    1121  0.0  0.3 226108  3096 ?      S   05:33   0:00 /usr/sbin/httpd -DFOREGROUND
apache    1122  0.0  0.3 226108  3096 ?      S   05:33   0:00 /usr/sbin/httpd -DFOREGROUND
apache    1123  0.0  0.3 226108  3096 ?      S   05:33   0:00 /usr/sbin/httpd -DFOREGROUND
root     11831  0.0  0.0 112720   984 pts/0  R+  10:10   0:00 grep --color=auto httpd
#启动的是/usr/sinb/httpd，这是 RPM 包默认安装的 Apache 单元
```

2. 通过 systemctl 自启动系统单元

单元的启动只会在当前系统中生效，当服务器重启之后，这个单元还是需要手工开启的。这很麻烦，而且容易遗忘。所以，单元不仅需要启动管理，也需要自启动管理。在 CentOS 7.x 中，单元的自启动管理也被集成到 systemctl 命令中。命令格式如下：

```
[root@localhost ~]# systemctl [选项] 单元名
选项：
    enable:     设置单元为开机自启动
    disable:    设置单元为禁止开机自启动
```

我们依然使用 RPM 包默认安装的 Apache 单元来进行开机自启动的举例。

```
[root@localhost ~]# systemctl enable httpd
Created symlink from /etc/systemd/system/multi-user.target.wants/httpd.service
 to /usr/lib/systemd/system/httpd.service.
#把 RPM 包默认安装的 Apache 单元设置为开机自启动
```

注意看命令回车后出现的提示：建立符号链接（软链接），从/etc/systemd/system/multi-user.target.wants/httpd.service 到/usr/lib/systemd/system/httpd.service。

这说明，单元的启动命令都保存在/usr/lib/systemd/system/目录中，这个单元是否开机自启动，需要看这个单元的启动脚本在不在/etc/systemd/system/multi-user.target.wants/目录中。在这里把 httpd 单元设置为开机自启动，因而需要在/etc/systemd/system/multi-user.target.wants/目录中建立 httpd.service 的软链接。

如果不想让 Apache 单元开机自启动，则可以这样做：

```
[root@localhost ~]# systemctl disable httpd
Removed symlink /etc/systemd/system/multi-user.target.wants/httpd.service.
#禁止 RPM 包默认安装的 Apache 单元开机自启动。注意提示信息：取消了/etc/systemd/system/
multi-user.target.wants/目录中 httpd.service 的软链接
```

5.2.3 通过 systemctl 查看系统单元

1. 查看单元状态

我们可以查看单元的启动与自启动状态，命令格式如下：

```
[root@localhost ~]# systemctl [选项] 单元名
选项：
   status:      查看单元的状态，可以看到启动与自启动状态
   is-active:   查看单元是否启动
   is-enabled:  查看单元是否自启动
```

我们来查看一下单元状态，命令如下：

```
[root@localhost ~]# systemctl status httpd.service
● httpd.service - The Apache HTTP Server
  Loaded:  loaded  (/usr/lib/systemd/system/httpd.service;  disabled;  vendor
preset: disabled)
   #单元的自启动状态                                      开机不自启动          厂商预设值
  Active: active (running) since 二 2019-07-02 19:25:35 CST; 18h ago
   #单元的启动状态
   Docs: man:httpd(8)
         man:apachectl(8)
   #命令帮助
 Main PID: 1118 (httpd)
  Status: "Total requests: 0; Current requests/sec: 0; Current traffic:   0 B/sec"
  CGroup: /system.slice/httpd.service
        ├─1118 /usr/sbin/httpd -DFOREGROUND
        ├─1119 /usr/sbin/httpd -DFOREGROUND
        ├─1120 /usr/sbin/httpd -DFOREGROUND
        ├─1121 /usr/sbin/httpd -DFOREGROUND
        ├─1122 /usr/sbin/httpd -DFOREGROUND
        └─1123 /usr/sbin/httpd -DFOREGROUND
```

```
    #单元的进程 ID（PID）信息
7月  02  19:25:34  localhost.localdomain  systemd[1]:  Starting  The  Apache  HTTP
Server...
7月  02  19:25:35  localhost.localdomain  httpd[1118]:  AH00558:  httpd:  Could  not
reliably determine the serve...age
7月 02 19:25:35 localhost.localdomain systemd[1]: Started The Apache HTTP Server.
Hint: Some lines were ellipsized, use -l to show in full.
#单元的日志信息
```

加入了 status 选项的输出比较多，我们来解释一下。

第二行“Loaded: loaded (/usr/lib/systemd/system/httpd.service; disabled; vendor preset: disabled)”显示的是单元的自启动状态。其中，前半行“/usr/lib/systemd/system/httpd.service; disabled;”指的是当前单元的自启动状态，这里的“disabled”指的是单元开机不自启动；后半行“vendor preset: disabled”是厂商预设值，并不干扰单元的正常状态。

单元的自启动状态主要有以下几种。

- enabled：自启动，也就是单元在开机时会自动启动。
- disabled：禁止自启动，也就是单元在开机时不自动启动。
- static：静态状态，也就是单元在开机时不自动启动，但是可以被其他单元唤醒，类似于 Windows 单元中的手动状态。只有在单元的配置文件中没有定义[Install]区域，单元才可以处于 static 状态。
- mask：强制注销单元，处于这种状态下的单元无法启动，除非使用“systemctl unmask 单元名”命令取消注销状态才能启动。

第三行“Active: active (running) since 二 2019-07-02 19:25:35 CST; 18h ago”显示的是单元的启动状态，这里的“active (running)”表示单元已经启动。

服务的启动状态主要有以下几种。

- active(running)：单元正在运行。常见的单元的启动状态就是这种状态。
- active(exited)：仅能执行一次就结束的单元。一般不需要常驻内存中的单元使用这种状态启动。
- active(waiting)：正在等待运行的单元，需要等其他单元结束才能继续运行。打印队列单元一般处于这种状态。
- inactive：不活动状态，单元没有运行。

接下来这两个选项就简单多了，先来看看查看单元是否启动的 is-active 选项。

```
[root@localhost ~]# systemctl stop httpd.service
#停止 Apache 单元
[root@localhost ~]# systemctl is-active httpd.service
inactive
#单元的启动状态是未激活

[root@localhost ~]# systemctl start httpd.service
```

```
#启动 Apache 单元
[root@localhost ~]# systemctl is-active httpd.service
active
#单元的启动状态是激活
```

再来看看查看单元是否自启动的 is-enabled 选项。

```
[root@localhost ~]# systemctl enable httpd.service
#自启动 Apache 单元
[root@localhost ~]# systemctl is-enabled httpd.service
enabled
#单元的自启动状态是 enabled

[root@localhost ~]# systemctl disable httpd.service
#禁止 Apache 单元自启动
[root@localhost ~]# systemctl is-enabled httpd.service
disabled
#单元的自启动状态是 disabled
```

其实，is-active 和 is-enabled 选项完全可以被 status 选项取代，大家可以按照自己的习惯来使用。

2. 查看系统中已经安装的单元状态

通过 status 选项查看单元状态，需要手工指定单元名，且只能一个一个地进行查看。那么，是否可以查看系统中所有已经安装的单元状态呢？当然可以，只需使用以下选项即可。

```
[root@localhost ~]# systemctl [list-units | list-unit-files]
选项：
    list-units：列出已经启动的单元，没有启动的单元则不会列出。可以使用--all 选项列出所有的单元，包括没有启动的单元
    list-unit-files：按照/usr/lib/systemd/system/目录中的单元，列出所有单元的状态，包括启动与未启动的单元
    --type=TYPE：按照类型列出单元，常见的单元类型有 service、socket、target 等
```

举几个例子。

我们可以查看已经启动的单元状态。

```
例子 1：查看已经启动的单元状态
[root@localhost ~]# systemctl list-units
#列出已经启动的单元
UNIT                           LOAD   ACTIVE SUB      DESCRIPTION
…省略部分内容…
httpd.service                loaded active running   The Apache HTTP Server
…省略部分内容…
#单元名称                      加载状态    启动状态       描述
```

如果 Apache 单元已经启动，那么，通过 systemctl list-units 命令就可以查看到 Apache 单元的状态。注意：通过 systemctl list-units 命令查看到的是单元的启动状态。

直接使用 systemctl list-units 命令会看到各种类型的单元状态。如果我们只关心 service 类型的单元状态，则可以如下操作：

```
例子 2：按照单元类型进行查看
[root@localhost ~]# systemctl list-units --type=service
#只查看 service 类型的单元状态
```

我们也可以按照单元的分类来查看所有的单元状态。

```
例子 3：按照单元的分类来查看所有的单元状态
[root@localhost ~]# systemctl list-units --all
```

通过 systemctl list-units --all 命令只能按照单元的分类进行大致查看。要想查看系统中所有已经安装的单元状态，仍需要使用 list-unit-files 选项。

```
例子 4：查看系统中所有已经安装的单元状态
[root@localhost ~]# systemctl list-unit-files
UNIT FILE                                   STATE
proc-sys-fs-binfmt_misc.automount             static
dev-hugepages.mount                          static
...省略部分内容...
tmp.mount                                   disabled
brandbot.path                                disabled
...省略部分内容...
abrt-ccpp.service                            enabled
abrt-oops.service                            enabled
...省略部分内容...
#单元名                                        自启动状态
```

通过 systemctl list-unit-files 命令查看到的是单元的自启动状态，主要有 enabled、disabled、static、mask 等。

3．查看系统单元的依赖性

单元之间是存在依赖关系的。也就是说，如果 unit A 依赖 unit B，那么，在启动 unit A 之前需要先启动 unit B。而我们也是可以追踪这种依赖关系的。比如，我们目前使用的是 multi-user.target 字符界面单元组，看看要启动该单元组，必须先启动哪些单元。

```
[root@localhost ~]# systemctl list-dependencies multi-user.target
multi-user.target
● ├─abrt-ccpp.service
● ├─abrt-oops.service
● ├─abrt-vmcore.service
● ├─abrt-xorg.service
```

```
● ├─abrtd.service
● ├─atd.service
● ├─auditd.service
● ├─crond.service
…省略部分内容…
● ├─basic.target
● │ ├─microcode.service
● │ ├─rhel-dmesg.service
● │ ├─selinux-policy-migrate-local-changes@targeted.service
● │ ├─paths.target
● │ ├─slices.target
● │ │ ├─-.slice
● │ │ └─system.slice
● │ ├─sockets.target
● │ │ ├─dbus.socket
…省略部分内容…
● │ ├─sysinit.target
● │ │ ├─dev-hugepages.mount
● │ │ ├─dev-mqueue.mount
…省略部分内容…
● │ │ ├─local-fs.target
● │ │ │ ├─-.mount
● │ │ │ ├─boot.mount
● │ │ │ ├─rhel-readonly.service
● │ │ │ └─systemd-remount-fs.service
● │ │ └─swap.target
● │ └─timers.target
● │   └─systemd-tmpfiles-clean.timer
● ├─getty.target
● │ └─getty@tty1.service
● └─remote-fs.target
#这些依赖性对理解 Linux 系统的启动过程是很有帮助的
```

单元组的依赖性可以帮助我们理解单元之间的依赖关系，也有助于理解单元的启动过程。系统的默认单元组就是 multi-user.target。可以看到，要想启动 multi-user.target 单元组，需要先启动 basic.target 单元组、getty.target 单元组、remote-fs.target 单元组等。而要想启动 basic.target 单元组，又需要先启动 slices.target 单元组、sockets.target 单元组、sysinit.target 单元组、timers.target 单元组等。这些依赖关系和第 4 章讲解的启动过程是相符合的。

5.2.4 通过 systemctl 管理系统单元组（操作环境）

系统在启动的时候，需要启动大量的单元。如果每次启动系统都需要一一启动对应的单元，那肯定不方便，也不合理。而系统单元组就是用来解决这个问题的。系统单元组就是大量单元的集合，启动某个单元组，systemd 就会启动这个单元组中所有的单元。

系统单元组与旧版本 Linux 系统中的运行级别类似，不同的是，多个系统单元组可以同时启动，而系统运行级别只能启动其中一个。

查看系统中所有的系统单元组可以使用以下命令：

```
[root@localhost ~]# systemctl list-units --type=target -all
#查看系统中所有的系统单元组
```

系统单元组比较多，常见的如表 5-1 所示。

表 5-1　常见的系统单元组

系统单元组	说　明
basic.target	基本系统单元组，包含了系统初始化必需的单元
multi-user.target	多用户与基本命令单元组，就是字符界面
graphical.target	图形界面单元组，就是字符界面加上图形界面。在这个单元组中包含 multi-user.target 单元组
rescue.target	系统救援模式，主要用于系统修复。可以通过 systemctl rescue 命令进入，但是需要 root 用户密码
emergency.target	紧急系统救援模式。当无法进入系统救援模式时，可以尝试使用 systemctl emergency 命令进入紧急系统救援模式来修复系统
shutdown.target	关机模式
getty.target	定义本地操作终端的单元组

1. 系统默认单元组（default.target）

系统在启动的时候会调用默认单元组（default.target），就是系统启动之后的默认操作界面。这个默认单元组（default.target）是软链接，一般指向/usr/lib/systemd/system/multi-user.targe 或/usr/lib/systemd/system/graphical.target。也就是说，系统在启动时，要么进入字符界面，要么进入图形界面（需要安装图形界面）。查看一下：

```
[root@localhost ~]# ll -d /etc/systemd/system/default.target
lrwxrwxrwx. 1 root root 41 7月  4 10:56 /etc/systemd/system/default.target ->
/usr/lib/systemd/system/multi-user.target
#默认单元组（default.target）指向的是字符界面（multi-user.target）
```

默认单元组（default.target）可以通过 systemctl 命令来直接进行查看与修改，命令如下：

```
[root@localhost ~]# systemctl get-default
multi-user.target
#查看系统默认单元组，当前默认单元组是 multi-user.target，也就是字符界面

[root@localhost ~]# systemctl set-default graphical.target
Removed symlink /etc/systemd/system/default.target.
Created symlink from /etc/systemd/system/default.target to /usr/lib/systemd/
system/graphical.target.
```

```
#设置系统默认单元组为图形界面（graphical.target）
#注意命令提示：给default.target设置软链接，指向/usr/lib/systemd/system/graphical.target
```

注意：这里设置的默认单元组（default.target）是指下次开机之后，系统是直接进入字符界面，还是直接进入图形界面，并不影响当前系统环境。还要注意，要想开机进入图形界面，请提前安装好图形界面，否则会报错。

2．切换系统单元组

默认单元组（default.target）指的是开机之后，系统是直接进入字符界面，还是直接进入图形界面。如果想要不重启系统，直接切换系统单元组，则需要使用以下命令：

```
[root@localhost ~]# systemctl isolate multi-user.target
#不重启，直接进入字符界面

[root@localhost ~]# systemctl isolate graphical.target
#不重启，直接进入图形界面（需要安装图形界面）
```

这里修改的是当前系统的操作界面，下次开机之后的默认界面是受默认单元组（default.target）控制的。

除可以控制进入图形界面和字符界面外，systemctl 也可以切换其他的操作模式，命令如下：

```
[root@localhost ~]# systemctl poweroff
#系统关机
[root@localhost ~]# systemctl reboot
#重启系统
[root@localhost ~]# systemctl rescue
#进入系统救援模式
[root@localhost ~]# systemctl emergency
#进入紧急系统救援模式
```

5.2.5　systemctl 单元的配置文件

我们已经知道，通过 systemd 管理的单元，配置文件都保存在/usr/lib/systemd/system/目录下。这些配置文件是管理单元的重要文件，我们需要学习和使用这些配置文件。我们依然用 RPM 包默认安装的 Apache 单元为例，来看看 httpd.service 配置文件的内容。

```
[root@localhost ~]# cat /usr/lib/systemd/system/httpd.service
#RPM包安装好Apache单元之后，此配置文件会自动建立
[Unit]
#单元的说明部分
Description=The Apache HTTP Server
After=network.target remote-fs.target nss-lookup.target
Documentation=man:httpd(8)
```

```
Documentation=man:apachectl(8)

[Service]
#单元如何管理单元的部分
#不同类型的单元使用不同的字段，只有“.service”类型的单元才有[Service]字段，其他类型的单元
#对应[Socket]、[Path]、[Mount]、[Timer]等不同的字段
Type=notify
EnvironmentFile=/etc/sysconfig/httpd
ExecStart=/usr/sbin/httpd $OPTIONS -DFOREGROUND
ExecReload=/usr/sbin/httpd $OPTIONS -k graceful
ExecStop=/bin/kill -WINCH ${MAINPID}
# We want systemd to give httpd some time to finish gracefully, but still want
# it to kill httpd after TimeoutStopSec if something went wrong during the
# graceful stop. Normally, Systemd sends SIGTERM signal right after the
# ExecStop, which would kill httpd. We are sending useless SIGCONT here to give
# httpd time to finish.
KillSignal=SIGCONT
PrivateTmp=true

[Install]
#定义单元属于哪个单元组
WantedBy=multi-user.target
```

此配置文件对字母大小写敏感，注意字母大小写的区分。此配置文件主要分为3部分，下面分别进行介绍。

[Unit]：一般是配置文件的第一个字段，用于配置单元的说明、描述，以及与其他单元的关系等。主要有以下一些常见字段。

- Description：简短描述。
- Documentation：说明文档的位置，可以进一步查询。
- After：定义单元的启动顺序，指当前的单元要在After字段定义的单元之后启动。在此配置文件中，要先启动network.target、remote-fs.target、nss-lookup.target，后启动httpd.service。
- Before：和After字段相反，指当前单元要在Before字段定义的单元之前启动。
- Requires：指当前单元依赖Requires字段定义的单元，一定要先启动Requires字段定义的单元，否则当前单元的启动会失败。Requires字段是强制的依赖，而After字段只是建议，After字段定义的单元不提前启动，当前单元的启动不一定失败。
- Wants：如Requires字段相反，指当前单元要在Wants字段定义的单元之前启动。
- Conflicts：冲突字段，指当前单元和Conflicts字段指定的单元冲突，不能同时启动。

[Service]：用于定义单元的配置。只有“.service”类型的单元才有这个字段，而其他类型的单元分别对应[Socket]、[Path]、[Mount]、[Timer]等不同的字段。

- Type：定义当前单元的启动方式。主要有以下几种启动方式。

- simple：这是默认值，用于指定 ExecStart 执行的命令，启动主进程。
- notify：与 simple 类似，也是用于指定单元启动命令的。不同之处在于，notify 会在单元启动之后通知 systemd，再继续往下执行。
- forking：通过 fork 方式从父进程创建一个子进程，通过子进程作为此守护进程的主单元，父进程启动完成之后就会中止。
- oneshot：一次性启动，在工作完毕后就会关闭，不会常驻内存。
- dbus：与 simple 类似，但是这个单元需要获取一个 D-Bus 名称后才能运行。需要定义“BusName=”字段。
- idle：当其他单元执行完毕之后，才会执行当前单元。设置此字段的单元一般会在启动的最后阶段执行。

- EnvironmentFile：单元启动时调用的环境变量配置文件。
- ExecStart：定义单元启动时执行的命令与参数。注意，通过此方法执行命令，只能执行一条命令，而且不能识别管道符、输入/输出重定向等特殊字符。只有当 Type= oneshot 时，才可以执行多条命令与识别特殊字符。所以，如果真要执行多条命令或复杂命令，则建议先写成脚本再执行。
- ExecReload：定义单元重新加载配置文件时执行的命令与参数。
- ExecStop：定义单元重启时执行的命令与参数。
- KillSignal：设置杀死进程时指定的信号。信号可以用“kill -l”命令查看。
- PrivateTmp：定义是否生成单元私有的临时目录。如果设置为 true，则会在/tmp/目录下生成类似 systemd-private-68ec579506234a3ba8ceaf420d699f99-httpd.service-a959es 的目录，用于存放单元的临时文件。如果设置为 false，则不会建立这个临时目录。
- Restart：定义何种情况 systemd 会自动重启当前单元，可能的值包括 always（总是重启）、on-success、on-failure、on-abnormal、on-abort、on-watchdog 等。
- TimeoutSec：定义 systemd 在启动或停止当前单元之前等待的秒数。也就是当前单元在启动或停止时，如果出现故障，则会等待多长时间。

[Install]：定义此单元属于哪个单元组。

- WantedBy：把此单元归属于哪个单元组。在我们的配置文件中，把 httpd.service 单元归属于 multi-user.target 单元组。
- Also：在当前单元开机自启动（enable），或者取消开机自启动（disable）时，把此单元也自启动或取消自启动。
- Alias：定义单元的别名。当单元被 systemctl enable（单元自启动）时，会根据此字段创建软链接到此单元中。

单元的配置文件的主要内容就是这些。在后续的小节中，我们会把源码包安装的 Apache 单元也加入 systemd 管理，到时我们会自己写一个配置文件。

5.3 CentOS 7.x 中源码包安装的服务管理

5.3.1 源码包安装服务的启动与自启动

1. 源码包安装的服务启动方法

不同的源码包安装的服务，启动方法并不是一样的。所以，每个源码包安装的服务都需要查看一下源码包的说明文件，才可以确认具体的启动命令。来看看源码包安装的 Apache 服务的说明文件，如下：

```
[root@localhost httpd-2.2.9]# vi INSTALL
#安装说明文件的文件名一般是大写的，记得进入源码包解压缩目录
…省略部分内容…
     $ ./configure --prefix=PREFIX
     $ make
     $ make install
     #上面三步是具体的安装命令
     $ PREFIX/bin/apachectl start
     #这就是启动命令，其中，PREFIX是变量，就是安装 Apache 服务的位置
…省略部分内容…
```

Linux 系统中所有的执行命令的标准执行方法是先通过路径找到可执行文件，然后回车执行（系统命令之所以可以不输入绝对路径而直接执行，是因为 PATH 环境变量的作用）。在这里，源码包安装的 Apache 服务的启动其实就是先通过绝对路径找到 Apache 服务的启动脚本 apachectl，然后执行它。例如：

```
[root@localhost ~]# /usr/local/apache2/bin/apachectl start
#/usr/local/apache2/就是安装 Apache 服务的位置，通过绝对路径找到启动脚本，启动 Apache 服务
httpd: Could not reliably determine the server's fully qualified domain name,
using localhost.localdomain for ServerName
#此行报错是因为主机名没有被 Apache 服务识别，并不影响 Apache 服务的运行

[root@localhost ~]# netstat -tuln | grep 80
tcp6       0      0 :::80                   :::*                    LISTEN
#可以看到 80 端口已经打开，Apache 服务启动了

[root@localhost ~]# ps aux | grep httpd
root     58365  0.0  0.1  28120  1940 ?  Ss   14:32   0:00 /usr/local/apache2/bin/httpd -k start
daemon   58366  0.0  0.1  30204  1436 ?  S    14:32   0:00 /usr/local/apache2/bin/httpd -k start
daemon   58367  0.0  0.1  30204  1436 ?  S    14:32   0:00 /usr/local/apache2/bin/httpd -k start
daemon   58368  0.0  0.1  30204  1436 ?  S    14:32   0:00 /usr/local/apache2/bin/httpd -k start
daemon   58369  0.0  0.1  30204  1436 ?  S    14:32   0:00 /usr/local/apache2/bin/httpd -k start
```

```
daemon   58370  0.0  0.1  30204  1436 ?  S    14:32   0:00 /usr/local/apache2/bin/httpd -k start
root     58559  0.0  0.0 112720   980 pts/2   S+   14:36   0:00 grep --color=auto httpd
#查看进程，可以确定是源码包安装的 Apache 服务的启动
```

笔者经常会问学员一个问题：在系统中已经通过 RPM 包安装了 Apache 服务，还能再通过源码包安装 Apache 服务吗？它们会冲突吗？能同时启动吗？

答案是：可以同时通过 RPM 包和源码包安装 Apache 服务，因为它们的安装位置是不一样的，不会覆盖；但是不能同时启动，因为 80 端口只有一个，除非有一个 Apache 服务修改启动端口。

其实，之所以 RPM 包默认安装的服务和源码包安装的服务的启动与自启动方法都不一致，就是因为安装位置不同。通过表 5-2 来总结一下 RPM 包默认安装的 Apache 服务和源码包安装的 Apache 服务之间的不同。

表 5-2　两种安装方法安装的 Apache 服务对比

项　　目	RPM 包默认安装的 Apache 服务	源码包安装的 Apache 服务
配置文件位置	/etc/httpd/conf/httpd.conf	/usr/local/apache2/conf/httpd.conf
网页保存位置	/var/www/html/	/usr/local/apache2/htdocs/
日志保存位置	/var/log/httpd/	/usr/local/apache2/logs/
启动脚本位置	/usr/lib/systemd/system/httpd.service	/usr/local/apache2/bin/apachectl
启动命令	systemctl start httpd.service	/usr/local/apache2/bin/apachectl start

大家可以注意到，RPM 包默认安装的 Apache 服务，相关配置文件在系统的习惯目录中；而源码包安装的 Apache 服务，相关配置文件在/usr/local/apache2/目录下。

2．源码包安装的服务自启动方法

源码包安装的服务的标准自启动方法非常简单，就是把服务的启动命令写入/etc/rc.d/rc.local 文件中，这个文件中所有的命令都会在系统开机的时候加载。例如：

```
[root@localhost ~]# vi /etc/rc.d/rc.local
/usr/local/apache2/bin/apachectl start
#写入启动命令
[root@localhost ~]# chmod 755 /etc/rc.d/rc.local
#给文件赋予执行权限
```

当把服务的启动命令写入/etc/rc.d/rc.local 文件中之后，记得给此文件赋予执行权限，否则此文件不生效。

5.3.2　把源码包安装的服务加入 systemd 管理

其实，笔者并不推荐把源码包安装的服务加入 systemd 管理，因为启动与自启动方法不同是区分源码包安装的服务与 RPM 包默认安装的服务的主要依据。如果把服务管理都改成通过

systemd 来进行管理，则并不利于读者区分通过这两种不同的方法安装的服务。

把源码包安装的服务加入 systemd 管理的关键其实就是建立一个符合 systemd 标准的启动文件。我们给源码包安装的 Apache 服务建立一个 apache.service 配置文件，让它可以被 systemd 管理。命令如下：

```
[root@localhost ~]# systemctl start apache.service
Failed to start apache.service: Unit not found.
#目前在系统中是没有 apache.service 配置文件的

[root@localhost ~]# vi /usr/lib/systemd/system/apache.service
#手工建立 apache.service 文件
#可以参考 RPM 包默认安装的 Apache 服务的/usr/lib/systemd/system/httpd.service 配置文件

[Unit]
Description=The Apache of Source package
After=network.target

[Service]
Type=simple
#将服务类型改为 simple，否则后续启动会报错
EnvironmentFile=/usr/local/apache2/conf/httpd.conf
#指定 Apache 服务的配置文件位置
PIDFile=/usr/local/apache2/logs/httpd.pid
#指定 Apache 服务运行之后保存 PID 的文件位置
ExecStart=/usr/local/apache2/bin/httpd -k start -DFOREGROUND
#/usr/local/apache2/bin/apachectl 脚本调用的是/usr/local/apache2/bin/httpd 命令
#这里就直接写原始命令
#-DFOREGROUND 表示进程不是直接运行在系统中的，而是交由 systemd 管理的
ExecStop=/bin/kill -WINCH ${MAINPID}
#通过 kill 命令中止进程。其中，MAINPID 为特殊变量，里面存储的是服务的主进程

[Install]
WantedBy=multi-user.target
#加入 multi-user.target 级别
```

修改源码包安装的 Apache 服务的 apache.service 配置文件，是可以参考 RPM 包默认安装的 Apache 服务的 httpd.service 配置文件的。写好了配置文件，我们尝试启动与自启动一下。命令如下：

```
[root@localhost ~]# systemctl daemon-reload
#重新加载一下 systemd，这是必需的步骤
[root@localhost ~]# systemctl start apache.service
#启动源码包的 apache.service 配置文件，不再报错，源码包安装的 Apache 服务已经被加入 systemd 管理
```

```
[root@localhost ~]# systemctl enable apache.service
#自启动源码包的 apache.service 配置文件
[root@localhost ~]# systemctl status apache.service
#查看状态
● apache.service - The Apache of Source package
  Loaded:  loaded  (/usr/lib/systemd/system/apache.service;  enabled;  vendor
preset: disabled)
    #自启动状态正常
  Active: active (running) since 六 2019-07-06 01:16:05 CST; 19s ago
 Main PID: 3008 (httpd)
    #启动状态也正常
  CGroup: /system.slice/apache.service
           ├─3008 /usr/local/apache2/bin/httpd -k start -DFOREGROUND
           ├─3009 /usr/local/apache2/bin/httpd -k start -DFOREGROUND
           ├─3010 /usr/local/apache2/bin/httpd -k start -DFOREGROUND
           ├─3011 /usr/local/apache2/bin/httpd -k start -DFOREGROUND
           ├─3012 /usr/local/apache2/bin/httpd -k start -DFOREGROUND
           └─3013 /usr/local/apache2/bin/httpd -k start -DFOREGROUND
```

我们用把源码包安装的 Apache 服务加入 systemd 管理来举例，把源码包安装的其他服务加入 systemd 管理的方式大同小异。不过，笔者仍要强调，并不推荐把源码包安装的服务加入 systemd 管理，因为启动与自启动方法不同是区分源码包安装的服务与 RPM 包默认安装的服务的主要依据。

本章小结

本章重点

- 服务的分类。
- RPM 包默认安装的单元管理。
- 源码包安装的服务管理。

本章难点

- 服务的分类。
- 不同种类服务的管理。

第6章

七剑下天山：系统管理

学前导读

很多人一看本章要学习系统管理了，第一感觉就是“虽然不知道你在说什么，但是看起来很高端”。其实，系统管理只是一个统称，软件管理、文件系统管理、启动管理和服务管理都可以归入系统管理当中。

在本章中，我们主要学习进程管理、工作管理、系统资源查看和系统定时任务。我们需要解决一些问题，如什么是进程、进程的管理方式是什么、工作管理的作用是什么、系统定时任务如何实现等。

本章内容

6.1　进程管理

进程管理在 Windows 系统中更加直观，主要通过使用 Windows 任务管理器来进行进程管理，如图 6-1 所示。

图 6-1　Windows 任务管理器

我们使用 Windows 任务管理器主要有 3 个目的：第一，利用“应用程序”和“进程”标签来查看系统中到底运行了哪些程序和进程；第二，利用“性能”和“用户”标签来判断服务器的健康状态；第三，在“应用程序”和“进程”标签中强制中止任务和进程。在 Linux 系统中虽然使用命令进行进程管理，但是进程管理的主要目的是一样的，那就是查看系统中运行的程序和进程、判断服务器的健康状态及强制中止不需要的任务和进程。

6.1.1　进程简介

1．什么是进程和程序

进程是正在执行的一个程序或命令，每个进程都是一个运行的实体，都有自己的地址空间，并占用一定的系统资源。程序是人使用计算机语言编写的可以实现特定目标或解决特定问题的代码集合。这么讲很难理解，我们换一种说法。

- 程序是人使用计算机语言编写的，可以实现一定功能，并且可以执行的代码集合。
- 进程是正在执行中的程序。当程序被执行时，执行人的权限和属性，以及程序的代码都会被加载到内存中，操作系统给这个进程分配一个 ID，称为 PID（进程 ID）。

也就是说，在操作系统中，所有可以执行的程序与命令都会产生进程。只是有些程序和命令非常简单，如 ls 命令、touch 命令等，它们在执行完后就会结束，相应的进程也就会终结，所以我们很难捕捉到这些进程。但是，还有一些程序和命令，如 httpd 进程，启动之后就会一直驻留在系统当中，我们把这样的进程称作常驻内存进程，也叫作守护进程。

某些进程会产生一些新的进程，我们把这些新进程称作子进程，而把这个进程本身称作父进程。比如，我们必须正常登录到 Shell 环境中才能执行系统命令，而 Linux 的标准 Shell 是 Bash。我们在 Bash 当中执行了 ls 命令，那么 Bash 就是父进程，而 ls 命令是在 Bash 进程中产生的进程，所以 ls 进程是 Bash 进程的子进程。也就是说，子进程是依赖父进程而产生的，如果父进程不存在，那么子进程也就不存在了。

2．进程管理的作用

在上课时，只要一问学员"进程管理的作用是什么"，大家会不约而同地回答"杀死进程"。的确，这是很多使用进程管理工具或进程管理命令的人最常见的使用方法。不过，笔者在这里想说，"杀死进程"（强制中止进程）只是进程管理中最不常用的手段，因为每个进程都有自己正确的结束方法，而"杀死进程"是在正常方法已经失效的情况下的后备手段。那么，进程管理到底应该是做什么的呢？笔者认为，进程管理主要有以下 3 个作用。

- 判断服务器的健康状态。运维工程师最主要的工作就是保证服务器安全、稳定地运行。理想的状态是，在服务器出现问题，但是还没有造成服务器宕机或停止服务时，就人为干预解决了问题。进程管理最主要的工作就是判断服务器当前运行是否健康，是否需要人为干预。如果服务器的 CPU 占用率、内存占用率过高，就需要人为介入解决问题了。

这又出现了一个问题：我们发现服务器的 CPU 或内存占用率很高，该如何介入呢？是直接中止高负载的进程吗？当然不是，而应该判断这个进程是否是正常进程。如果是正常进程，则说明服务器已经不能满足应用需求了，需要更好的硬件或搭建集群服务器；如果是非法进程占用了系统资源，则更不能直接中止进程，而要判断非法进程的来源、作用和所在位置，从而把它彻底清除。当然，如果服务器的数量很少，那么我们完全可以人为通过进程管理命令来进行监控与干预；但如果服务器的数量较多，那么人为手工监控就变得非常困难了，这时需要相应的监控服务，如 zabbix 或 nagios。总之，进程管理最主要的工作就是判断服务器的健康状态，理想的状态是在服务器宕机之前就解决问题，从而避免服务器宕机。

- 查看系统中所有的进程。我们需要查看系统中所有正在运行的进程，通过这些进程可以判断系统中运行了哪些服务、是否有非法服务正在运行。
- 强制中止进程。这是进程管理中最不常用的手段。当需要停止服务时，会通过正确的关闭命令来停止服务（如 RPM 包默认安装的 Apache 服务可以通过 systemctl stop httpd.service 命令来关闭）。只有在正确中止进程的手段失效的情况下，才会考虑使用 kill 命令杀死进程。

其实，进程管理和 Windows 任务管理器的作用非常类似。不过，大家在使用 Windows 任务管理器时一般都是为了杀死进程，而不是为了判断服务器的健康状态。

6.1.2　进程的查看

我们先来学习进程查看命令，因为在 Linux 系统中运行的进程查看和服务器的健康状态判断都是依靠进程查看命令完成的，只不过分别采用不同的命令。其中，ps 命令侧重静态地查看系统中正在运行的进程；top 命令侧重动态地查看进程和服务器的健康状态；pstree 命令主要用于查看进程树。下面分别进行介绍。

1. ps 命令

ps 是用来静态地查看系统中正在运行的进程的命令。不过，这个命令有些特殊，它的部分选项不能加入“-”。比如命令“ps aux”，其中“aux”是选项，但是这个选项不能加入“-”。这是因为 ps 命令的部分选项需要遵守 BSD 操作系统格式。所以，ps 命令的常用选项的组合是固定的。命令格式如下：

```
[root@localhost ~]# ps aux
#查看系统中所有的进程，使用BSD操作系统格式
[root@localhost ~]# ps -le
#查看系统中所有的进程，使用 Linux 标准命令格式
选项：
    a：显示一个终端的所有进程，除会话引线外
    u：显示进程的归属用户及内存的使用情况
    x：显示没有控制终端的进程
    -l：长格式显示。显示更加详细的信息
    -e：显示所有进程，和-A 选项的作用一致
```

如果执行“man ps”命令，则会发现 ps 命令的帮助为了适应不同的类 UNIX 系统，可用格式非常多，不方便记忆。所以，笔者建议大家记忆几个固定选项即可。比如，执行“ps aux”命令可以查看系统中所有的进程；执行“ps -le”命令可以查看系统中所有的进程，而且还能看到进程的父进程的 PID 和进程优先级；执行“ps -l”命令只能看到当前 Shell 产生的进程。有这 3 个命令就足够了。下面分别来查看。

```
[root@localhost ~]# ps aux
#查看系统中所有的进程
USER       PID %CPU %MEM    VSZ   RSS TTY      STAT START   TIME  COMMAND
root         1  0.0  0.2   2872  1416 ?        Ss   Jun04   0:02  /sbin/init
root         2  0.0  0.0      0     0 ?        S    Jun04   0:00  [kthreadd]
root         3  0.0  0.0      0     0 ?        S    Jun04   0:00  [migration/0]
root         4  0.0  0.0      0     0 ?        S    Jun04   0:00  [ksoftirqd/0]
…省略部分输出…
```

解释一下“ps aux”命令的输出。

- USER：该进程是由哪个用户产生的。
- PID：进程的 ID。
- %CPU：该进程占用 CPU 资源的百分比。占用的百分比越高，进程越耗费资源。
- %MEM：该进程占用物理内存的百分比。占用的百分比越高，进程越耗费资源。
- VSZ：该进程占用虚拟内存的大小，单位为 KB。
- RSS：该进程占用实际物理内存的大小，单位为 KB。
- TTY：该进程是在哪个终端运行的。其中，tty1～tty7 代表本地控制台终端（可以通过 Alt+F1～F7 组合键切换不同的终端），tty1～tty6 是本地的字符界面终端，tty7 是图形界

面终端。pts/0～255 代表虚拟终端，一般是远程连接的终端，第一个远程连接占用 pts/0，第二个远程连接占用 pts/1，依次增长。

- STAT：进程状态。常见的状态有以下几种。
  - D：不可被唤醒的睡眠状态，通常用于 I/O 情况。
  - R：该进程正在运行。
  - S：该进程处于睡眠状态，可被唤醒。
  - T：停止状态，可能是在后台暂停或进程处于除错状态。
  - W：内存交互状态（从 2.6 内核开始无效）。
  - X：死掉的进程（应该不会出现）。
  - Z：僵尸进程。虽然进程已经中止，但是部分程序还在内存当中。
  - <：高优先级（以下状态在 BSD 操作系统格式中出现）。
  - N：低优先级。
  - L：被锁入内存。
  - s：包含子进程。
  - l：多线程（小写 L）。
  - +：位于后台。
- START：该进程的启动时间。
- TIME：该进程占用 CPU 的运行时间，注意不是系统时间。
- COMMAND：产生该进程的命令名。

执行“ps aux”命令可以看到系统中所有的进程，执行“ps -le”命令也能看到系统中所有的进程。由于“-l”选项的作用，所以执行“ps -le”命令能够看到更加详细的信息，比如父进程的 PID、进程优先级等。但是，这两个命令的基本作用是一致的，掌握其中一个命令就足够了。命令如下：

```
[root@localhost ~]# ps -le
F S   UID   PID  PPID  C PRI  NI ADDR SZ    WCHAN  TTY      TIME      CMD
4 S     0     1     0  0  80   0   -   718    -     ?    00:00:02   init
1 S     0     2     0  0  80   0   -     0    -     ?    00:00:00   kthreadd
1 S     0     3     2  0 -40   -   -     0    -     ?    00:00:00   migration/0
1 S     0     4     2  0  80   0   -     0    -     ?    00:00:00   ksoftirqd/0
1 S     0     5     2  0 -40   -   -     0    -     ?    00:00:00   migration/0
...省略部分输出...
```

也来解释一下“pu -le”命令的输出。

- F：进程标志，说明进程的权限。常见的标志有两个。
  - 1：进程可以被复制，但是不能被执行。
  - 4：进程使用超级用户权限。
- S：进程状态。具体的状态和“ps aux”命令中的 STAT 状态一致。

- UID：运行此进程的用户的 ID。
- PID：进程的 ID。
- PPID：父进程的 ID。
- C：该进程的 CPU 使用率，单位是百分比。
- PRI：进程的优先级。数值越小，该进程的优先级越高，越早被 CPU 执行。
- NI：进程的优先级。数值越小，该进程越早被执行。
- ADDR：该进程在内存的哪个位置。
- SZ：该进程占用多大内存。
- WCHAN：该进程是否运行。“-”代表正在运行。
- TTY：该进程由哪个终端产生。
- TIME：该进程占用 CPU 的运行时间，注意不是系统时间。
- CMD：产生该进程的命令名。

不过，有时我们不想看到所有的进程，只想查看一下当前登录产生了哪些进程，那么只需使用“ps -l”命令就足够了。命令如下：

```
[root@localhost ~]# ps -l
#查看当前登录产生的进程
F S   UID   PID  PPID   C   PRI  NI ADDR SZ    WCHAN    TTY      TIME     CMD
4 S     0 18618 18614   0   80   0    -   1681   -      pts/1    00:00:00 bash
4 R     0 18683 18618   4   80   0    -   1619   -      pts/1    00:00:00 ps
```

可以看到，这次从 pts/1 虚拟终端登录，只产生了两个进程：一个是登录之后生成的 Shell，也就是 Bash；另一个是正在执行的 ps 命令。

最后来说说僵尸进程。僵尸进程的产生一般都是由于进程非正常停止或程序编写错误，导致子进程先于父进程结束，而父进程又没有正确地回收子进程，从而造成子进程一直存在于内存当中。僵尸进程会对主机的稳定性产生影响，所以，在产生僵尸进程后，一定要对产生僵尸进程的软件进行优化，避免一直产生僵尸进程；对于已经产生的僵尸进程，可以在查找出来之后强制中止。

2．top 命令

ps 命令用于显示命令运行时这个时间节点的进程状态，而 top 命令则用于动态地持续监听进程的运行状态，而且可以查看系统的健康状态。命令格式如下：

```
[root@localhost ~]# top [选项]
选项：
    -d 秒数：指定 top 命令每隔几秒更新。默认是 3s
    -b：使用批处理模式输出。一般和“-n”选项合用，用于把 top 命令重定向到文件中
    -n 次数：指定 top 命令执行的次数。一般和“-b”选项合用
    -p：指定 PID。只查看某个 PID 对应的进程
    -s：使 top 命令在安全模式中运行，避免在交互模式中出现错误
```

```
    -u 用户名：只监听某个用户的进程
在 top 命令的交互模式中可以执行的命令：
    ? 或 h：显示交互模式的帮助
    P：按照 CPU 的使用率排序，默认就是此选项
    M：按照内存的使用率排序
    N：按照 PID 排序
    T：按照 CPU 的累计运行时间排序，也就是按照"TIME+"选项排序
    k：按照 PID 给予某个进程一个信号。一般用于中止某个进程，信号 9 是强制中止的信号
    r：按照 PID 给某个进程重设优先级（Nice）值
    q：退出 top 命令
```

来看看 top 命令的执行结果，如下：

```
[root@localhost ~]# top
top - 15:55:08 up  6:31,  2 users,  load average: 0.00, 0.01, 0.05
Tasks: 102 total,   1 running, 101 sleeping,   0 stopped,   0 zombie
%Cpu(s):  0.3 us,  0.3 sy,  0.0 ni, 99.0 id,  0.0 wa,  0.0 hi,  0.3 si,  0.0 st
KiB Mem :  1006924 total,   648484 free,   162156 used,   196284 buff/cache
KiB Swap:  2097148 total,  2097148 free,        0 used.   659676 avail Mem

  PID USER      PR  NI    VIRT    RES    SHR S %CPU %MEM     TIME+ COMMAND
 3927 root      20   0       0      0      0 S  0.3  0.0   0:01.02 kworker/0:3
 3976 root      20   0  161840   2188   1556 R  0.3  0.2   0:01.56 top
    1 root      20   0  191164   4052   2608 S  0.0  0.4   0:11.90 systemd
    2 root      20   0       0      0      0 S  0.0  0.0   0:00.00 kthreadd
    3 root      20   0       0      0      0 S  0.0  0.0   0:00.28 ksoftirqd/0
    5 root       0 -20       0      0      0 S  0.0  0.0   0:00.00 kworker/0:0H
    6 root      20   0       0      0      0 S  0.0  0.0   0:01.09 kworker/u128:0
    7 root      rt   0       0      0      0 S  0.0  0.0   0:00.00 migration/0
    8 root      20   0       0      0      0 S  0.0  0.0   0:00.00 rcu_bh
    9 root      20   0       0      0      0 S  0.0  0.0   0:00.63 rcu_sched
   10 root       0 -20       0      0      0 S  0.0  0.0   0:00.00 lru-add-drain
   11 root      rt   0       0      0      0 S  0.0  0.0   0:00.35 watchdog/0
   13 root      20   0       0      0      0 S  0.0  0.0   0:00.00 kdevtmpfs
   14 root       0 -20       0      0      0 S  0.0  0.0   0:00.00 netns
   15 root      20   0       0      0      0 S  0.0  0.0   0:00.01 khungtaskd
   16 root       0 -20       0      0      0 S  0.0  0.0   0:00.00 writeback
```

我们解释一下命令的输出。top 命令的输出内容是动态的，默认每隔 3s 刷新一次。命令的输出主要分为两部分：第一部分是前 5 行，显示的是整个系统的资源使用情况，我们就是通过这些输出来判断服务器的健康状态的；第二部分从第六行开始，显示的是系统中进程的信息。

先来说明第一部分输出的作用。

- 第一行为任务队列信息，具体内容如表 6-1 所示。

表 6-1 任务队列信息

内 容	说 明
15:55:08	系统当前时间
up 6:31	系统的运行时间，本机已经运行了 6 小时 31 分钟
2 users	当前登录了两个用户
load average: 0.00, 0.01, 0.05	系统在之前 1 分钟、5 分钟、15 分钟的平均负载。如果 CPU 是单核的，则这个数值超过 1 就是高负载；如果 CPU 是四核的，则这个数值超过 4 就是高负载（这个平均负载完全是依据个人经验来进行判断的，一般认为不应该超过服务器 CPU 的核数）

- 第二行为进程信息，具体内容如表 6-2 所示。

表 6-2 进程信息

内 容	说 明
Tasks: 102 total	系统中的进程总数
1 running	正在运行的进程数
101 sleeping	睡眠的进程数
0 stopped	正在停止的进程数
0 zombie	僵尸进程数。如果不是 0，则需要手工检查僵尸进程

- 第三行为 CPU 信息，具体内容如表 6-3 所示。

表 6-3 CPU 信息

内 容	说 明
%Cpu(s): 0.3 us	用户模式占用的 CPU 百分比
0.3 sy	系统模式占用的 CPU 百分比
0.0 ni	改变过优先级的用户进程占用的 CPU 百分比
99.0 id	空闲 CPU 占用的 CPU 百分比
0.0 wa	等待输入/输出的进程占用的 CPU 百分比
0.0 hi	硬中断请求服务占用的 CPU 百分比
0.3 si	软中断请求服务占用的 CPU 百分比
0.0 st	st（steal time）意为虚拟时间百分比，就是当有虚拟机时，虚拟 CPU 等待实际 CPU 的时间百分比

- 第四行为物理内存信息，具体内容如表 6-4 所示。

表 6-4 物理内存信息

内 容	说 明
KiB Mem : 1006924 total	物理内存的总量，单位是 KB
648484 free	空闲的物理内存数量。我们使用的是虚拟机，共分配了 628MB 内存，所以只有 53MB 的空闲内存
162156 used	已经使用的物理内存数量
196284 buff/cache	作为缓冲/缓存的物理内存数量

● 第五行为交换分区（swap）信息，如表 6-5 所示。

表 6-5　交换分区信息

内　容	说　明
KiB Swap:　2097148 total	交换分区（虚拟内存）的总大小，单位是 KB
2097148 free	空闲交换分区的大小
0 used	已经使用的交换分区的大小
659676 avail Mem	可用内存大小

通过 top 命令的第一部分输出就可以判断服务器的健康状态。如果系统在之前 1 分钟、5 分钟、15 分钟的平均负载高于 1，则证明系统压力较大。如果 CPU 的使用率过高或空闲率过低，则证明系统压力较大。如果物理内存的空闲内存过小，则也证明系统压力较大。这时我们就应该判断是什么进程占用了系统资源。如果是不必要的进程，则应该结束这些进程；如果是必需的进程，则应该增加服务器资源（如增加虚拟机内存），或者搭建集群服务器。

解释一下缓存（Cache）和缓冲（Buffer）的区别。缓存是在读取硬盘中的数据时，把最常用的数据保存在内存的缓存区中，当再次读取该数据时，就不去硬盘中读取了，而在缓存区中直接读取。缓冲是在向硬盘中写入数据时，先把数据放入缓冲区中，再一起向硬盘中写入，集中进行分散的写操作，减少磁盘碎片和硬盘的反复寻道，从而提高系统性能。简单来说，缓存是用来加速数据从硬盘中"读取"的，而缓冲是用来加速数据"写入"硬盘中的。

再来看看 top 命令的第二部分输出，主要是系统中进程的信息。这部分内容和 ps 命令的输出比较类似，只是如果在终端执行 top 命令，则不能看到所有的进程，而只能看到占比靠前的进程。top 命令的第二部分输出主要有以下内容。

- PID：进程的 ID。
- USER：该进程所属的用户。
- PR：优先级。数值越小，优先级越高。
- NI：优先级。数值越小，优先级越高。
- VIRT：该进程使用的虚拟内存的大小，单位为 KB。
- RES：该进程使用的物理内存的大小，单位为 KB。
- SHR：共享内存大小，单位为 KB。
- S：进程状态。
- %CPU：该进程占用 CPU 的百分比。
- %MEM：该进程占用内存的百分比。
- TIME+：该进程共占用的 CPU 运行时间。
- COMMAND：产生该进程的命令名。

接下来举几个 top 命令常用的实例。比如，只想让 top 命令查看某个进程，就可以使用"-p"选项。命令如下：

```
[root@localhost ~]# top -p 3008
#只查看 PID 为 3008 的 httpd 进程
```

```
top - 16:12:43 up  6:49,  3 users,  load average: 0.00, 0.01, 0.05
Tasks:   1 total,   0 running,   1 sleeping,   0 stopped,   0 zombie
%Cpu(s):  0.0 us,  0.0 sy,  0.0 ni,100.0 id,  0.0 wa,  0.0 hi,  0.0 si,  0.0 st
KiB Mem :  1006924 total,   645056 free,   165380 used,   196488 buff/cache
KiB Swap:  2097148 total,  2097148 free,        0 used.   656300 avail Mem

  PID USER      PR  NI    VIRT    RES    SHR S %CPU %MEM     TIME+ COMMAND
 3008 root      20   0   28120   2352   1556 S  0.0  0.2   0:01.73 httpd
```

top 命令如果不正确退出，则会持续运行。在 top 命令的交互界面中按“q”键会退出 top 命令；也可以按“？”或“h”键得到 top 命令交互界面的帮助信息；还可以按“k”键杀死某个进程。命令如下：

```
[root@localhost ~]# top
top - 16:15:02 up  6:51,  3 users,  load average: 0.00, 0.01, 0.05
Tasks: 106 total,   2 running, 104 sleeping,   0 stopped,   0 zombie
%Cpu(s):  0.0 us,  0.0 sy,  0.0 ni,100.0 id,  0.0 wa,  0.0 hi,  0.0 si,  0.0 st
KiB Mem :  1006924 total,   644864 free,   165632 used,   196428 buff/cache
KiB Swap:  2097148 total,  2097148 free,        0 used.   656108 avail Mem
PID to signal/kill [default pid = 4055] 3008 ←按“k”键，会提示输入要杀死进程的PID
PID USER      PR  NI    VIRT    RES    SHR S %CPU %MEM     TIME+ COMMAND
…省略部分输出…
```

输入要中止进程的 PID，比如要中止 3008 这个 apache 进程，接下来会提示输入信号，在这里输入“9”，代表强制中止（参见 6.1.3 节）。命令如下：

```
top - 16:15:02 up  6:51,  3 users,  load average: 0.00, 0.01, 0.05
Tasks: 106 total,   2 running, 104 sleeping,   0 stopped,   0 zombie
%Cpu(s):  0.0 us,  0.0 sy,  0.0 ni,100.0 id,  0.0 wa,  0.0 hi,  0.0 si,  0.0 st
KiB Mem :  1006924 total,   644864 free,   165632 used,   196428 buff/cache
KiB Swap:  2097148 total,  2097148 free,        0 used.   656108 avail Mem
Send pid 3008 signal [15/sigterm] 9    ←提示输入信号，信号9代表强制中止
  PID USER      PR  NI    VIRT    RES    SHR S %CPU %MEM     TIME+ COMMAND
…省略部分输出…
```

如果要改变某个进程的优先级，就要利用“r”交互命令。需要注意的是，我们能够修改的只有 Nice 的优先级，而不能修改 Priority 的优先级。具体修改命令如下：

```
[root@localhost ~]# top -p 788
top - 16:20:03 up  6:56,  3 users,  load average: 0.00, 0.02, 0.05
Tasks:   1 total,   0 running,   1 sleeping,   0 stopped,   0 zombie
%Cpu(s):  0.3 us,  0.7 sy,  0.0 ni, 99.0 id,  0.0 wa,  0.0 hi,  0.0 si,  0.0 st
KiB Mem :  1006924 total,   645440 free,   165056 used,   196428 buff/cache
KiB Swap:  2097148 total,  2097148 free,        0 used.   656684 avail Mem
PID to renice [default pid = 788] ←输入“r”交互命令，提示输入需要修改优先级的进程的PID
```

```
  PID USER      PR  NI    VIRT    RES    SHR S %CPU %MEM     TIME+ COMMAND
  788 root      20   0  112796   4320   3296 S  0.0  0.4   0:00.04 sshd
```

输入“r”交互命令，会提示输入需要修改优先级的进程的 PID。例如，想要修改 18977 这个 sshd 远程连接进程的优先级，就输入该进程的 PID。命令如下：

```
Renice PID 788 to value 10              ←输入 PID 后，需要输入 Nice 的优先级值
#把 PID 为 788 的进程的优先级调整为 10，回车后就能看到
  PID USER      PR  NI    VIRT    RES    SHR S %CPU %MEM     TIME+ COMMAND
  788 root      30  10  112796   4320   3296 S  0.0  0.4   0:00.04 sshd
#PID 为 788 的进程的优先级被修改了
```

如果在操作终端执行 top 命令，则并不能看到系统中所有的进程，默认看到的只是 CPU 占比靠前的进程。如果想要看到所有的进程，则可以把 top 命令的执行结果重定向到文件中。不过，top 命令是持续运行的，这时就需要使用“-b”和“-n”选项了。具体命令如下：

```
[root@localhost ~]# top -b -n 1 > /root/top.log
#让 top 命令只执行一次，然后把执行结果保存到 top.log 文件中，这样就能看到所有的进程了
```

3．pstree 命令

pstree 是查看进程树的命令，也就是查看进程的相关性的命令。该命令默认没有安装，需要执行“yum -y install psmisc”命令手工安装。

命令格式如下：

```
[root@localhost ~]# pstree [选项]
选项:
   -p: 显示进程的 PID
   -u: 显示进程的所属用户

例如:
[root@localhost ~]# pstree
[root@localhost ~]# pstree -p
systemd(1)─┬─NetworkManager(542)─┬─{NetworkManager}(581)
           │                     └─{NetworkManager}(583)
           ├─VGAuthService(543)
           ├─abrt-watch-log(526)
           ├─abrtd(525)
           ├─agetty(3764)
           ├─atd(570)
           ├─auditd(495)───{auditd}(496)
           ├─crond(575)
           ├─dbus-daemon(535)
           ├─httpd(3008)─┬─httpd(3010)
           │             ├─httpd(3011)
```

```
|           ├─httpd(3012)
|           ├─httpd(3013)
|           └─httpd(4056)
├─login(576)──bash(3726)
├─lsmd(524)
├─lvmetad(378)
├─master(883)─┬─pickup(3913)
|            └─qmgr(885)
├─polkitd(518)─┬─{polkitd}(540)
|             ├─{polkitd}(541)
|             ├─{polkitd}(563)
|             ├─{polkitd}(569)
|             └─{polkitd}(574)
├─rngd(533)
├─rpcbind(538)
├─rsyslogd(792)─┬─{rsyslogd}(804)
|              └─{rsyslogd}(805)
├─smartd(532)
├─sshd(788)─┬─sshd(3655)──bash(3657)
|          └─sshd(4003)──bash(4005)──pstree(4128)
├─systemd-journal(352)
├─systemd-logind(523)
├─systemd-udevd(384)
├─tuned(790)─┬─{tuned}(1040)
|           ├─{tuned}(1041)
|           ├─{tuned}(1042)
|           └─{tuned}(1058)
├─vmtoolsd(545)──{vmtoolsd}(3071)
└─vsftpd(795)
```

在 CentOS 7.x 中，systemd 取代了 init 进程，是所有进程的父进程，进程的 PID 是 1，我们通过 pstree 命令可以清楚地看到这一点。

6.1.3 进程的管理

进程的管理主要是指进程的关闭与重启。我们一般关闭或重启软件，就是关闭或重启它的程序，而不是直接操作进程。比如，要重启 Apache 服务，一般使用命令"systemctl restart httpd"重启 Apache 服务的程序。可以通过直接管理进程来关闭或重启 Apache 服务吗？是可以的，这时就要依赖进程的信号（Signal）了。我们需要给予该进程一个信号，告诉进程我们想让它做什么。

系统中可以识别的信号较多，可以使用命令"kill -l"或"man 7 signal"来查看。命令如下：

```
[root@localhost ~]# kill -l
 1) SIGHUP       2) SIGINT       3) SIGQUIT      4) SIGILL       5) SIGTRAP
 6) SIGABRT      7) SIGBUS       8) SIGFPE       9) SIGKILL     10) SIGUSR1
11) SIGSEGV     12) SIGUSR2     13) SIGPIPE     14) SIGALRM     15) SIGTERM
16) SIGSTKFLT   17) SIGCHLD     18) SIGCONT     19) SIGSTOP     20) SIGTSTP
21) SIGTTIN     22) SIGTTOU     23) SIGURG      24) SIGXCPU     25) SIGXFSZ
26) SIGVTALRM   27) SIGPROF     28) SIGWINCH    29) SIGIO       30) SIGPWR
31) SIGSYS      34) SIGRTMIN    35) SIGRTMIN+1  36) SIGRTMIN+2  37) SIGRTMIN+3
38) SIGRTMIN+4  39) SIGRTMIN+5  40) SIGRTMIN+6  41) SIGRTMIN+7  42) SIGRTMIN+8
43) SIGRTMIN+9  44) SIGRTMIN+10 45) SIGRTMIN+11 46) SIGRTMIN+12 47) SIGRTMIN+13
48) SIGRTMIN+14 49) SIGRTMIN+15 50) SIGRTMAX-14 51) SIGRTMAX-13 52) SIGRTMAX-12
53) SIGRTMAX-11 54) SIGRTMAX-10 55) SIGRTMAX-9  56) SIGRTMAX-8  57) SIGRTMAX-7
58) SIGRTMAX-6  59) SIGRTMAX-5  60) SIGRTMAX-4  61) SIGRTMAX-3  62) SIGRTMAX-2
63) SIGRTMAX-1  64) SIGRTMAX
```

在这里介绍一下常见的进程信号，如表 6-6 所示。

表 6-6 常见的进程信号

信号代号	信号名称	说　明
1	SIGHUP	该信号让进程立即关闭，在重新读取配置文件之后重启
2	SIGINT	程序中止信号，用于中止前台进程。相当于输出 Ctrl+C 组合键
8	SIGFPE	该信号在发生致命的算术运算错误时发出。不仅包括浮点运算错误，还包括溢出及除数为 0 等其他所有的算术运算错误
9	SIGKILL	该信号用来立即结束程序的运行。该信号不能被阻塞、处理和忽略。一般用于强制中止进程
14	SIGALRM	时钟定时信号，计算的是实际的时间或时钟时间。alarm 函数使用该信号
15	SIGTERM	正常结束进程的信号，kill 命令的默认信号。如果进程已经发生了问题，那么这个信号是无法正常中止进程的，这时我们才会尝试 SIGKILL 信号，也就是信号 9
18	SIGCONT	该信号可以让暂停的进程恢复执行。该信号不能被阻断
19	SIGSTOP	该信号可以暂停前台进程，相当于输入 Ctrl+Z 组合键。该信号不能被阻断

在这里只介绍了常见的进程信号，其中最重要的就是“1”“9”“15”这 3 个信号，我们只需要记住这 3 个信号即可。但是，如何把这些信号传递给进程，从而控制这个进程呢？这时就需要使用 kill、killall 或 pkill 命令。

1．kill 命令

从字面上来看，kill 就是用来杀死进程的命令。但是，根据不同的信号，kill 命令可以完成不同的操作。命令格式如下：

```
[root@localhost ~]# kill [信号] PID
```

kill 命令是按照 PID 来确定进程的，所以 kill 命令只能识别 PID，而不能识别进程名。举几个例子来说明一下 kill 命令。

```
例子 1: 标准 kill 命令
[root@localhost ~]# systemctl start httpd.service
#启动 RPM 包默认安装的 Apache 服务

[root@localhost ~]# pstree -p | grep httpd | grep -v "grep"
#查看 httpd 的进程树及 PID。grep 命令查看 httpd 也会生成包含“httpd”关键字的进程，
#所以使用“-v”反向选择包含“grep”关键字的进程
#这里使用 pstree 命令来查看进程，当然也可以使用 ps 和 top 命令
        |-httpd(3008)-+-httpd(3010)
        |              |-httpd(3011)
        |              |-httpd(3012)
        |              |-httpd(3013)
        |              `-httpd(4056)

[root@localhost ~]# kill 3012
#杀死 PID 是 3012 的 httpd 进程，默认信号是 15，正常停止
#如果默认信号 15 不能杀死进程，则可以尝试“-9”信号，强制杀死进程

[root@localhost ~]# pstree -p | grep httpd | grep -v "grep"
        |-httpd(3008)-+-httpd(3010)
        |             |-httpd(3011)
        |             |-httpd(3013)
        |             |-httpd(4056)
        |             `-httpd(4305)
#PID 是 3012 的 httpd 进程消失了

例子 2: 使用“-1”信号，让进程重启
[root@localhost ~]# kill -1 3008
#使用“-1（数字 1）”信号，让 httpd 的主进程重新启动

[root@localhost ~]# pstree -p | grep httpd | grep -v "grep"
        |-httpd(3008)-+-httpd(4310)
        |             |-httpd(4311)
        |             |-httpd(4312)
        |             |-httpd(4313)
        |             `-httpd(4314)
#主 httpd 进程（3008）没变，子 httpd 进程的 PID 都更换了，说明 httpd 进程已经重启了一次

例子 3: 使用“-19”信号，让进程暂停
[root@localhost ~]# vi test.sh
#使用 vi 命令编辑一个文件，不要退出

[root@localhost ~]# ps aux | grep "test.sh" | grep -v "grep"
```

```
root       4366  0.1  0.5 151656  5240 pts/0    SN+  09:18   0:00 vim test.sh
#换一个不同的终端，查看一下这个进程的状态。进程状态是S（睡眠）、N（低优先级）、+（位于后台），
#因为是在另一个终端运行的命令，所以在此终端查看是位于后台的

[root@localhost ~]# kill -19 4366
#使用“-19”信号，让PID是4366的进程暂停。相当于在Vi界面中按Ctrl+Z组合键

[root@localhost ~]# ps aux | grep "test.sh" | grep -v "grep"
root       4366  0.0  0.5 151656  5240 pts/0    TN   09:18   0:00 vim test.sh
#注意PID是4366的进程的状态，变成了T（暂停）状态。这时切换回Vi的终端，发现vi命令已
#经暂停，又回到了命令提示符
#不过，PID是2313的进程就会卡在后台。如果想要恢复，则可以使用“kill -9 2313”命令强制中止进程。也
#可以利用6.2节将要学习的工作管理来进行恢复
```

2. killall命令

killall命令就不再依靠PID来杀死单个进程了，而是通过程序的进程名来杀死一类进程的。命令格式如下：

```
[root@localhost ~]# killall [选项][信号] 进程名
选项：
    -i:      交互式，询问是否要杀死某个进程
    -I:      忽略进程名的大小写
```

举几个例子。

```
例子1：杀死httpd进程
[root@localhost ~]# systemctl restart httpd.service
#重启RPM包默认安装的Apache服务

[root@localhost ~]# ps aux | grep "httpd"  | grep -v "grep"
root      1169  0.8  0.4 224020  4996 ?       Ss   17:25   0:00 /usr/sbin/httpd -DFOREGROUND
apache    1170  0.0  0.3 226104  3100 ?       S    17:25   0:00 /usr/sbin/httpd -DFOREGROUND
apache    1171  0.0  0.3 226104  3100 ?       S    17:25   0:00 /usr/sbin/httpd -DFOREGROUND
apache    1172  0.0  0.3 226104  3100 ?       S    17:25   0:00 /usr/sbin/httpd -DFOREGROUND
apache    1173  0.0  0.3 226104  3100 ?       S    17:25   0:00 /usr/sbin/httpd -DFOREGROUND
apache    1174  0.0  0.3 226104  3100 ?       S    17:25   0:00 /usr/sbin/httpd -DFOREGROUND
#查看httpd进程

[root@localhost ~]# killall httpd
#杀死所有进程名是httpd的进程

[root@localhost ~]# ps aux | grep "httpd"  | grep -v "grep"
#所有的httpd进程都消失了

例子2：交互式杀死sshd进程
```

```
[root@localhost ~]# ps aux | grep "sshd" | grep -v "grep"
root      1733  0.0  0.1   8508  1008 ?        Ss   19:47   0:00 /usr/sbin/sshd
root      1735  0.1  0.5  11452  3296 ?        Ss   19:47   0:00 sshd: root@pts/0
root      1758  0.1  0.5  11452  3296 ?        Ss   19:47   0:00 sshd: root@pts/1
#系统中有 3 个 sshd 进程。1733 是 sshd 服务的进程，1735 和 1758 是两个远程连接的进程

[root@localhost ~]# killall -i sshd
#交互式杀死 sshd 进程
杀死 sshd(1733) ? (y/N) n
#这个进程是 sshd 服务的进程，如果杀死，那么所有的 sshd 连接都不能登录
杀死 sshd(1735) ? (y/N) n
#这是当前登录终端，不能杀死
杀死 sshd(1758) ? (y/N) y
#杀死另一个 sshd 登录终端
```

3. pkill 命令

pkill 命令和 killall 命令非常类似，也是按照进程名来杀死进程的。命令格式如下：

```
[root@localhost ~]# pkill [选项] [信号] 进程名
选项:
    -t 终端号:    按照终端号踢出用户
```

不知道大家有没有发现，刚刚通过 killall 命令杀死 sshd 进程的方式来踢出用户，非常容易误杀死进程，要么会把 sshd 服务杀死，要么会把自己的登录终端杀死。所以，不管是使用 kill 命令按照 PID 杀死登录进程，还是使用 killall 命令按照进程名杀死登录进程，都是非常容易误杀死进程的。

使用 pkill 命令可以按照终端号来杀死用户，而使用 w 命令可以非常简单地对应自己是哪个终端，因为 w 命令会显示终端号与当前用户正在执行的命令。碰到其他用户刚好和你同时执行 w 命令的概率太小了，所以我们可以认为正在执行 w 命令的用户就是你自己。具体命令如下：

```
[root@localhost ~]# w
#使用 w 命令查看本机已经登录的用户
 17:28:09 up 4 min,  3 users,  load average: 0.03, 0.12, 0.06
USER     TTY      FROM              LOGIN@   IDLE   JCPU   PCPU WHAT
root     tty1                      17:28    9.00s  0.04s  0.04s -bash
root     pts/0    192.168.44.1     17:24    1.00s  0.15s  0.01s w
root     pts/1    192.168.44.1     17:27   45.00s  0.01s  0.01s -bash
#当前主机已经登录了 3 个 root 用户，一个是本地终端 tty1 登录，另外两个是从 192.168.44.1
#登录的远程登录。从 pts/0 登录的远程用户是我自己，因为该用户正在执行 w 命令

[root@localhost ~]# pkill -9 -t pts/1
#强制杀死从远程终端 pts/1 登录的进程
```

```
[root@localhost ~]# w
17:30:10 up 6 min,  2 users,  load average: 0.00, 0.08, 0.05
USER     TTY      FROM             LOGIN@   IDLE   JCPU   PCPU WHAT
root     tty1                      17:28    2:10   0.04s  0.04s -bash
root     pts/0    192.168.44.1     17:24    2.00s  0.14s  0.00s w
#从远程终端pts/1 登录的进程已经被杀死了
```

6.1.4 进程的优先级

Linux 是一个多用户、多任务的操作系统，Linux 系统中通常运行着非常多的进程。但是，CPU 在一个时钟周期内只能运行一条指令（现在的 CPU 采用了多线程、多核心技术，所以在一个时钟周期内可以运行多条指令。但是，同时运行的指令数也远远小于系统中的进程总数），那么问题来了：谁应该先运行，谁应该后运行呢？这就需要由进程的优先级来决定了。另外，CPU 在运行时，不是先把一个进程运行完成，再运行下一个进程的，而是先运行进程 1，再运行进程 2，接下来运行进程 3，然后再运行进程 1，直到进程任务结束的。但是，由于进程优先级的存在，进程并不是依次运行的，而是哪个进程的优先级高，哪个进程会在一次运行循环中被更多次地运行。

这样说很难理解，那我们换一种说法。假设我现在有 4 个孩子（进程）需要喂饭（运行），我更喜欢孩子 1（进程 1 的优先级更高），孩子 2、孩子 3 和孩子 4 一视同仁（进程 2、进程 3 和进程 4 的优先级一致）。现在我开始喂饭了，我不能先把孩子 1 喂饱，再喂其他的孩子，而是需要循环喂饭的（CPU 在运行时是所有进程循环运行的）。那么，我在喂饭时（运行），会先喂孩子 1 一口饭，再去喂其他的孩子。而且在一次循环中，会先喂孩子 1 两口饭，因为我更喜欢孩子 1（优先级高），而喂其他的孩子一口饭。这样，孩子 1 会先吃饱（进程 1 运行得更快），因为我更喜欢孩子 1。

在 Linux 系统中，表示进程优先级的参数有两个：Priority 和 Nice。还记得“ps -l”命令吗？

```
[root@localhost ~]# ps -le
F S   UID   PID  PPID  C PRI  NI ADDR    SZ WCHAN  TTY        TIME CMD
4 S     0     1     0  0  80   0 -    31360 ep_pol ?      00:00:02 systemd
1 S     0     2     0  0  80   0 -        0 kthrea ?      00:00:00 kthreadd
1 S     0     3     2  0  80   0 -        0 smpboo ?      00:00:00 ksoftirqd/0
...省略部分输出...
```

其中，PRI 代表 Priority，NI 代表 Nice。这两个值都表示优先级，数值越小，代表该进程越优先被 CPU 处理。不过，PRI 值是由内核动态调整的，用户不能直接修改。所以，我们只能通过修改 NI 值来影响 PRI 值，间接地调整进程的优先级。PRI 和 NI 的关系如下：

```
PRI（最终值）= PRI（原始值）+ NI
```

其实，大家只需要记得，修改 NI 值就可以改变进程的优先级。NI 值越小，进程的 PRI 值就会降低，该进程就越优先被 CPU 处理；反之，NI 值越大，进程的 PRI 值就会增加，该进程就越靠后被 CPU 处理。在修改 NI 值时有以下几个注意事项：

- NI 值的范围是-20～19。
- 普通用户调整 NI 值的范围是 0～19，而且只能调整自己的进程。
- 普通用户只能调高 NI 值，而不能降低 NI 值。如原本 NI 值为 0，则只能调整为大于 0。
- 只有 root 用户才能设定进程 NI 值为负值，而且可以调整任何用户的进程。

1. nice 命令

nice 命令可以给新执行的命令直接赋予 NI 值，但是不能修改已经存在的进程的 NI 值。命令格式如下：

```
[root@localhost ~]# nice [选项] 命令
选项:
  -n NI 值:    给命令赋予 NI 值

例如:
[root@localhost ~]# systemctl start httpd.service
#启动 RPM 包默认安装的 httpd 服务

[root@localhost ~]# ps -le | grep "httpd" | grep -v grep
F S   UID  PID  PPID  C  PRI  NI  ADDR   SZ   WCHAN   TTY    TIME     CMD
4 S     0 1335     1  0  80   0    -   56005 poll_s  ?     00:00:00 httpd
5 S    48 1336  1335  0  80   0    -   56526 inet_c  ?     00:00:00 httpd
5 S    48 1337  1335  0  80   0    -   56526 inet_c  ?     00:00:00 httpd
5 S    48 1338  1335  0  80   0    -   56526 inet_c  ?     00:00:00 httpd
5 S    48 1339  1335  0  80   0    -   56526 inet_c  ?     00:00:00 httpd
5 S    48 1340  1335  0  80   0    -   56526 inet_c  ?     00:00:00 httpd
#用默认优先级启动 httpd 服务，PRI 值是 80，而 NI 值是 0

[root@localhost ~]# systemctl stop httpd.service
#停止 Apache 服务

[root@localhost ~]# nice -n -5 /usr/sbin/httpd
#启动 Apache 服务，同时修改 httpd 服务进程的 NI 值为-5
#这里要通过/usr/sbin/httpd 脚本直接启动 Apache 服务，而不能通过 systemctl 间接启动

[root@localhost ~]# ps -le | grep "httpd" | grep -v grep
F S   UID  PID  PPID  C  PRI  NI ADDR SZ    WCHAN   TTY       TIME CMD
1 S     0 1819     1  0  75   -5  - 56005 poll_s   ?      00:00:00 httpd
5 S    48 1820  1819  0  75   -5  - 56526 inet_c   ?      00:00:00 httpd
5 S    48 1821  1819  0  75   -5  - 56526 inet_c   ?      00:00:00 httpd
```

```
5 S    48  1822  1819  0  75   -5    - 56526 inet_c   ?         00:00:00 httpd
5 S    48  1823  1819  0  75   -5    - 56526 inet_c   ?         00:00:00 httpd
5 S    48  1824  1819  0  75   -5    - 56526 inet_c   ?         00:00:00 httpd
#httpd 服务进程的 PRI 值变为了 75，而 NI 值为-5
```

2. renice 命令

renice 命令用于修改已经存在的进程的 NI 值。命令格式如下：

```
[root@localhost ~]# renice [优先级] PID

例如:
[root@localhost ~]# renice -10 1822
1822 (进程 ID) 旧优先级为 -5，新优先级为 -10
#重新调整 PID 为 1822 的进程的 NI 值

[root@localhost ~]#  ps -le | grep "httpd" |   grep -v  grep
1 S     0  1819     1  0   75 -5  -     56005 poll_s  ?       00:00:00 httpd
5 S    48  1820  1819  0   75 -5  -     56526 inet_c  ?       00:00:00 httpd
5 S    48  1821  1819  0   75 -5  -     56526 inet_c  ?       00:00:00 httpd
5 S    48  1822  1819  0   70 -10 -     56526 inet_c  ?       00:00:00 httpd
5 S    48  1823  1819  0   75 -5  -     56526 inet_c  ?       00:00:00 httpd
5 S    48  1824  1819  0   75 -5  -     56526 inet_c  ?       00:00:00 httpd
#PID 为 1822 的进程的 PRI 值为 70，而 NI 值为-10
```

6.2 工作管理

6.2.1 工作管理简介

工作管理指的是在单个登录终端（登录的 Shell 界面）同时管理多个工作的行为。也就是说，我们登录了一个终端，已经在执行一项操作，那么，是否可以在不关闭当前操作的情况下执行其他操作呢？当然可以，我们可以再启动一个终端，然后执行其他操作。不过，是否可以在一个终端执行不同的操作呢？这就需要通过工作管理来实现了。比如，我在当前终端正在 vi 一个文件，在不停止 vi 的情况下，如果想在同一个终端执行其他的命令，就应该先把 vi 命令放入后台，再执行其他命令。把命令放入后台，然后把命令恢复到前台，或者让命令恢复到后台执行，这些管理操作就是工作管理。

关于后台管理，有几个事项需要大家注意。

- 前台是指当前可以操控和执行命令的这个操作环境；后台是指工作可以自行运行，但是不能直接用 Ctrl+C 组合键来中止它，只能使用 fg/bg 来调用它的这个操作环境。
- 当前终端只能管理当前终端中的工作，而不能管理其他终端中的工作。如 tty1 终端是不能管理 tty2 终端中的工作的。

- 放入后台的命令必须可以持续运行一段时间，这样我们才能捕捉和操作它。
- 放入后台的命令不能和前台有交互或需要前台输入，否则只能放入后台暂停，而不能执行。比如，vi 命令只能放入后台暂停，而不能执行，因为 vi 命令需要前台输入信息；top 命令也不能放入后台执行，而只能放入后台暂停，因为 top 命令需要和前台有交互。

6.2.2 如何把命令放入后台

那么，如何把命令放入后台呢？有两种方法，下面分别介绍。

1. 第一种方法是“命令 &”，把命令放入后台执行

第一种把命令放入后台的方法是在命令后面加入“空格&”。使用这种方法放入后台的命令，在后台处于执行状态。但要注意，放入后台的命令不能和前台有交互，否则这个命令是不能在后台执行的。举一个例子：

```
[root@localhost ~]# find / -name  anaconda-ks.cfg &
[1] 1879
# [工作号] 进程号
#把 find 命令放入后台执行，每个后台命令会被分配一个工作号。命令既然可以执行，就会有进
#程产生，所以也会有进程号
```

这样，虽然 find 命令正在执行，但是在当前终端仍然可以执行其他操作。如果在终端上出现如下信息，则证明放入后台的这个命令已经执行完成了。

```
[1]+  完成                    find / -name anaconda-ks.cfg
```

当然，如果命令有执行结果，则也会显示到当前终端上。[1]是这个命令的工作号，“+”代表这个命令是最近一个被放入后台的。

2. 第二种方法是在命令执行过程中按 Ctrl+Z 组合键，命令在后台处于暂停状态

使用这种方法放入后台的命令，就算不和前台有交互，能在后台执行，也处于暂停状态，因为 Ctrl+Z 组合键就是暂停的快捷键。举几个例子。

```
例子 1:
[root@localhost ~]# top
#在 top 命令执行过程中，按下 Ctrl+Z 组合键
[1]+  已停止                  top
#top 命令被放入后台，工作号是 1，状态是暂停。而且，虽然 top 命令没有结束，但是也能取得控制台权限

例子 2:
[root@localhost ~]# tar -zcf etc.tar.gz /etc/
#压缩一下/etc/目录
```

```
tar: 从成员名中删除开头的“/”
tar: 从硬链接目标中删除开头的“/”
^Z                              ← 在命令执行过程中，按下 Ctrl+Z 组合键
[2]+  已停止              tar -zcf etc.tar.gz /etc
#tar 命令被放入后台，工作号是 2，状态是暂停
```

每个被放入后台的命令都会被分配一个工作号。第一个被放入后台的命令，工作号是 1；第二个被放入后台的命令，工作号是 2；以此类推。

6.2.3　后台命令管理

1．查看后台的工作

可以使用 jobs 命令查看在当前终端放入后台的工作，工作管理的名字也来源于 jobs 命令。命令格式如下：

```
[root@localhost ~]# jobs [-l]
选项：
  -l：显示工作的 PID

例如：
[root@localhost ~]# jobs -l
[1]-  2043 停止 (信号)        top
[2]+  2056 停止               tar -zcf etc.tar.gz /etc
```

在当前终端有两个后台工作：一个是 top 命令，工作号为 1，状态是暂停，标志是“-”；另一个是 tar 命令，工作号为 2，状态是暂停，标志是“+”。“+”号代表最近一个被放入后台的工作，也就是恢复工作时默认恢复的工作，“-”号代表倒数第二个被放入后台的工作；而第三个以后被放入后台的工作就没有“+、-”标志了。

2．将后台暂停的工作恢复到前台执行

如果想把后台暂停的工作恢复到前台执行，则需要执行 fg 命令。命令格式如下：

```
[root@localhost ~]# fg %工作号
参数：
  %工作号：“%”可以省略，但要注意工作号和 PID 的区别

例如：
[root@localhost ~]# jobs
[1]-  2043 停止 (信号)        top
[2]+  2056 停止               tar -zcf etc.tar.gz /etc
[root@localhost ~]# fg
#恢复具有“+”标志的工作，也就是 tar 命令
```

```
[root@localhost ~]# fg %1
#恢复 1 号工作，也就是 top 命令
```

被恢复到前台的命令就和基本命令一致，正常执行或中止即可。但要注意，top 命令是不能在后台执行的，所以，如果想要中止 top 命令，要么把 top 命令恢复到前台，然后正常退出；要么找到 top 命令的 PID，使用 kill 命令中止这个进程。

3．把后台暂停的工作恢复到后台执行

使用 Ctrl+Z 组合键的方式放入后台的命令，在后台都处于暂停状态，如何让这个后台工作继续在后台执行呢？这就需要使用 bg 命令了。命令格式如下：

```
[root@localhost ~]# bg %工作号
```

继续把 top 和 tar 命令放入后台，让它们处于暂停状态。然后尝试把这两个后台工作恢复到后台执行。命令如下：

```
[root@localhost ~]# bg %1
[root@localhost ~]# bg %2
#把两个命令恢复到后台执行
[root@localhost ~]# jobs
[1]+  已停止               top
[2]-  运行中               tar -zcf etc.tar.gz /etc &
#tar 命令的状态变为了 Running，但是 top 命令的状态还是 Stopped
```

可以看到，tar 命令确实已经在后台执行了，但是 top 命令怎么还处于暂停状态呢？那是因为 top 命令需要和前台有交互，所以不能在后台执行。top 命令就是给前台用户显示系统性能的命令，所以是不能在后台恢复执行的。如果 top 命令在后台恢复执行了，那么给谁去看结果呢？

4．后台命令脱离当前登录终端执行

我们知道，把命令放入后台，只能在当前登录终端执行。如果是远程管理的服务器，在远程终端执行了后台命令，这时退出登录，那么这个后台命令还能继续执行吗？当然是不行的，这个后台命令会被中止。但是，我们确实需要在远程终端执行某些后台命令，该如何执行呢？

- 第一种方法是把需要在后台执行的命令加入/etc/rc.local 文件中，让系统在启动时执行这个后台程序。这种方法的问题是，服务器是不能随便重启的，如果有临时后台任务，就不能执行了。
- 第二种方法是使用系统定时任务，让系统在指定的时间执行某个后台命令。这样放入后台的命令与登录终端无关，是不依赖登录终端的。
- 第三种方法是使用 nohup 命令。

nohup 命令的作用就是让后台工作在离开当前操作终端时，也能够正确地在后台执行。命令格式如下：

```
[root@localhost ~]# nohup [命令] &

例如:
[root@localhost ~]# nohup find / -print > /root/file.log &
[3] 2349                               ← 使用 find 命令，打印/下的所有文件。放入后台执行
[root@localhost ~]# nohup: 忽略输入并把输出追加到"nohup.out"
#有提示信息
```

接下来的操作要迅速，否则 find 命令就会执行结束。然后就可以退出登录，重新登录之后，执行“ps aux”命令，会发现 find 命令还在执行。

如果 find 命令执行得太快，那么可以写一个循环脚本，然后使用 nohup 命令执行。例如：

```
[root@localhost ~]# vi for.sh
#!/bin/bash

for ((i=0;i<=1000;i=i+1))                   ← 循环 1000 次
       do
              echo 11 >> /root/for.log      ←在 for.log 文件中写入 11
              sleep 10s                     ←每次循环睡眠 10s
       done

[root@localhost ~]# chmod 755 for.sh
[root@localhost ~]# nohup /root/for.sh &
[1] 2478
[root@localhost ~]# nohup: 忽略输入并把输出追加到"nohup.out"
#执行脚本
```

接下来退出登录，重新登录之后，这个脚本仍然可以通过“ps aux”命令查看到。

6.3　系统资源查看

上一节学习的 ps、top、pstree 命令除可以查看系统进程之外，还可以帮助我们判断系统的健康状态，尤其是 top 命令可以看到的信息非常多，也非常重要。在 Linux 系统中，除这 3 个命令之外，还有一些重要的系统资源查看命令，我们也需要学习。

6.3.1　vmstat 命令：监控系统资源

vmstat 是 Linux 系统中的一个综合性能分析工具，可以用来监控 CPU 使用、进程状态、内存使用、虚拟内存使用、磁盘输入/输出状态等信息。命令格式如下：

```
[root@localhost ~]# vmstat [刷新延时 刷新次数]

例如：
[root@localhost proc]# vmstat 1 3
#使用 vmstat 命令进行检测，每隔 1s 刷新一次，共刷新 3 次
procs -----------memory---------- ---swap-- -----io---- --system-- -----cpu-----
 r  b   swpd   free   buff  cache   si   so    bi    bo   in   cs us sy id wa st
 0  0      0 407376  55772  84644    0    0     5     2    9   10  0  0 100  0  0
 0  0      0 407368  55772  84644    0    0     0     0   12   10  0  0 100  0  0
 0  0      0 407368  55772  84644    0    0     0     0   15   13  0  0 100  0  0
```

解释一下这个命令的输出。

- procs：进程信息字段。
  - r：等待运行的进程数，数量越大，系统越繁忙。
  - b：不可被唤醒的进程数，数量越大，系统越繁忙。
- memory：内存信息字段。
  - swpd：虚拟内存的使用情况，单位为 KB。
  - free：空闲的内存容量，单位为 KB。
  - buff：缓冲的内存容量，单位为 KB。
  - cache：缓存的内存容量，单位为 KB。
- swap：交换分区信息字段。
  - si：从磁盘中交换到内存中数据的数量，单位为 KB。
  - so：从内存中交换到磁盘中数据的数量，单位为 KB。这两个数越大，表明数据需要经常在磁盘和内存之间进行交换，系统性能越差。
- io：磁盘读/写信息字段。
  - bi：从块设备中读入的数据的总量，单位是块。
  - bo：写到块设备的数据的总量，单位是块。这两个数越大，代表系统的 I/O 越繁忙。
- system：系统信息字段。
  - in：每秒被中断的进程次数。
  - cs：每秒进行的事件切换次数。这两个数越大，代表系统与接口设备的通信越繁忙。
- cpu：CPU 信息字段。
  - us：非内核进程消耗 CPU 运行时间的百分比。
  - sy：内核进程消耗 CPU 运行时间的百分比。
  - id：空闲 CPU 的百分比。
  - wa：等待 I/O 所消耗的 CPU 百分比。
  - st：被虚拟机所盗用的 CPU 百分比。

本机是一台测试用的虚拟机，并没有多少资源被占用，所以资源占用率都比较低。如果服务器上的资源占用率比较高，那么使用 vmstat 命令查看到的参数值就会比较大。这时就需要手工进

行干预。如果是非正常进程占用了系统资源，则需要判断这些进程是如何产生的，不能一杀了之；如果是正常进程占用了系统资源，则说明服务器需要升级了。

6.3.2　dmesg 命令：显示开机时的内核检测信息

在系统启动过程中，内核还需要进行一次系统检测，这些内核检测信息会被记录在内存当中。是否可以查看内核检测信息呢？使用 dmesg 命令就可以查看这些信息。一般利用这个命令查看系统的硬件信息。命令格式如下：

```
[root@localhost ~]# dmesg

例如：
[root@localhost ~]# dmesg | grep CPU
#查看 CPU 的信息
 Transmeta TransmetaCPU
SMP: Allowing 1 CPUs, 0 hotplug CPUs
NR_CPUS:32 nr_cpumask_bits:32 nr_cpu_ids:1 nr_node_ids:1
PERCPU: Embedded 14 pages/cpu @c1a00000 s35928 r0 d21416 u2097152
Initializing CPU#0
CPU: Physical Processor ID: 0
mce: CPU supports 0 MCE banks
CPU0: Intel(R) Core(TM) i7-3630QM CPU @ 2.40GHz stepping 09
Brought up 1 CPUs
microcode: CPU0 sig=0x306a9, pf=0x1, revision=0x12

[root@localhost ~]# dmesg | grep eth0
#查看第一块网卡的信息
eth0: registered as PCnet/PCI II 79C970A
eth0: link up
eth0: no IPv6 routers present
```

6.3.3　free 命令：查看内存使用状态

free 命令可以用来查看系统内存和交换分区的使用情况，其输出和 top 命令的内存部分非常相似。命令格式如下：

```
[root@localhost ~]# free [-h|-b|-k|-m|-g]
选项：
    -h：人性化显示，按照常用单位显示
    -b：以字节为单位显示
    -k：以 KB 为单位显示。默认显示
```

```
  -m: 以 MB 为单位显示
  -g: 以 GB 为单位显示

例如:
[root@localhost ~]# free -h
            total        used        free      shared  buff/cache   available
Mem:         983M        172M        557M        7.6M        252M        613M
Swap:        2.0G          0B        2.0G
```

解释一下这个命令的输出。

- 第一行：Mem 定义的是内存的使用情况。total 是总内存数，used 是已经使用的内存数，free 是空闲的内存数，shared 是多个进程共享的内存总数，buff/cache 是缓冲与缓存内存数，available 是系统可用内存数（当系统内存占用较大时，可以把部分 shared 内存、buff/cache 内存提取出来供系统使用，所以 available 内存数大于 free 内存数）。
- 第二行：Swap 定义的是交换分区的使用情况。total 是交换分区的总数，used 是已经使用的交换分区数，free 是空闲的交换分区数。

6.3.4 查看 CPU 信息

CPU 的主要信息保存在/proc/cpuinfo 文件中，只要查看这个文件，就可以知道 CPU 的相关信息。命令如下：

```
[root@localhost ~]# cat /proc/cpuinfo
processor       : 0
#逻辑 CPU 编号
vendor_id       : GenuineIntel
#CPU 制造厂商
cpu family      : 6
#产品系列代号
model           : 58
#CPU 系列代号
model name      : Intel(R) Core(TM) i7-3630QM CPU @ 2.40GHz
#CPU 系列的名字、编号、主频
stepping        : 9
#更新版本
cpu MHz         : 2394.649
#实际主频
cache size      : 6144 KB
#二级缓存
fdiv_bug        : no
hlt_bug         : no
f00f_bug        : no
```

```
coma_bug        : no
fpu             : yes
fpu_exception   : yes
cpuid level     : 13
wp              : yes
flags    : fpu vme de pse tsc msr pae mce cx8 apic sep mtrr pge mca cmov pat
pse36 clflush dts mmx fxsr sse sse2 ss syscall nx rdtscp lm constant_tsc
arch_perfmon pebs bts nopl xtopology tsc_reliable nonstop_tsc aperfmperf
eagerfpu pni pclmulqdq ssse3 cx16 pcid sse4_1 sse4_2 x2apic popcnt aes xsave
avx f16c rdrand hypervisor lahf_lm epb fsgsbase smep xsaveopt dtherm ida arat
pln pts
bogomips     : 4789.19
clflush size    : 64
cache_alignment: 64
address sizes   : 40 bits physical, 48 bits virtual
power management:
```

6.3.5　查看本机登录用户信息

如果想要知道 Linux 服务器上目前已经登录的用户信息，则可以使用 w 或 who 命令来进行查看。先来看看 w 命令，如下：

```
[root@localhost ~]# w
19:45:21 up  2:21,  3 users,  load average: 0.00, 0.01, 0.05
USER     TTY      FROM             LOGIN@   IDLE   JCPU   PCPU WHAT
root     tty1                      17:28    2:17m  0.04s  0.04s -bash
root     pts/0    192.168.44.1     19:35    1.00s  0.04s  0.01s w
root     pts/1    192.168.44.1     18:29    48:57  0.03s 0.03s -bash
```

解释一下这个命令的输出。

- 第一行其实和 top 命令输出的第一行非常类似，主要显示了系统当前时间、系统的运行时间（up）、有多少用户登录（users），以及系统在之前 1 分钟、5 分钟、15 分钟的平均负载。
- 第二行是项目的说明，从第三行开始每行代表一个用户。这些项目具体如下。
  - USER：登录的用户名。
  - TTY：登录终端。
  - FROM：从哪个 IP 地址登录。
  - LOGIN@：登录时间。
  - IDLE：用户闲置时间。
  - JCPU：和该终端连接的所有进程占用的 CPU 运行时间。在这个时间里并不包括过去的后台作业时间，但是包括当前正在执行的后台作业所占用的时间。

- PCPU：当前进程所占用的 CPU 运行时间。
- WHAT：当前正在执行的命令。

从 w 命令的输出中已知，在 Linux 服务器上已经登录了 3 个 root 用户，一个是从本地终端 1 登录的（tty1），另外两个是从远程终端 1（pts/0）和 2（pts/1）登录的，登录的来源 IP 是 192.168.44.1。

who 命令比 w 命令稍微简单一些，也可以用来查看系统中已经登录的用户。命令如下：

```
[root@localhost ~]# who
root     tty1        2019-07-10 17:28
root     pts/0       2019-07-10 19:35 (192.168.44.1)
root     pts/1       2019-07-10 18:29 (192.168.44.1)
#用户名  登录终端      登录时间(登录的来源 IP)
```

如果原先登录的用户现在已经退出登录，那么是否还能查看呢？当然可以，这时就需要使用 last 和 lastlog 命令了。先来看看 last 命令，如下：

```
[root@localhost ~]# last
#查看当前已经登录和过去登录的用户信息
root     pts/0       192.168.44.1     Wed Jul 10 19:35   still logged in
root     pts/0       192.168.44.1     Wed Jul 10 19:35 - 19:35  (00:00)
root     pts/1       192.168.44.1     Wed Jul 10 18:29   still logged in
root     tty1                         Wed Jul 10 17:28   still logged in
root     pts/1       192.168.44.1     Wed Jul 10 17:27 - 17:30  (00:02)
#用户名  登录终端     登录 IP           登录时间          - 退出时间 (在线时间)
reboot   system boot  3.10.0-862.el7.x Wed Jul 10 17:24 - 19:48  (02:24)
#还能看到系统的重启时间
…省略部分输出…
```

last 命令默认是去读取/var/log/wtmp 日志文件的。这是一个二进制文件，不能直接使用 vi 命令编辑，只能通过 last 命令调用。

再来看看 lastlog 命令，如下：

```
[root@localhost ~]# lastlog
#查看系统中所有用户的最后一次登录时间、登录端口和来源 IP
用户名          端口     来自             最后登录时间
root            pts/2    192.168.44.1     三 7月 10 20:21:49 +0800 2019
bin                                       **从未登录过**
daemon                                    **从未登录过**
adm                                       **从未登录过**
…省略部分输出…
```

lastlog 命令默认是去读取/var/log/lastlog 日志文件的。这个文件同样是二进制文件，不能直接使用 vi 命令编辑，只能通过 lastlog 命令调用。

6.3.6 uptime 命令

uptime 命令的作用就是显示系统的启动时间和平均负载，也就是 top 命令输出的第一行。其实，使用 w 命令也能看到这行数据，具体使用哪个命令看个人习惯。命令如下：

```
[root@localhost ~]# uptime
20:22:41 up  2:58,  4 users,  load average: 0.00, 0.01, 0.05
```

6.3.7 查看系统与内核的相关信息

可以使用 uname 命令查看系统与内核的相关信息。命令格式如下：

```
[root@localhost ~]# uname [选项]
选项:
    -a: 查看系统所有相关信息
    -r: 查看内核版本
    -s: 查看内核名称

例如:
[root@localhost ~]# uname -a
Linux localhost.localdomain 3.10.0-862.el7.x86_64 #1 SMP Fri Apr 20 16:44:24
UTC 2018 x86_64 x86_64 x86_64 GNU/Linux

[root@localhost ~]# uname -r
3.10.0-862.el7.x86_64
```

如果想要判断当前系统的位数，则可以通过 file 命令来判断系统文件（主要是系统命令）的位数，进而推断系统的位数。命令如下：

```
[root@localhost ~]# file /usr/bin/ls
/usr/bin/ls: ELF 64-bit LSB executable, x86-64, version 1 (SYSV), dynamically
 linked (uses shared libs), for GNU/Linux 2.6.32, BuildID[sha1]=c5ad78cfc1de1
2b9bb6829207cececb990b3e987, stripped
#很明显，当前系统是 64 位的
```

如果想要查看当前 Linux 系统的发行版本，则可以使用“lsb_release -a”命令（此命令在 CentOS 7.x 的最小化安装中默认没有安装，需要手工安装 redhat-lsb-core 包）。命令如下：

```
[root@localhost ~]# lsb_release -a
LSB Version:    :core-4.1-amd64:core-4.1-noarch
Distributor ID:CentOS
Description:    CentOS Linux release 7.5.1804 (Core)
Release:        7.5.1804
```

```
Codename:       Core
#当前Linux系统的发行版本是CentOS 7.5.1804
```

6.3.8 lsof 命令：列出进程调用或打开的文件信息

可以通过 ps 命令查看到系统中所有的进程，那么，是否可以知道这个进程到底在调用哪些文件吗？当然可以，这时就需要 lsof 命令的帮助了。命令格式如下：

```
[root@localhost ~]# lsof [选项]
#列出进程调用或打开的文件信息
选项:
    -c 字符串:    只列出以字符串开头的进程打开的文件
    +d 目录名:    列出某个目录中所有被进程调用的文件
    -u 用户名:    只列出某个用户的进程打开的文件
    -p pid:       列出某个 PID 对应的进程打开的文件
```

举几个例子。

```
例子 1:
[root@localhost ~]# lsof | more
#查看系统中所有被进程调用的文件
COMMAND    PID  TID        USER   FD     TYPE             DEVICE  SIZE/OFF
NODE NAME
systemd      1             root   cwd     DIR                8,3       224
64 /
systemd      1             root   rtd     DIR                8,3       224
64 /
systemd      1             root   txt     REG                8,3   1612152
17140873 /usr/lib/systemd/systemd
systemd      1             root   mem     REG                8,3     20112
83950 /usr/lib64/libuuid.so.1.3.0
systemd      1             root   mem     REG                8,3    261456
83956 /usr/lib64/libblkid.so.1.1.0
…省略部分输出…
```

这个命令的输出非常多。它会按照 PID，从 1 号进程开始，列出系统中所有进程正在调用的文件名。

```
例子 2:
[root@localhost ~]# lsof /usr/lib/systemd/systemd
#查看某个文件被哪个进程调用
COMMAND PID USER  FD   TYPE DEVICE SIZE/OFF     NODE NAME
systemd   1 root txt    REG    8,3  1612152 17140873 /usr/lib/systemd/systemd
```

lsof 命令也可以用来查看某个文件被哪个进程调用。这个例子就查看到/usr/lib/systemd/systemd 文件被 systemd 进程调用。

```
例子 3：
[root@localhost ~]# lsof +d /usr/lib64/ | more
#查看某个目录下所有的文件是被哪些进程调用的
COMMAND    PID        USER  FD   TYPE DEVICE SIZE/OFF    NODE NAME
systemd      1              root  mem      REG      8,3    20112     83950
/usr/lib64/libuuid.so.1.3.0
systemd      1              root  mem      REG      8,3   261456     83956
/usr/lib64/libblkid.so.1.1.0
systemd      1              root  mem      REG      8,3    90664     41340
/usr/lib64/libz.so.1.2.7
systemd      1              root  mem      REG      8,3   157424     83940
/usr/lib64/liblzma.so.5.2.2
systemd     1         root mem    REG    8,3    23968    83992 /usr/lib64/libcap-
ng.so.0.0.0
systemd      1              root  mem      REG      8,3    19896     41405
/usr/lib64/libattr.so.1.1.0
systemd     1         root mem    REG    8,3    19776    41028 /usr/lib64/libdl-
2.17.so
systemd      1              root  mem      REG      8,3   402384     72844
/usr/lib64/libpcre.so.1.2.0
systemd     1         root mem    REG    8,3  2173512    41022 /usr/lib64/libc-
2.17.so
systemd      1              root  mem      REG      8,3   144792     41048
/usr/lib64/libpthread-2.17.so
...省略部分输出...
```

使用“+d”选项可以搜索某个目录下所有的文件，查看到底哪个文件被哪个进程调用了。

```
例子 4：
[root@localhost ~]# lsof -c httpd
#查看以 httpd 开头的进程调用了哪些文件
COMMAND  PID  USER   FD    TYPE DEVICE SIZE/OFF    NODE NAME
httpd   1819  root  cwd     DIR    8,3      224      64 /
httpd   1819  root  rtd     DIR    8,3      224      64 /
httpd   1819  root  txt     REG    8,3   523688  3052608 /usr/sbin/httpd
httpd   1819  root  mem     REG    8,3    62184    41040 /usr/lib64/libnss_files-
2.17.so
httpd  1819  root  mem     REG    8,3   27808 17206329 /usr/lib64/httpd/modules/
mod_cgi.so
...省略部分输出...
```

使用“-c”选项可以查看以某个字符串开头的进程调用的所有文件。比如，执行“lsof -c httpd”

命令，就会查看到以 httpd 开头的进程调用的所有文件。

```
例子 5:
[root@localhost ~]# lsof -p 1
#查看 PID 是 1 的进程调用的文件
COMMAND PID USER   FD      TYPE             DEVICE SIZE/OFF     NODE NAME
systemd   1 root  cwd       DIR                8,3   224          64 /
systemd   1 root  rtd       DIR                8,3   224          64 /
systemd  1 root  txt      REG               8,3  1612152  17140873 /usr/lib/systemd/
systemd
systemd  1 root  mem      REG              8,3   20112      83950 /usr/lib64/libuuid.
so.1.3.0
systemd  1 root  mem      REG             8,3  261456     83956 /usr/lib64/libblkid.
so.1.1.0
systemd  1 root  mem      REG               8,3   90664      41340 /usr/lib64/libz.
so.1.2.7
systemd  1 root  mem      REG              8,3  157424     83940 /usr/lib64/liblzma.
so.5.2.2
…省略部分输出…
```

当然，也可以按照 PID 查看进程调用的文件。比如，执行“lsof -p 1”命令，就可以查看 PID 为 1 的进程调用的所有文件。

```
例子 6:
[root@localhost ~]# lsof -u root | more
#按照用户名查看某个用户的进程调用的文件
COMMAND    PID USER   FD      TYPE            DEVICE  SIZE/OFF       NODE NAME
systemd      1 root  cwd       DIR               8,3      224          64 /
systemd      1 root  rtd       DIR               8,3      224          64 /
systemd     1 root  txt      REG           8,3  1612152  17140873 /usr/lib/systemd/
systemd
systemd     1 root  mem      REG           8,3     20112      83950 /usr/lib64/libuuid.
so.1.3.0
systemd     1 root  mem      REG        8,3   261456     83956 /usr/lib64/libblkid.
so.1.1.0
systemd      1 root  mem      REG          8,3     90664      41340 /usr/lib64/libz.
so.1.2.7
systemd     1 root  mem     REG     8,3  157424      83940 /usr/lib64/liblzma.
so.5.2.2
…省略部分输出…
```

还可以查看某个用户的进程调用了哪些文件。

6.3.9　dstat 命令：性能检测工具

dstat 命令是一个综合性能检测工具，功能强大、全面，被认为可以取代 vmstat、iostat、netstat、ifstat 等命令的功能。dstat 命令克服了这些命令的不足，增强了监控选项，使用起来也更加灵活。还可以把 dstat 命令的执行结果保存到.csv 文件中，供第三方工具或脚本分析利用。

当 CentOS 7.x 最小化安装时，dstat 命令没有被安装，需要手工安装。命令如下：

```
[root@localhost ~]# yum -y install dstat
#注意：yum 源需要正常配置
```

命令格式如下：

```
[root@localhost ~]# dstat [间隔时间] [刷新次数] [选项]
间隔时间：    设定数据刷新间隔时间
刷新次数：    dstat 命令默认会一直输出信息，除非按 Ctrl+C 组合键中止。设置次数，到次数自动中止
选项：
    -c:        显示 CPU 使用情况
    -l:        显示平均负载统计
    -m:        显示内存使用统计
    -d:        显示硬盘使用统计
    -g:        显示内存分页统计
    -n:        显示网络使用统计
    -s:        显示 swap 使用统计
    -y:        显示系统信息（system）统计
    --tcp:     显示 TCP 连接信息统计
    --udp:     显示 UDP 连接信息统计
    --top-cpu: 显示占用 CPU 资源最大的进程
    --top-mem: 显示占用内存资源最大的进程
    --top-io:  显示占用输入/输出资源最大的进程
    --proc-count:  显示进程总数
```

dstat 命令的选项比较复杂，我们举几个例子来看看。

```
例子 1：dstat 命令的基本使用
[root@localhost ~]# dstat 1 3
#每隔 1s 刷新一次，共刷新 3 次（加上第一次输出的信息，共输出 4 次）
#dstat 命令如果不指定刷新次数，则会一直刷新，直到按 Ctrl+C 组合键强制中止
----total-cpu-usage---- -dsk/total- -net/total- ---paging-- ---system--
usr sys idl wai hiq siq| read  writ| recv  send|  in   out | int   csw
  0   1  99   0   0   0|  43k   11k|   0     0 |   0     0 | 66    94
  0   0 100   0   0   0|   0     0 | 425B  980B|   0     0 | 70    70
  0   0 100   0   0   0|   0     0 | 365B  346B|   0     0 | 52    49
  0   1  99   0   0   0|   0     0 | 365B  346B|   0     0 | 57    53
```

dstat 命令的基本输出信息较多，我们解释一下。

- total-cpu-usage：统计 CPU 使用信息。
  - usr：用户模式所占 CPU 百分比。
  - sys：系统模式所占 CPU 百分比。
  - idl：空闲 CPU 百分比。
  - wai：等待输入/输出的进程占用 CPU 的百分比。
  - hiq：硬中断请求服务占用 CPU 的百分比。
  - siq：软中断请求服务占用 CPU 的百分比。
- dsk/total：磁盘使用统计。
  - read：读取总大小。
  - writ：写入总大小。
- net/total：网络使用统计。
  - recv：接收数据包大小。
  - send：发送数据包大小。
- paging：内存分页统计。
  - in：数据换入。
  - out：数据换出。
- system：系统状态。
  - int：中断次数。
  - csw：上下文切换。

再举几个例子。

```
例子 2：查看系统中占用 CPU 资源最大的进程
[root@localhost ~]# dstat --top-cpu 3 3
#注意：--top-cpu 要写在刷新间隔时间和刷新次数前面，否则该选项不起作用
#刷新间隔时间不要太短，否则有可能捕捉不到信息
-most-expensive-
  cpu process
vmtoolsd         0.2
sshd: root@pt    0.3
vmtoolsd         0.3
kworker/0:1      0.3
```

在上面的例子中，可以看到系统中哪个进程在当前时间段占用的 CPU 资源最大。

```
例子 3：查看系统中占用内存资源最大的进程
[root@localhost ~]# dstat --top-mem 1 3
--most-expensive-
  memory process
firewalld   28.0M
```

```
firewalld   28.0M
firewalld   28.0M
firewalld   28.0M
```

在上面的例子中，可以看到 CentOS 7.x 的防火墙进程 firewalld 占用的内存资源最大。

```
例子 4：查看系统中正在运行的进程数量
[root@localhost ~]# dstat --proc-count 1 3
proc
tota
  94
  94
  94
  94
```

在上面的例子中，可以看到当前系统中的进程总数是 94 个。

```
例子 5：把 dstat 命令的执行结果保存到.csv 文件中
[root@localhost ~]# dstat --output dstat.csv 1 3
```

在上面的例子中，可以把 dstat 命令的执行结果保存到当前目录下的 dstat.csv 文件中。这个文件可以供第三方工具或脚本分析利用，也能导入数据库中。

6.4 系统定时任务

在进行系统运行和维护时，有些工作可能不是马上就要执行的，而要在某个特定的时间执行一次或重复执行。为了不忘记这些工作，我们需要把它们记录在记事本中。如果计算机可以在指定的时间自动执行指定的任务，那么管理员不就轻松多了吗？Linux 系统的定时任务（也可以叫作计划任务）就可以帮助管理员在指定的时间执行指定的工作。比如，在每天凌晨 5:05 执行系统备份脚本，备份系统重要的文件；在每天中午 12:00 发送一封邮件，提醒我到快乐的午休时间了；在每周二的凌晨 5:25 执行系统重启脚本，让服务器的状态归零。

系统定时任务主要有两种执行方式：第一种是使用 at 命令，这个命令设定的系统定时任务只能在指定时间执行一次，而不能循环执行；第二种是使用 crontab 命令，这个命令设定的系统定时任务比较灵活，可以按照分钟、小时、天、月或星期几循环执行任务。我们分别来介绍这两种系统定时任务的执行方式。

6.4.1 at 命令：一次性执行定时任务

1. atd 服务管理与访问控制

at 命令要想正确执行，需要 atd 服务的支持。atd 服务是独立的服务，启动的命令如下：

```
[root@localhost ~]# systemctl restart atd
```

如果想让 atd 服务在开机时自启动，则可以使用如下命令：

```
[root@localhost ~]# systemctl enable atd
```

当 atd 服务启动之后，at 命令才可以正常使用。不过，我们还要学习一下 at 命令的访问控制。这里的访问控制指的是允许哪些用户使用 at 命令设定系统定时任务，或者不允许哪些用户使用 at 命令设定系统定时任务。大家可以将其想象成设定黑名单或白名单，这样更容易理解。at 命令的访问控制是依靠/etc/at.allow（白名单）和/etc/at.deny（黑名单）这两个文件来实现的，具体规则如下：

- 如果系统中有/etc/at.allow 文件，那么只有写入/etc/at.allow 文件（白名单）中的用户可以使用 at 命令，其他用户不能使用 at 命令（/etc/at.deny 文件会被忽略。也就是说，同一个用户既被写入/etc/at.allow 文件中，又被写入/etc/at.deny 文件中，那么这个用户是可以使用 at 命令的，因为/etc/at.allow 文件的优先级更高）。
- 如果系统中没有/etc/at.allow 文件，只有/etc/at.deny 文件，那么写入/etc/at.deny 文件（黑名单）中的用户不能使用 at 命令，其他用户可以使用 at 命令。不过，这个文件对 root 用户无效。
- 如果系统中这两个文件都不存在，那么只有 root 用户可以使用 at 命令。

系统中默认只有/etc/at.deny 文件，而且这个文件是空的，这样系统中所有的用户都可以使用 at 命令。不过，如果我们打算控制用户的 at 命令权限，那么只需把用户写入/etc/at.deny 文件中即可。对于/etc/at.allow 和/etc/at.deny 文件的优先级，我们做一个实验来验证一下。命令如下：

```
[root@localhost ~]# ll /etc/at*
-rw-r--r--. 1 root root 1 7月  11 09:26 /etc/at.deny
#系统中默认只有/etc/at.deny 文件

[root@localhost ~]# echo user1 >> /etc/at.deny
[root@localhost ~]# cat /etc/at.deny
user1
#把 user1 用户写入/etc/at.deny 文件中

[root@localhost ~]# su - user1
[user1@localhost ~]$ at 02:00
You do not have permission to use at.              ←没有权限使用 at 命令
#切换成 user1 用户，这个用户已经不能执行 at 命令了

[user1@localhost ~]$ exit
logout
#返回 root 身份

[root@localhost ~]# echo user1 >> /etc/at.allow
```

```
[root@localhost ~]# cat /etc/at.allow
user1
#建立/etc/at.allow 文件，并在文件中写入 user1 用户

[root@localhost ~]# su - user1
[user1@localhost ~]$ at 02:00
at>
#切换成 user1 用户，user1 用户可以执行 at 命令。这时，user1 用户既在/etc/at.deny 文件中，
#又在/etc/at.allow 文件中，但是/etc/at.allow 文件的优先级更高

[user1@localhost ~]$ exit
logout
#返回 root 身份

[root@localhost ~]# at 02:00
at>
#root 用户虽然不在/etc/at.allow 文件中，但是也能执行 at 命令，
#说明 root 用户不受这两个文件的控制
```

这个实验说明了/etc/at.allow 文件的优先级更高，如果/etc/at.allow 文件存在，则/etc/at.deny 文件失效。/etc/at.allow 文件的管理更加严格，因为只有写入这个文件中的用户才能使用 at 命令，如果需要禁用 at 命令的用户较多，则可以把少数用户写入这个文件中。/etc/at.deny 文件的管理较为松散，如果允许使用 at 命令的用户较多，则可以把禁用的用户写入这个文件中。不过，这两个文件都不能对 root 用户生效。

2. at 命令

at 命令的格式非常简单，只需在 at 命令后面加入时间即可，这样 at 命令就会在指定的时间执行。命令格式如下：

```
[root@localhost ~]# at [选项] 时间
选项:
   -m:          当 at 工作完成后，无论命令是否有输出，都用 E-mail 通知执行 at 命令的用户
   -c 工作号:   显示该 at 工作的实际内容
时间:
   HH:MM                 在指定的“小时:分钟”执行命令，如 02:30
   HH:MM YYYY-MM-DD      在指定的“小时:分钟 年-月-日”执行命令，如 02:30 2013-07-25
   HH:MM[am|pm] [month] [date]     在指定的“小时:分钟[上午|下午][月][日]”执行命令，
                                   如 02:30 July 25
   HH:MM[am|pm] + [minutes|hours|days|weeks]  在指定的时间“再加多久”执行命令，
                                              如 now + 5 minutes, 05am +2 hours
```

at 命令只要指定正确的时间，就可以输入需要在指定时间执行的命令。这个命令可以是系统命令，也可以是 Shell 脚本。举几个例子。

```
例子 1:
[root@localhost ~]# cat /root/hello.sh
#!/bin/bash
echo "hello world!! "
#该脚本会打印“hello world!!”

[root@localhost ~]# at now +2 minutes
at> /root/hello.sh >> /root/hello.log
#执行 hello.sh 脚本，并把输出写入/root/hello.log 文件中
at> <EOT>                                ←使用 Ctrl+D 组合键保存 at 任务
job 1 at Thu Jul 11 09:46:00 2019        ←这是第一个 at 任务

[root@localhost ~]# at -c 1
#查看第一个 at 任务的内容
…省略部分内容…                           ←主要定义系统的环境变量
/root/hello.sh >> /root/hello.log
#可以看到 at 执行的任务

例子 2:
[root@localhost ~]# at 02:00 2019-07-12
at> /usr/bin/sync
at> /usr/sbin/shutdown -h now
at> <EOT>
job 2 at Fri Jul 12 02:00:00 2019
#在指定的时间关机。在一个 at 任务中是可以执行多个系统命令的
```

在使用系统定时任务时，不论执行的是系统命令还是 Shell 脚本，最好使用绝对路径来写命令，这样不容易报错。at 任务一旦使用 Ctrl+D 组合键保存，实际上就将其写入了/var/spool/at 目录中，这个目录中的文件可以直接被 atd 服务调用和执行。

3．其他 at 管理命令

at 还有查看和删除命令，命令如下：

```
[root@localhost ~]# atq
#查看当前服务器上的 at 任务

例如:
[root@localhost ~]# atq
2   Fri Jul 12 02:00:00 2019 a root
#说明 root 用户有一个 at 任务，工作号是 2

[root@localhost ~]# atrm [工作号]
#删除指定的 at 任务
```

```
例如：
[root@localhost ~]# atrm 2
[root@localhost ~]# atq
#删除 2 号 at 任务，再查看该 at 任务就不存在了
```

6.4.2 crontab 命令：循环执行定时任务

at 命令仅仅可以在指定的时间执行一次任务，但是，在实际工作中，系统定时任务一般是需要重复执行的。这时 at 命令已经不够使用了，我们就需要利用 crontab 命令来循环执行定时任务。

1. crond 服务管理与访问控制

crontab 命令是需要 crond 服务支持的。crond 服务同样是独立的服务，启动和自启动方法如下：

```
[root@localhost ~]# systemctl restart crond
#重新启动 crond 服务

[root@localhost ~]# systemctl enable crond
#设定 crond 服务为开机自启动
```

crond 服务默认是自启动的。如果在服务器上有循环执行的系统定时任务，就不要关闭 crond 服务了。

crontab 命令和 at 命令类似，也是通过/etc/cron.allow 和/etc/cron.deny 文件来限制某些用户是否可以使用 crontab 命令的。而且访问控制的规则也非常相似，具体如下：

- 当系统中有/etc/cron.allow 文件时，只有写入此文件中的用户可以使用 crontab 命令，没有写入此文件中的用户不能使用 crontab 命令。同样，如果有此文件，那么/etc/cron.deny 文件会被忽略，因为/etc/cron.allow 文件的优先级更高。
- 当系统中只有/etc/cron.deny 文件时，写入此文件中的用户不能使用 crontab 命令，没有写入此文件中的用户可以使用 crontab 命令。

这个规则和 at 命令的规则基本一致，同样是/etc/cron.allow 文件比/etc/cron.deny 文件的优先级高，在 Linux 系统中默认只有/etc/cron.deny 文件。

2. 用户的 crontab 设置

每个用户都可以实现自己的 crontab 定时任务，只需使用这个用户身份执行“crontab -e”命令即可。当然，不能将这个用户写入/etc/cron.deny 文件中。crontab 命令格式如下：

```
[root@localhost ~]# crontab [选项]
选项：
    -e:          编辑 crontab 定时任务
    -l:          查看 crontab 定时任务
    -r:          删除当前用户所有的 crontab 定时任务。如果有多个定时任务，只想删除一个，
                 则可以使用“crontab -e”命令
    -u 用户名：  修改或删除其他用户的 crontab 定时任务。只有 root 用户可用
```

其实，crontab 定时任务非常简单，只需执行“crontab -e”命令，然后输入想要定时执行的任务即可。不过，在执行“crontab -e”命令时，打开的是一个空文件，而且操作方法和 Vim 的操作方法是一致的。那么，这个文件的格式才是我们真正需要学习的内容。文件格式如下：

```
[root@localhost ~]# crontab -e
#进入 crontab 编辑界面，会打开 Vim 编辑你的任务
* * * * * 执行的任务
```

在这个文件中是通过 5 个“*”来确定命令或任务的执行时间的。这 5 个“*”的具体含义如表 6-7 表示。

表 6-7　crontab 时间表示

项　目	含　义	范　围
第一个“*”	一小时当中的第几分钟	0～59
第二个“*”	一天当中的第几小时	0～23
第三个“*”	一个月当中的第几天	1～31
第四个“*”	一年当中的第几个月	1～12
第五个“*”	一周当中的星期几	0～7（0 和 7 都代表星期日）

在时间表示中，还有一些特殊符号需要学习，如表 6-8 所示。

表 6-8　时间特殊符号

特殊符号	含　义
*	代表任何时间。比如，第一个“*”就代表一小时中每分钟都执行一次命令
,	代表不连续的时间。比如，“0 8,12,16 * * * 命令”代表在每天的 8 点 0 分、12 点 0 分、16 点 0 分都执行一次命令
-	代表连续的时间范围。比如，“0 5 * * 1-6 命令”代表在周一到周六的凌晨 5 点 0 分执行命令
*/n	代表每隔多久执行一次命令。比如，“*/10 * * * * 命令”代表每隔 10 分钟执行一次命令

当“crontab -e”编辑完成之后，一旦保存退出，那么这个定时任务实际上就会被写入 /var/spool/cron/目录中，每个用户的定时任务用自己的用户名进行区分。而且，crontab 命令只要保存就会生效，前提是 crond 服务是启动的。知道了这 5 个时间字段的含义，我们多举几个例子来熟悉一下时间字段，如表 6-9 所示。

表 6-9　crontab 时间举例

时　间	含　义
45 22 * * * 命令	在 22 点 45 分执行命令
0 17 * * 1 命令	在每周一的 17 点 0 分执行命令
0 5 1,15 * * 命令	在每月 1 日和 15 日的凌晨 5 点 0 分执行命令
40 4 * * 1-5 命令	在每周一到周五的凌晨 4 点 40 分执行命令
*/10 4 * * * 命令	在每天的凌晨 4 点，每隔 10 分钟执行一次命令
0 0 1,15 * 1 命令	在每月 1 日和 15 日，每周一的 0 点 0 分都会执行命令。注意：星期几和几日最好不要同时出现，因为它们定义的都是天，非常容易让管理员混淆

现在我们已经对这 5 个时间字段非常熟悉了，但是，在"执行的任务"字段中都可以写什么呢？既可以定时执行系统命令，也可以定时执行某个 Shell 脚本。举几个实际的例子。

```
例子 1：让系统每隔 5 分钟就向/tmp/test 文件中写入一行"11"，验证一下系统定时任务是否会执行
[root@localhost ~]# crontab -e
#进入 crontab 编辑界面
*/5 * * * * /bin/echo "11" >> /tmp/test
```

虽然这个任务在时间工作中没有任何意义，但是可以很简单地验证我们的定时任务是否可以正常执行。如果觉得每隔 5 分钟太长，那就换成"*"，让它每分钟执行一次。而且和 at 命令一样，如果定时执行的是系统命令，那么最好使用绝对路径。

```
例子 2：让系统在每周二的凌晨 5 点 05 分重启一次
[root@localhost ~]# crontab -e
5 5 * * 2 /sbin/shutdown -r now
```

如果服务器的负载压力比较大，则建议每周重启一次，让系统状态归零。比如，绝大多数游戏服务器每周维护一次，维护时最主要的工作就是重启，让系统状态归零。这时可以让服务器自动来定时执行。

```
例子 3：在每月 1 日、10 日、15 日的凌晨 3 点 30 分都定时执行日志备份脚本 autobak.sh
[root@localhost ~]# crontab -e
30 3 1,10,15 * * /root/sh/autobak.sh
```

这些定时任务保存之后，就可以在指定的时间执行了。可以使用命令来查看和删除定时任务，命令如下：

```
[root@localhost ~]# crontab -l
#查看 root 用户的定时任务
*/5 * * * * /bin/echo "11" >> /tmp/test
5 5 * * 2 /sbin/shutdown -r now
30 3 1,10,15 * * /root/sh/autobak.sh

[root@localhost ~]# crontab -r
#删除 root 用户所有的定时任务
#如果只想删除某个定时任务，则可以执行"crontab -e"命令进入 crontab 编辑界面手工删除
[root@localhost ~]# crontab -l
no crontab for root
#删除后，再查看就没有 root 用户的定时任务了
```

3．crontab 定时任务的注意事项

在书写 crontab 定时任务时，需要注意以下几个事项：

- 6 个选项都不能为空，必须填写。如果不确定，则使用"*"代表任意时间。
- crontab 定时任务的最小有效时间是分钟，最大有效时间是月。像 2025 年某时、3 点 30

分 30 秒这样的时间都不能被识别。

- 在定义时间时，日期和星期最好不要在一条定时任务中出现，因为它们都以天为单位，非常容易让管理员混淆。
- 在定时任务中，不管是直接写命令，还是在脚本中写命令，最好使用绝对路径。有时使用相对路径的命令会报错。

4. 系统的 crontab 设置

“crontab -e”是每个用户都可以执行的命令。也就是说，不同的用户身份可以执行自己的定时任务。但是，有些定时任务需要系统执行，这时就需要编辑/etc/crontab 这个配置文件了。当然，并不是说写入/etc/crontab 配置文件中的定时任务在执行时不需要用户身份，而是说“crontab -e”命令在定义定时任务时，默认用户身份是当前登录用户。而在修改/etc/crontab 配置文件时，定时任务的执行者身份是可以手工指定的。这样，定时任务的执行会更加灵活，修改起来也更加方便。

我们打开这个文件，如下：

```
[root@localhost ~]# vi /etc/crontab
SHELL=/bin/bash
#标识使用哪种 Shell
PATH=/sbin:/bin:/usr/sbin:/usr/bin
#指定 PATH 环境变量。crontab 使用自己的 PATH，而不使用系统默认的 PATH，所以在定时任务中出现的
#命令最好使用大写形式
MAILTO=root
#如果有报错输出，或者命令结果有输出，则会向 root 发送信息

# For details see man 4 crontabs
#提示大家可以去“man 4 crontabs”查看帮助

# Example of job definition:
# .---------------- minute (0 - 59)
# |  .------------- hour (0 - 23)
# |  |  .---------- day of month (1 - 31)
# |  |  |  .------- month (1 - 12) OR jan,feb,mar,apr ...
# |  |  |  |  .---- day of week (0 - 6) (Sunday=0 or 7) OR
sun,mon,tue,wed,thu,fri,sat
# |  |  |  |  |
# *  *  *  *  * user-name command to be executed
#分 时 日 月 周 执行者身份  命令
#列出文件格式，并加入了注释
```

只要按照格式修改/etc/crontab 配置文件，系统定时任务是可以执行的。例如：

```
[root@localhost ~]# mkdir cron
```

```
#建立/root/cron/目录
[root@localhost cron]# vi /root/cron/hello.sh
#/bin/bash
echo "hello" >> /root/cron/hello.log
#在/root/cron/hello.log 文件中写入“hello”
[root@localhost cron]# chmod 755 hello.sh
#赋予 hello.sh 脚本执行权限

[root@localhost ~]# vi /etc/crontab
…省略部分输出…
* * * * * root run-parts /root/cron/
#让系统每分钟都执行一次/root/cron/目录中的脚本，脚本执行者是 root 用户
#在 CentOS 7.x 中，run-parts 脚本还是可以使用的
#使用 run-parts 脚本调用并执行/root/cron/目录中的所有可执行文件
```

只要保存/etc/crontab 文件，这个定时任务就可以执行了，当然要确定 crond 服务是启动的。/etc/crontab 文件可以调用 run-parts 脚本执行后续目录中的所有可执行文件。这个 run-parts 脚本其实是一个 Shell 脚本，保存在/usr/bin/run-parts 中，它的作用就是依次执行其后面跟随的目录中的所有可执行文件。

需要注意的是，如果需要利用 run-parts 脚本调用目录中的可执行文件定时执行，那么 run-parts 后面跟随的是保存可执行文件的目录，而不是可执行文件本身。

5．/etc/cron.d/目录设置

在系统中，还有一个/etc/cron.d/目录，这个目录中符合定时任务格式的文件也会执行。来看看这个目录中默认的文件，如下：

```
[root@localhost ~]# ls /etc/cron.d/
0hourly  raid-check  sysstat
#在这个目录中默认有 3 个文件
```

在/etc/cron.d/目录中默认有 3 个定时任务文件，我们查看一下 0hourly 文件的内容，如下：

```
[root@localhost ~]# vi /etc/cron.d/0hourly
# Run the hourly jobs
SHELL=/bin/bash
PATH=/sbin:/bin:/usr/sbin:/usr/bin
MAILTO=root
01 * * * * root run-parts /etc/cron.hourly
#在每小时的 01 分钟，会用 run-parts 脚本运行/etc/cron.hourly 脚本中的所有可执行文件
```

也就是说，我们完全可以写一个和 0hourly 文件类似的定时任务文件，放入/etc/cron.d/目录中。这个目录中所有符合定时任务格式的文件都会被定时任务调用执行。

6．定时任务总结

通过学习，我们知道了定时任务有 3 种方法可以定制，这还是比较复杂的。其实，对用户来讲，并不需要知道这个定时任务到底是由哪个程序调用的。我们需要知道的事情是如何使用系统的 crontab 设置。对此，新、老版本的 CentOS 没有区别，配置方法都有 3 种。

- 第一种方法就是用户直接执行“crontab -e”命令编辑执行定时任务，这种方法最简单、直接。用户保存之后的定时任务会放置在/var/spool/cron/目录下，使用用户名命名的文件保存。
- 第二种方法就是修改/etc/crontab 配置文件，加入自己的定时任务，不过需要注意指定脚本的执行者身份。建议定义定时任务都使用此种方法，方便管理、整理，且不易遗忘。
- 第三种方法就是自己写符合定时任务格式的文件，然后放入/etc/crond/目录中，定时任务也可以执行。

这 3 种方法都是可以使用的，具体看个人的习惯。不过，要想修改/etc/crontab 配置文件，必须是 root 用户，普通用户不能修改，只能使用用户身份的 crontab 命令。

6.4.3 anacron

anacron 是用来做什么的呢？Linux 服务器如果不是 24 小时开机的，而刚好在关机的时间段内有系统定时任务（cron）需要执行，那么这些定时任务是不会执行的。也就是说，假设我们需要在凌晨 5 点 05 分执行系统的日志备份，但是 Linux 服务器恰好在这个定时任务的执行时间没有开机，那么这个定时任务就不会执行了。anacron 就是用来解决这个问题的。

anacron 会使用 1 天、7 天、一个月作为检测周期，用来判断是否有定时任务在关机之后没有执行。如果有这样的定时任务，那么 anacron 会在特定的时间重新执行这些定时任务。那么，anacron 是如何判断这些定时任务已经超过执行时间的呢？在系统的/var/spool/anacron 目录中存在 cron.{daily,weekly,monthly}文件，在这些文件中都保存着 anacron 上次执行的时间。anacron 会读取这些文件中的时间，然后和当前时间进行比较，如果两个时间的差值超过 anacron 的指定时间差值（一般是 1 天、7 天和一个月），则说明有定时任务没有执行，这时 anacron 会介入执行漏掉的定时任务，从而保证在服务器关机时没有执行的定时任务不会被漏掉。

在 CentOS 7.x 中使用 cronie-anacron 取代了 vixie-cron 软件包。而且，在之前的 CentOS 版本（CentOS 5.x 以前）的/etc/cron.{daily,weekly,monthly}目录中的定时任务会同时被 cron 和 anacron 调用，这样非常容易出现重复执行同一个定时任务的错误。在 CentOS 7.x 中，/etc/cron.{daily,weekly,monthly}目录中的定时任务只会被 anacron 调用，从而保证这些定时任务只会在每天、每周或每月定时执行一次，而不会重复执行。

在 CentOS 7.x 中，anacron 还有一个变化，那就是 anacron 不再是单独的服务，而变成了系统命令。也就是说，我们不再使用服务管理命令来管理 anacron 服务，而需要使用 anacron 命令来管理 anacron 工作。具体命令格式如下：

```
[root@localhost ~]# anacron [选项] [工作名]
选项：
    -s：开始执行 anacron 工作，依据/etc/anacrontab 文件中设定的延迟时间执行
    -n：立即执行/etc/anacrontab 文件中所有的工作，忽略所有的延迟时间
    -u：更新/var/spool/anacron/cron.{daily,weekly,monthly}文件中的时间戳，但
        不执行任何工作
参数：
    工作名：  依据/etc/anacrontab 文件中定义的工作名
```

在当前的 Linux 系统中，其实不需要执行任何 anacron 命令，只需要配置好/etc/anacrontab 文件，系统就会依赖这个文件中的设定来通过 anacron 执行定时任务了。那么，关键就是/etc/anacrontab 文件的内容了。这个文件的内容如下：

```
[root@localhost ~]# vi /etc/anacrontab
# /etc/anacrontab: configuration file for anacron

# See anacron(8) and anacrontab(5) for details.

SHELL=/bin/sh
PATH=/sbin:/bin:/usr/sbin:/usr/bin
MAILTO=root
#前面的内容和/etc/crontab 文件的内容类似

# the maximal random delay added to the base delay of the jobs
RANDOM_DELAY=45
#最大随机延迟
# the jobs will be started during the following hours only
START_HOURS_RANGE=3-22
#anacron 的执行时间范围是 3:00—22:00

#period in days   delay in minutes   job-identifier   command
1       5       cron.daily                nice run-parts /etc/cron.daily
7       25      cron.weekly               nice run-parts /etc/cron.weekly
@monthly 45     cron.monthly              nice run-parts /etc/cron.monthly
#天数   强制延迟（分）   工作名称                 实际执行的命令
#当时间差值超过天数时，强制延迟多少分钟之后再执行命令
```

在这个文件中，RANDOM_DELAY 定义的是最大随机延迟。也就是说，cron.daily 工作如果超过 1 天没有执行，则并不会马上执行，而是先延迟强制延迟时间，再延迟随机延迟时间，然后执行；START_HOURS_RANGE 定义的是 anacron 的执行时间范围，anacron 只会在这个时间范围内执行。

我们用 cron.daily 工作来说明一下/etc/anacrontab 文件的执行过程。

（1）读取/var/spool/anacron/cron.daily 文件中 anacron 上一次执行的时间。

（2）和当前时间进行比较，如果两个时间的差值超过 1 天，就执行 cron.daily 工作。

（3）只能在 3:00—22:00 执行这个工作。

- 在执行工作时，强制延迟时间为 5 分钟，再随机延迟 0～45 分钟。
- 使用 nice 命令指定默认优先级，使用 run-parts 脚本执行/etc/cron.daily 目录中的所有可执行文件。

大家会发现，/etc/cron.{daily,weekly,monthly}目录中的脚本在当前的 Linux 系统中是被 anacron 调用的，不再依靠 cron 服务。

不过，anacron 不用设置多余的配置，只需要把需要定时执行的脚本放入/etc/cron.{daily,weekly,monthly}目录中，就会每天、每周或每月执行，而且也不再需要启动 anacron 服务了。如果需要进行修改，则只需修改/etc/anacrontab 配置文件即可。比如，笔者更加习惯让定时任务在凌晨 3:00—5:00 执行，就可以进行如下修改：

```
[root@localhost ~]# vi /etc/anacrontab
# /etc/anacrontab: configuration file for anacron

# See anacron(8) and anacrontab(5) for details.

SHELL=/bin/sh
PATH=/sbin:/bin:/usr/sbin:/usr/bin
MAILTO=root
# the maximal random delay added to the base delay of the jobs
RANDOM_DELAY=0
#把最大随机延迟改为 0 分钟，不再随机延迟
# the jobs will be started during the following hours only
START_HOURS_RANGE=3-5
#anacron 的执行时间范围为凌晨 3:00—5:00

#period in days   delay in minutes   job-identifier   command
1       0       cron.daily             nice run-parts /etc/cron.daily
7       0      cron.weekly            nice run-parts /etc/cron.weekly
@monthly 0     cron.monthly            nice run-parts /etc/cron.monthly
#把强制延迟也改为 0 分钟，不再强制延迟
```

这样，所有放入/etc/cron.{daily,weekly,monthly}目录中的脚本都会在指定时间执行，而且也不怕出现服务器万一关机的情况了。

本章小结

本章重点

- 进程管理中进程的查看、服务器健康状态的判断、进程的强制中止。

- 工作管理中前台和后台工作的区分，以及如何让工作在后台执行。
- 系统资源查看的各个命令。
- 系统定时任务中用户 crontab 定时任务的设置、系统 crontab 定时任务的设置。
- 对 anacron 的理解。

本章难点

- 进程管理。
- 系统资源查看。
- 定时任务的使用。

第7章

凡走过必留下痕迹：日志管理

学前导读

系统日志详细地记录了在什么时间，哪台服务器、哪个程序或服务出现了什么情况。不管是哪种操作系统，都详细地记录了重要程序和服务的日志，只是我们很少养成查看日志的习惯。

日志是系统信息最详细、最准确的记录者，如果能够善用日志，那么，当系统出现问题时，就能在第一时间发现问题，也能够从日志中找到解决问题的方法。只是很多人觉得查看日志比较枯燥，甚至干脆看不懂。那么，本章就来学习一下 Linux 系统的日志管理。

本章内容

7.1　日志简介

日志是操作系统用来记录在什么时间哪个进程做了什么样的工作、发生了什么事件，同时记录系统中硬件和软件产生的系统问题的。换句话说，日志就是系统的记账本，在记账本中按照时间先后顺序记录了系统中发生的所有事件。当然，如果把所有的信息放入一个日志文件中，那么这个日志文件的可读性会非常差，所以不同的日志应该放入不同的日志文件中。

7.1.1　日志相关服务

从 CentOS 7.x 开始，systemd 接管了 Linux 系统中的服务，日志服务也不例外。systemd 通过 systemd-journald.service 服务来管理日志，但是 systemd-journald.service 服务产生的日志是保存在内存当中的。我们都知道，一旦系统重启，内存中的数据就会消失。所以，systemd-journald.service 服务产生的日志在系统重启后会消失。

而 rsyslog.service 服务在 CentOS 7.x 中依然生效。和 systemd-journald.service 服务不同的是，通过 rsyslog.service 服务记录的日志是存储在硬盘上的，是永久生效的。而 rsyslog.service 服务是从 CentOS 6.x 开始启用的，是我们更熟悉的日志服务，我们主要学习的也是这种日志服务。

如何知道 Linux 系统中的 rsyslogd 服务是否启动了呢？如何查看 rsyslogd 服务的自启动状态呢？命令如下：

```
[root@localhost ~]# systemctl status rsyslog.service
● rsyslog.service - System Logging Service
   Loaded:  loaded  (/usr/lib/systemd/system/rsyslog.service;  enabled;  vendor
preset: enabled)
# rsyslog.service 服务是开机自启动的
   Active: active (running) since 三 2018-10-24 00:55:16 CST; 8 months 17 days
ago
# rsyslog.service 服务是正常启动的
     Docs: man:rsyslogd(8)
           http://www.rsyslog.com/doc/
 Main PID: 896 (rsyslogd)
   CGroup: /system.slice/rsyslog.service
           └─896 /usr/sbin/rsyslogd -n
...省略部分内容...
```

rsyslog.service 服务是 Linux 系统默认开启的服务，如果你没有手工关闭过，那么这个服务一定是开启的。当然，为了保险起见，还是检查一下为妙。

系统中的绝大多数日志文件是由 rsyslogd 服务来统一管理的，只要各个进程将信息给予这个服务，它就会自动地把日志按照特定的格式记录到不同的日志文件中。也就是说，采用 rsyslogd 服务管理的日志文件，它们的格式应该是统一的。

在 Linux 系统中，有一部分日志不是由 rsyslogd 服务来管理的，如 Apache 服务，它的日志是由 Apache 软件自己产生并记录的，并没有调用 rsyslogd 服务。但是，为了便于读取，Apache 日志文件的格式和系统默认日志文件的格式是一致的。

7.1.2　系统中常见的日志文件

日志文件是重要的系统信息文件，其中记录了许多重要的系统事件，包括用户的登录信息、系统的启动信息、系统的安全信息、邮件相关信息、各种服务相关信息等。这些信息有些非常敏感，所以，在 Linux 系统中，这些日志文件只有 root 用户可以读取。

那么，系统日志文件保存在什么地方呢？还记得/var/目录吗？它是用来保存系统动态数据的目录，那么/var/log/目录就是系统日志文件的保存位置。通过表 7-1 来说明一下系统中的重要日志文件。

表 7-1　系统中的重要日志文件

日志文件	说　明
/var/log/cron	记录与系统定时任务相关的日志
/var/log/cups/	记录打印信息的日志
/var/log/dmesg	记录系统在开机时内核自检的信息。也可以使用 dmesg 命令直接查看内核自检信息

/var/log/btmp	记录错误登录的日志。这是一个二进制文件，不能直接用 Vi 查看，而要使用 lastb 命令查看。命令如下：
	`[root@localhost log]# lastb`
	`root     tty1                  Tue Jun  4 22:38 - 22:38  (00:00)`
	#有人在 6 月 4 日 22:38 使用 root 用户在本地终端 1 登录错误

/var/log/lastlog	记录系统中所有用户最后一次登录时间的日志。这个文件也是二进制文件，不能直接用 Vi 查看，而要使用 lastlog 命令查看
/var/log/mailog	记录邮件信息的日志
/var/log/message	记录系统重要信息的日志。在这个日志文件中会记录 Linux 系统的绝大多数重要信息。如果系统出现问题，那么首先要检查的应该就是这个日志文件
/var/log/secure	记录用户验证和授权方面的信息，只要涉及账户和密码的程序都会被记录。比如，系统的登录、ssh 的登录、su 切换用户、sudo 授权，甚至添加用户和修改用户密码都会被记录在这个日志文件中
/var/log/wtmp	永久记录所有用户的登录、注销信息，同时记录系统的启动、重启、关机事件。同样，这个文件也是二进制文件，不能直接用 Vi 查看，而要使用 last 命令查看
/var/run/utmp	记录当前已经登录的用户的信息。这个文件会随着用户的登录和注销而不断变化，只记录当前登录用户的信息。同样，这个文件不能直接用 Vi 查看，而要使用 w、who、users 等命令查看

除系统默认的日志之外，RPM 包默认安装的系统服务也会默认把日志记录在/var/log/目录中（源码包安装的服务日志存放在源码包指定的目录中）。不过，这些日志不是由 rsyslogd 服务来记录和管理的，而是由各个服务使用自己的日志管理文档来记录自身的日志的。以下介绍的日志目录在你的 Linux 系统中不一定存在，只有安装了相应的服务，日志目录才会出现。服务日志目录如表 7-2 所示。

表 7-2　服务日志目录

服务日志目录	说　明
/var/log/httpd/	RPM 包默认安装的 Apache 服务的默认日志目录
/var/log/mail/	RPM 包默认安装的邮件服务的额外日志目录
/var/log/samba/	RPM 包默认安装的 Samba 服务的日志目录
/var/log/sssd/	sssd 服务是一个守护进程，用来进行安全访问验证。这个服务的日志记录在这里

7.2 日志服务 rsyslogd

我们已经知道，CentOS 6.x 使用 rsyslogd 服务取代了 syslogd 服务。其实，在使用过程中，这两个服务非常类似，包括由此服务产生的日志文件的格式、服务的配置文件等基本一样，所以我们不论学习了哪个服务，都会非常容易接受另一个服务。本节我们来学习 rsyslogd 服务，主要学习该服务产生的日志文件的格式和服务的配置文件。

7.2.1 日志文件的格式

只要是由日志服务 rsyslogd 记录的日志文件，它们的格式都是一样的。所以，我们只要了解了日志文件的格式，就可以很轻松地看懂日志文件。日志文件的格式包含以下 4 列：

- 事件产生的时间。
- 产生事件的服务器的主机名。
- 产生事件的服务名或程序名。
- 事件的具体信息。

查看一下/var/log/secure 日志文件，在这个日志文件中主要记录的是用户验证和授权方面的信息，更加容易理解。命令如下：

```
[root@localhost ~]# vi /var/log/secure
Jun   5 03:20:46 localhost sshd[1630]: Accepted password for root from
192.168.0.104 port 4229 ssh2
# 6月5日  03:20:46 本地主机  sshd服务产生消息：接收从192.168.0.104主机的4229端口发
起的ssh连接的密码
Jun  5 03:20:46 localhost sshd[1630]: pam_unix(sshd:session): session opened
for user root by (uid=0)
#时间   本地主机  sshd服务中pam_unix模块产生消息：打开root用户的会话（UID为0）
Jun  5 03:25:04 localhost useradd[1661]: new group: name=bb, GID=501
#时间   本地主机  useradd命令产生消息：新建立bb组，GID为501
Jun  5 03:25:04 localhost useradd[1661]: new user: name=bb, UID=501, GID=501,
home=/home/bb, shell=/bin/bash
Jun  5 03:25:09 localhost passwd: pam_unix(passwd:chauthtok): password changed for
bb
```

笔者截取了一段日志的内容，注释了其中的 3 句日志，剩余的两句日志大家可以看懂了吗？其实，分析日志既是重要的系统维护工作，也是一项非常枯燥和烦琐的工作。如果服务器出现了一些问题，比如系统不正常重启或关机、用户非正常登录、服务无法正常使用等，则应该先查看日志。其实，只要感觉到服务器不是很正常，就应该查看日志，甚至在服务器没有出现问题时也要养成定时查看日志的习惯。

7.2.2 rsyslogd 服务的配置文件

1．/etc/rsyslog.conf 配置文件的格式

rsyslogd 服务是依赖其配置文件/etc/rsyslog.conf 来确定哪个服务的什么等级的日志信息会被记录在哪个位置的。也就是说，在 rsyslogd 服务的配置文件中主要定义了服务名称、日志等级和日志记录位置。基本格式如下：

```
authpriv.*                          /var/log/secure
#服务名称[连接符号]日志等级              日志记录位置
#认证相关服务.所有日志等级               记录在/var/log/secure 日志文件中
```

1）服务名称

首先需要确定 rsyslogd 服务可以识别哪些服务的日志，也可以理解为以下这些服务委托 rsyslogd 服务来代为管理日志。这些服务如表 7-3 所示。

表 7-3 rsyslogd 服务可以识别的日志服务

服务名称	说　明
auth（LOG_AUTH）	安全和认证相关消息（不推荐使用 authpriv 代替）
authpriv（LOG_AUTHPRIV）	安全和认证相关消息（私有的）
cron（LOG_CRON）	系统定时任务 cront 和 at 产生的日志
daemon（LOG_DAEMON）	与各个守护进程相关的日志
ftp（LOG_FTP）	ftp 守护进程产生的日志
kern（LOG_KERN）	内核产生的日志（不是用户进程产生的）
local0-local7（LOG_LOCAL0-7）	为本地使用预留的服务
lpr（LOG_LPR）	打印产生的日志
mail（LOG_MAIL）	邮件收发信息
news（LOG_NEWS）	与新闻服务器相关的日志
syslog（LOG_SYSLOG）	由 syslogd 服务产生的日志信息（虽然服务名称已经改为 rsyslogd，但是很多配置依然沿用了 syslogd 服务的配置，所以在这里并没有修改服务名称）
user（LOG_USER）	用户等级类别的日志信息
uucp（LOG_UUCP）	uucp 子系统的日志信息。uucp 是早期 Linux 系统进行数据传递的协议，后来也常用在新闻组服务中

这些日志服务名称是 rsyslogd 服务自己定义的，并不是实际的 Linux 系统的服务。当有服务需要委托 rsyslogd 服务来代为管理日志时，只需要调用这些服务的名称就可以实现日志的委托管理。这些日志服务名称可以使用命令“man 3 syslog”来查看。虽然我们的日志管理服务已经更新到 rsyslogd，但是很多配置依然沿用了 syslogd 服务的配置，在帮助文档中仍然查看 syslog 服务的帮助信息。

2）连接符号

日志服务连接日志等级的格式如下：

```
服务名称[连接符号]日志等级          日志记录位置
```

在这里，连接符号可以被识别为以下 3 种。

- “.”代表只要比后面的等级高的（包含该等级）日志都记录。比如，“cron.info”代表 cron 服务产生的日志，只要日志等级大于或等于 info 级别，就记录。
- “.=”代表只记录所需等级的日志，其他等级的日志都不记录。比如，“*.=emerg”代表任何日志服务产生的日志，只要等级是 emerg 级别，就记录。这种用法极少见，了解就好。
- “.!”代表不等于，也就是除该等级的日志外，其他等级的日志都记录。

3）日志等级

每个日志的重要性都是有差别的，比如，有些日志只是系统的一个日常提醒，看不看根本不会对系统的运行产生影响；但是，有些日志就是系统和服务的警告甚至报错信息，如果不处理这些日志，就会威胁系统的稳定或安全。如果把这些日志全部写入一个文件中，那么很有可能因为管理员的大意而忽略重要信息。比如，我们在工作中需要处理大量的邮件，笔者现在每天可能会接收到 200 多封邮件。而这些邮件中的绝大多数是不需要处理的普通信息邮件，甚至是垃圾邮件。所以，笔者每天都要先把大量的非重要邮件删除之后，才能找到真正需要处理的邮件。但是，每封邮件的标题都差不多，有时会误删除需要处理的邮件。这时笔者就非常怀念 Linux 系统的日志等级，如果邮件也能标识重要等级，就不会误删除或漏处理重要邮件了。

邮件的等级信息也可以使用“man 3 syslog”命令来查看。日志等级如表 7-4 所示，我们按照严重等级从低到高排列。

表 7-4　日志等级

等级名称	说　明
debug（LOG_DEBUG）	一般的调试信息说明
info（LOG_INFO）	基本的通知信息
notice（LOG_NOTICE）	普通信息，但是有一定的重要性
warning（LOG_WARNING）	警告信息，但是还不会影响到服务或系统的运行
err（LOG_ERR）	错误信息，一般达到 err 等级的信息已经影响到服务或系统的运行了
crit（LOG_CRIT）	临界状态信息，比 err 等级还要严重
alert（LOG_ALERT）	警告状态信息，比 crit 等级还要严重，必须立即采取行动
emerg（LOG_EMERG）	疼痛等级信息，系统已经无法使用了
*	代表所有日志等级。比如，“authpriv.*”代表 authpriv 认证信息服务产生的日志，所有的日志等级都记录

日志等级还可以被识别为“none”。如果日志等级是 none，则说明忽略这个服务，该服务的所有日志都不再记录。

4）日志记录位置

日志记录位置就是当前日志输出到哪个日志文件中保存，当然也可以把日志输出到打印机打印，或者输出到远程日志服务器上（当然，远程日志服务器要允许接收才行）。日志记录位置也是固定的。

- 日志文件的绝对路径。这是最常见的日志保存方法，如“/var/log/secure”就是用来保存用户验证和授权信息日志的。
- 系统设备文件。如“/dev/lp0”代表第一台打印机，如果日志记录位置是打印机设备，那么，当有日志产生时，就会在打印机上打印。
- 转发给远程主机。因为可以选择使用 TCP 和 UDP 协议传输日志信息，所以有两种发送格式：如果使用“@192.168.0.210:514”，就会把日志内容使用 UDP 协议发送到 192.168.0.210 的 UDP 514 端口上；如果使用“@@192.168.0.210:514”，就会把日志内容使用 TCP 协议发送到 192.168.0.210 的 TCP 514 端口上，其中 514 是日志服务默认端口。当然，只要 192.168.0.210 同意接收此日志，就可以把日志内容保存在日志服务器上。
- 用户名。如果是“root”，就会把日志发送给 root 用户，当然 root 用户要在线，否则接收不到日志信息。当发送日志给用户时，可以使用“*”代表发送给所有在线用户，如“mail.*   *”就会把 mail 服务产生的所有级别的日志发送给所有在线用户。如果需要把日志发送给多个在线用户，则用户名之间用“,”分隔。
- 忽略或丢弃日志。如果接收日志的对象是“~”，则代表这个日志不会被记录，而被直接丢弃。如“local3.*   ~”代表 local3 服务类型所有的日志都不被记录。

2. /etc/rsyslog.conf 配置文件的内容

我们知道了/etc/rsyslog.conf 配置文件的格式，接下来就看看这个配置文件的具体内容。

```
[root@localhost ~]# vi /etc/rsyslog.conf
#查看配置文件的内容
# rsyslog v5 configuration file

# For more information see /usr/share/doc/rsyslog-*/rsyslog_conf.html
# If you experience problems, see http://www.rsyslog.com/doc/troubleshoot.html

#### MODULES ####
#加载模块

$ModLoad imuxsock # provides support for local system logging (e.g. via logger
command)
#加载 imuxsock 模块，为本地系统登录提供支持
$ModLoad imjournal # provides access to the systemd journal
#加载 imjournal 模块，为 systemd-journald.service 提供支持
#$ModLoad imklog   # provides kernel logging support (previously done by rklogd)
#加载 imklog 模块，为内核登录提供支持
#$ModLoad immark  # provides --MARK-- message capability
#加载 immark 模块，提供标记信息的能力

# Provides UDP syslog reception
#$ModLoad imudp
```

```
#$UDPServerRun 514
#加载 UDP 模块，允许使用 UDP 的 514 端口接收采用 UDP 协议转发的日志

# Provides TCP syslog reception
#$ModLoad imtcp
#$InputTCPServerRun 514
#加载 TCP 模块，允许使用 TCP 的 514 端口接收采用 TCP 协议转发的日志

#### GLOBAL DIRECTIVES ####
#定义全局设置

# Use default timestamp format
$ActionFileDefaultTemplate RSYSLOG_TraditionalFileFormat
#定义日志的时间，使用默认的时间戳格式

# File syncing capability is disabled by default. This feature is usually not
required,
# not useful and an extreme performance hit
#$ActionFileEnableSync on
#文件同步功能。默认没有开启，是注释的

# Include all config files in /etc/rsyslog.d/
$IncludeConfig /etc/rsyslog.d/*.conf
#包含/etc/rsyslog.d/目录中所有的".conf"子配置文件。也就是说，这个目录中的所有
#子配置文件也同时生效

# Turn off message reception via local log socket;
# local messages are retrieved through imjournal now.
$OmitLocalLogging on

# File to store the position in the journal
$IMJournalStateFile imjournal.state

#### RULES ####
#日志文件保存规则

# Log all kernel messages to the console.
# Logging much else clutters up the screen.
#kern.*                                                 /dev/console
#kern 服务.所有日志级别                        保存在/dev/console
#这个日志默认没有开启。如果需要，则取消注释

# Log anything (except mail) of level info or higher.
# Don't log private authentication messages!
```

```
*.info;mail.none;authpriv.none;cron.none                /var/log/messages
#所有服务.info 以上级别的日志保存在/var/log/messages 日志文件中
#mail、authpriv、cron 的日志不记录在/var/log/messages 日志文件中，因为它们都有自己的日志文件
#所以/var/log/messages 日志文件是最重要的系统日志文件，需要经常查看

# The authpriv file has restricted access.
authpriv.*                                              /var/log/secure
#用户认证服务所有级别的日志保存在/var/log/secure 日志文件中

# Log all the mail messages in one place.
mail.*                                                  -/var/log/maillog
#mail 服务所有级别的日志保存在/var/log/maillog 日志文件中
# "-"的含义是日志先在内存中保存，当日志足够多之后，再向文件中保存

# Log cron stuff
cron.*                                                  /var/log/cron
#计划任务的所有日志保存在/var/log/cron 日志文件中

# Everybody gets emergency messages
*.emerg                                                 *
#所有日志服务的疼痛等级日志对所有在线用户广播

# Save news errors of level crit and higher in a special file.
uucp,news.crit                                          /var/log/spooler
#uucp 和 news 日志服务的 crit 以上级别的日志保存在/var/log/spooler 日志文件中

# Save boot messages also to boot.log
local7.*                                                /var/log/boot.log
#loacl7 日志服务的所有日志写入/var/log/boot.log 日志文件中
#会把开机时的检测信息在显示到屏幕的同时写入/var/log/boot.log 日志文件中

# ### begin forwarding rule ###
#定义转发规则
# The statement between the begin ... end define a SINGLE forwarding
# rule. They belong together, do NOT split them. If you create multiple
# forwarding rules, duplicate the whole block!
# Remote Logging (we use TCP for reliable delivery)
#
# An on-disk queue is created for this action. If the remote host is
# down, messages are spooled to disk and sent when it is up again.
#$WorkDirectory /var/lib/rsyslog # where to place spool files
#$ActionQueueFileName fwdRule1 # unique name prefix for spool files
#$ActionQueueMaxDiskSpace 1g  # 1gb space limit (use as much as possible)
#$ActionQueueSaveOnShutdown on # save messages to disk on shutdown
```

```
#$ActionQueueType LinkedList   # run asynchronously
#$ActionResumeRetryCount -1    # infinite retries if host is down
# remote host is: name/ip:port, e.g. 192.168.0.1:514, port optional
#*.* @@remote-host:514
# ### end of the forwarding rule ##
```

其实，系统已经非常完善地定义了这个配置文件的内容，系统中重要的日志也已经记录得非常完备。如果是外来的服务，如 Apache、Samba 等服务，那么这些服务的配置文件中也详细定义了日志的记录格式和记录方法。所以，日志的配置文件基本上不需要修改，我们要做的仅仅是查看和分析系统记录好的日志而已。

3. 自定义日志文件

如果想要自定义日志文件可以吗？当然可以，只需在/etc/rsyslog.conf 配置文件中按照格式写入即可。当然，rsyslogd 服务可以识别的日志服务只有表 7-3 中列出的那么多。例如：

```
[root@localhost ~]# vi /etc/rsyslog.conf
#写入以下这句话
*.crit                  /var/log/alert.log
#把所有服务的“临界点”以上的错误都保存在/var/log/alert.log 日志文件中

[root@localhost ~]# systemctl restart rsyslog.service
#重启日志服务
[root@localhost ~]# ll /var/log/alert.log
-rw-------. 1 root root 0 7月   12 18:50 /var/log/alert.log
#生成 var/log/alert.log 日志文件
```

这样，/var/log/alert.log 日志文件就生成了。如果在这个日志文件中出现任何信息，则应该是比较危险的错误信息，应该引起警惕。

在系统中有可能不生成/var/log/alert.log 日志文件，这是由于我们定的报警等级“crit”过高，如果系统中没有超过“crit”等级的警告信息，那么/var/log/alert.log 日志文件可能不会生成。那么，我们可以把日志等级定低一点。

```
[root@localhost ~]# vi /etc/rsyslog.conf
*.info                                         /var/log/mylog.log
#定义 info 等级的日志，写入/var/log/mylog.log 日志文件中

[root@localhost ~]# systemctl restart rsyslog.service
#重启日志服务

[root@localhost ~]# ll /var/log/mylog.log
-rw-------. 1 root root 933 7月  12 18:50 /var/log/mylog.log
#在系统中生成/var/log/mylog.log 日志文件
#后续实验用/var/log/mylog.log 日志文件来进行
```

4．日志服务器的设置

我们已经知道可以使用“@IP:端口”或“@@IP:端口”格式把日志发送到远程主机上，那么，这么做有什么意义呢？假设我需要管理几十台服务器，那么我每天的主要工作就是查看这些服务器的日志，可是每台服务器单独登录，并且查看日志非常烦琐，我可以把几十台服务器的日志集中到一台日志服务器上吗？这样我每天只要登录这台日志服务器，就可以查看所有服务器的日志，要方便得多。

如何实现日志服务器的功能呢？其实并不难，不过我们首先需要分清服务器端和客户端。假设服务器端的服务器 IP 地址是 192.168.0.210，主机名是 localhost.localdomain；客户端的 IP 地址是 192.168.0.211，主机名是 www1。我们现在要做的是把 192.168.0.211 的日志保存在 192.168.0.210 这台服务器上。实验过程如下：

```
#服务器端设置（192.168.0.210）
[root@localhost ~]# vi /etc/rsyslog.conf
…省略部分输出…
# Provides TCP syslog reception
$ModLoad imtcp
$InputTCPServerRun 514
#取消这两句话的注释，允许服务器使用 TCP 514 端口接收日志
…省略部分输出…

[root@localhost ~]# systemctl restart rsyslog.service
#重启日志服务

[root@localhost ~]# netstat -tuln | grep 514
tcp        0      0 0.0.0.0:514            0.0.0.0:*              LISTEN
tcp6       0      0 :::514                 :::*                   LISTEN
#查看 514 端口已经打开

#客户端设置（192.168.0.211）
[root@www1 ~]# vi /etc/rsyslog.conf
#修改日志服务的配置文件
*.*                     @@192.168.0.210:514
#把所有日志采用 TCP 协议发送到 192.168.0.210 的 514 端口上

[root@localhost ~]# systemctl restart rsyslog.service
#重启日志服务
```

这样，日志服务器和客户端就搭建完成了，以后 192.168.0.211 这台客户机上产生的所有日志都会被记录到 192.168.0.210 这台服务器上。比如：

```
#在客户机（192.168.0.211）上
```

```
[root@www1 ~]# useradd shenchao
[root@www1 ~]# passwd shenchao
#添加 shenchao 用户（注意：提示符的主机名是 www1）

#在服务器（192.168.0.210）上
[root@localhost ~]# vi /var/log/secure
#查看服务器的 secure 日志（注意：主机名是 localhost）
Jul 12 18:53:56 www1 sshd[905]: Server listening on 0.0.0.0 port 22.
Jul 12 18:53:56 www1 sshd[905]: Server listening on :: port 22.
Jul 12 18:53:56 www1 sshd[1184]: Accepted password for root from 192.168.0.211
port 7036 ssh2
Jul 12 18:53:56 www1 sshd[1184]: pam_unix(sshd:session): session opened for
user root by (uid=0)
Jul 12 18:53:56 www1 useradd[1184]: new group: name=shenchao, GID=505
Jul 12 18:53:56 www1 useradd[1184]: new user: name=shenchao, UID=505, GID=505,
home=/home/shenchao, shell=/bin/bash
Jul 12 18:53:56 www1 passwd: pam_unix(passwd:chauthtok): password changed for
shenchao
#注意：查看到的日志内容的主机名是 www1，说明我们虽然查看的是服务器的日志文件，但是在其中可以看到客户机的日志内容
```

需要注意的是，日志服务是通过主机名来区分不同的服务器的。所以，如果我们配置了日志服务，则需要给所有的服务器分配不同的主机名。

7.3 日志轮替

日志是重要的系统文件，记录和保存了系统中所有的重要事件。但是，日志文件也需要进行定期的维护，因为日志文件的大小是不断增长的，如果完全不进行日志维护，而任由其随意递增，那么用不了多久，我们的硬盘就会被写满。日志维护最主要的工作就是把旧的日志文件删除，从而腾出空间来保存新的日志文件。这项工作如果靠管理员手工来完成，那其实是非常烦琐的，而且也容易忘记。那么，Linux 系统是否可以自动完成日志的轮替工作呢？logrotate 就是用来进行日志轮替（也叫日志转储）的，也就是把旧的日志文件移动并改名，同时创建一个新的空日志文件用来记录新日志，当旧的日志文件超出保存的范围时就删除。

7.3.1 日志文件的命名规则

日志轮替最主要的作用就是把旧的日志文件移动并改名，同时建立新的空日志文件，当旧的日志文件超出保存的范围时就删除。那么，当旧的日志文件改名之后，如何命名呢？主要依

靠/etc/logrotate.conf 配置文件中的 dateext 参数。

- 如果在配置文件中有 dateext 参数，那么会使用日期作为日志轮替文件的后缀，如 secure-20130605。这样，日志文件名不会重叠，也就不需要对日志文件进行改名，只需要保存指定的日志个数，删除多余的日志文件即可。
- 如果在配置文件中没有 dateext 参数，那么日志文件就需要进行改名了。当第一次进行日志轮替时，当前的 secure 日志会自动改名为 secure.1，然后新建 secure 日志，用来保存新的日志；当第二次进行日志轮替时，secure.1 会自动改名为 secure.2，当前的 secure 日志会自动改名为 secure.1，然后也会新建 secure 日志，用来保存新的日志；以此类推。

7.3.2 logrotate 的配置文件

我们来查看一下 logrotate 的配置文件/etc/logrotate.conf 的默认内容。

```
[root@localhost ~]# vi /etc/logrotate.conf
# see "man logrotate" for details
# rotate log files weekly
weekly
#每周对日志文件进行一次轮替

# keep 4 weeks worth of backlogs
rotate 4
#保存 4 个日志文件。也就是说，如果进行了 5 次日志轮替，就会删除第一个备份日志

# create new (empty) log files after rotating old ones
create
#在进行日志轮替时，自动创建新的日志文件

# use date as a suffix of the rotated file
dateext
#使用日期作为日志轮替文件的后缀

# uncomment this if you want your log files compressed
#compress
#日志文件是否压缩。如果取消注释，则日志会在轮替的同时进行压缩

#以上日志配置为默认配置。如果需要轮替的日志没有设定独立的参数，那么都会遵循以上配置
#如果轮替日志配置了独立参数，那么独立参数的优先级更高

# RPM packages drop log rotation information into this directory
include /etc/logrotate.d
#包含/etc/logrotate.d/目录中所有的子配置文件。也就是说，会把这个目录中所有的子配置文件读取
```

```
#进来，进行日志轮替

# no packages own wtmp and btmp -- we'll rotate them here
#以下两个轮替日志有自己的独立参数，如果和默认的参数冲突，则独立参数生效
/var/log/wtmp {
#以下参数仅对/var/log/wtmp 目录有效
    monthly
    #每月对日志文件进行一次轮替
    create 0664 root utmp
    #建立的新日志文件，权限是 0664，所有者是 root，所属组是 utmp 用户组
        minsize 1M
        #日志文件最小轮替大小是 1MB。也就是日志一定要超过 1MB 才会轮替，否则就算
        #时间达到一个月，也不进行日志轮替
    rotate 1
    #仅保留一个日志备份。也就是只有 wtmp 和 wtmp.1 日志保留而已
}

/var/log/btmp {
#以下参数只对/var/log/btmp 目录生效
    missingok
    #如果日志不存在，则忽略该日志的警告信息
    monthly
    create 0600 root utmp
    rotate 1
}

# system-specific logs may be also be configured here.
```

在这个配置文件中，主要分为 3 部分：第一部分是默认设置，如果需要轮替的日志没有设定独立的参数，则遵循默认设置的参数；第二部分是读取/etc/logrotate.d/目录中的日志轮替的子配置文件，也就是说，/etc/logrotate.d/目录中所有符合语法规则的子配置文件也会进行日志轮替；第三部分是对 wtmp 和 btmp 日志文件的轮替进行设定，如果此设定和默认参数冲突，则当前设定生效（如 wtmp 日志文件的当前参数设定的轮替时间是每月，而默认参数的轮替时间是每周，则对于 wtmp 这个日志文件来说，轮替时间是每月，当前的设定参数生效）。

logrotate 的配置文件的主要参数如表 7-5 所示。

表 7-5　logrotate 的配置文件的主要参数

参　数	说　明
daily	日志的轮替时间是每天
weekly	日志的轮替时间是每周
monthly	日志的轮替时间是每月
rotate 数字	保留的日志备份的个数。0 指没有备份
compress	当进行日志轮替时，对旧的日志文件进行压缩

续表

参　数	说　明
create mode owner group	建立新日志，同时指定新日志的权限与所有者和所属组，如 create 0600 root utmp
mail address	当进行日志轮替时，输出内容通过邮件发送到指定邮箱，如 mail shenc@lamp.net
missingok	如果日志不存在，则忽略该日志的警告信息
notifempty	如果日志为空文件，则不进行日志轮替
minsize 大小	日志轮替的最小值。也就是日志一定要达到这个最小值才会进行轮替，否则就算时间达到也不进行轮替
size 大小	日志只有大于指定大小才进行轮替，而不是按照时间轮替的。如 size 100k
dateext	使用日期作为日志轮替文件的后缀，如 secure-20130605
sharedscripts	在此关键字之后的脚本只执行一次
prerotate/endscript	在日志轮替之前执行脚本命令。endscript 标识 prerotate 脚本结束
postrotate/endscript	在日志轮替之后执行脚本命令。endscript 标识 postrotate 脚本结束

在这些参数中，较难理解的应该是 prerotate/endscript 和 postrotate/endscript，我们利用“man logrotate”中的例子来解释一下这两个参数。例如：

```
"/var/log/httpd/access.log" /var/log/httpd/error.log {
  #日志轮替的是/var/log/httpd/中 RPM 包默认安装的 Apache 服务的正确访问日志和错误日志
    rotate 5
      #轮替 5 次
    mail www@my.org
      #把信息发送到指定邮箱
    size 100k
      #当日志大于 100KB 时才进行轮替，不再按照时间轮替
    sharedscripts
      #以下脚本只执行一次
    postrotate
      #在日志轮替结束之后，执行以下脚本
         /usr/bin/killall -HUP httpd
         #重启 Apache 服务
    endscript
      #脚本结束
}
```

prerotate 和 postrotate 主要用于在日志轮替的同时执行指定的脚本，一般用于日志轮替之后重启服务。这里强调一下，如果你的日志是写入 rsyslog 服务的配置文件中的，那么把新日志加入 logrotate 后，一定要重启 rsyslog 服务，否则就会发现，虽然新日志建立了，但数据还是写入了旧的日志当中。那是因为虽然 logrotate 知道日志轮替了，但是 rsyslog 服务并不知道。同理，如果采用源码包安装了 Apache、Nginx 等服务，则需要重启 Apache 或 Nginx 服务，同时还要重启 rsyslog 服务，否则日志也不能正常轮替。

不过，在这里有一个典型应用，就是给特定的日志加入 chattr 的 a 属性。如果给系统文件

加入了 chattr 的 a 属性，那么这个文件就只能增加数据，而不能删除和修改已有的数据，root 用户也不例外。所以，我们会给重要的日志文件加入 chattr 的 a 属性，这样就可以保护日志文件不被恶意修改。不过，一旦加入了 chattr 的 a 属性，那么，在进行日志轮替时，这个日志文件是不能被改名的，当然也就不能进行日志轮替了。我们可以利用 prerotate 和 postrotate 参数来修改日志文件的 chattr 的 a 属性。在 7.3.3 节中会具体说明这两个参数的使用。

7.3.3 把自己的日志加入日志轮替

如果有些日志默认没有加入日志轮替（比如源码包安装的服务的日志，或者自己添加的日志），那么这些日志默认是不会进行轮替的，这样当然不符合我们对日志的管理要求。如果需要把这些日志也加入日志轮替，那么该如何操作呢？这里有两种方法。

- 第一种方法是直接在/etc/logrotate.conf 配置文件中写入该日志的轮替策略，从而把日志加入日志轮替。
- 第二种方法是在/etc/logrotate.d/目录中建立该日志的轮替文件，在该轮替文件中写入正确的轮替策略。因为该目录中的文件都会被包含到主配置文件中，所以也可以把日志加入轮替。我们推荐第二种方法，因为系统中需要轮替的日志非常多，如果全部直接写入/etc/logrotate.conf 配置文件中，那么这个文件的可管理性就会非常差，不利于此文件的维护。

说起来很复杂，我们举一个例子。还记得我们自己生成的/var/log/mylog.log 日志吗？这个日志不是系统默认日志，而是我们通过/etc/rsyslog.conf 配置文件自己生成的日志，所以默认这个日志是不会进行轮替的。如果需要把这个日志加入日志轮替，那么该怎么实现呢？我们采用第二种方法，也就是在/etc/logrotate.d/目录中建立此日志的轮替文件。具体步骤如下：

```
[root@localhost ~]# chattr +a /var/log/mylog.log
#先给日志文件加入 chattr 的 a 属性，保证日志文件的安全
[root@localhost ~]# vi /etc/logrotate.d/mylog
#创建 alter 轮替文件，把/var/log/alert.log 加入日志轮替
/var/log/mylog.log {
        weekly                                     ←每周轮替一次
        rotate 6                                   ←保留 6 个日志备份
        sharedscripts                              ←以下命令只执行一次
        prerotate                                  ←在日志轮替之前执行
                /usr/bin/chattr -a /var/log/mylog.log
                  #在日志轮替之前取消 a 属性，以便让日志可以轮替
        endscript                                  ←脚本结束

        sharedscripts
        postrotate                                 ←在日志轮替之后执行
                /usr/bin/chattr +a /var/log/mylog.log
```

```
            #在日志轮替之后，重新加入 chattr 的 a 属性
        /bin/kill -HUP $(/bin/cat /var/run/syslogd.pid 2>/dev/null) &>/dev/null
          #重启 rsyslog 服务，保证日志轮替正常进行
    endscript
}
```

这样，我们自己生成的日志/var/log/mylog.log 也就可以进行轮替了。当然，这些配置信息也是可以直接写入/etc/logrotate.conf 配置文件中的。

再举一个例子。如果需要把 Nginx 服务的日志加入日志轮替，则需要注意重启 Nginx 服务，当然还要重启 rsyslog 服务。例如：

```
/date/logs/nginx/access/access.log /date/logs/nginx/access/default.log {
#假设 Nginx 服务的日志放在/date/目录下
    daily
    rotate 30
    create
    compress
    sharedscripts
    postrotate
        /bin/kill -HUP $(/bin/cat /var/run/syslogd.pid) &>/dev/null
        #重启 rsyslog 服务
        /bin/kill -HUP $(/bin/cat /usr/local/nginx/logs/nginx.pid) &>/dev/null
        #重启 Nginx 服务
    endscript
}
```

7.3.4 logrotate 命令

日志轮替之所以可以在指定的时间备份日志，是因为其依赖系统定时任务。如果大家还记得/etc/cron.daily/目录，就会发现这个目录中是有 logrotate 文件的，查看一下这个文件，命令如下：

```
[root@localhost ~]# vi /etc/cron.daily/logrotate
#!/bin/sh


/usr/sbin/logrotate /etc/logrotate.conf >/dev/null 2>&1
#最主要的就是执行了 logrotate 命令
EXITVALUE=$?
if [ $EXITVALUE != 0 ]; then
    /usr/bin/logger -t logrotate "ALERT exited abnormally with [$EXITVALUE]"
fi
exit 0
```

也就是说，系统每天都会执行/etc/cron.daily/logrotate 文件，执行这个文件中的“/usr/sbin/logrotate /etc/logrotate.conf >/dev/null 2>&1”命令。logrotate 命令会依据/etc/logrotate.conf 配置文件中的配置，来判断配置文件中的日志是否符合日志轮替的条件（比如，日志备份时间已经满一周），如果符合，日志就会进行轮替。所以说，日志轮替还是由 crond 服务发起的。

logrotate 命令的格式如下：

```
[root@localhost ~]# logrotate [选项] 配置文件名
选项:
    如果此命令没有选项，则会按照配置文件中设定的条件进行日志轮替
    -v:        显示日志轮替过程。加入了-v 选项，会显示日志的轮替过程
    -f:        强制进行日志轮替。不管日志轮替的条件是否符合，强制配置文件中所有的日志进行轮替
```

执行 logrotate 命令，并查看一下执行过程。

```
[root@localhost ~]# logrotate -v /etc/logrotate.conf
#查看日志轮替的流程
…省略部分输出…
rotating pattern: /var/log/mylog.log  weekly (6 rotations)
#这就是我们自己加入轮替的 mylog.log 日志
empty log files are rotated, old logs are removed
considering log /var/log/mylog.log
  log does not need rotating                    ←时间不够一周，所以不进行日志轮替
…省略部分输出…
```

我们发现，/var/log/mylog.log 加入了日志轮替，已经被 logrotate 识别并调用了，只是时间没有达到轮替的标准，所以没有进行轮替。我们强制进行一次日志轮替，看看会有什么结果。

```
[root@localhost ~]# logrotate -vf /etc/logrotate.conf
#强制进行日志轮替，不管是否符合轮替条件
…省略部分输出…
rotating pattern: /var/log/mylog.log  forced from command line (6 rotations)
empty log files are rotated, old logs are removed
considering log /var/log/mylog.log
  log needs rotating                            ←日志需要轮替
rotating log /var/log/mylog.log, log->rotateCount is 6
dateext suffix '-20190712'                      ←提取日期参数
glob pattern '-[0-9][0-9][0-9][0-9][0-9][0-9][0-9][0-9]'
glob finding old rotated logs failed
running prerotate script
fscreate context set to system_u:object_r:var_log_t:s0
renaming /var/log/mylog.log to /var/log/mylog.log-20190712
#旧的日志文件被重命名
creating new /var/log/mylog.log mode = 0600 uid = 0 gid = 0
#创建新的日志文件，同时指定权限、所有者和所属组
```

```
running postrotate scrip
…省略部分输出…
```

我们发现，/var/log/mylog.log 日志已经完成了轮替。查看一下新生成的日志文件和旧的日志文件，如下：

```
[root@localhost ~]# ll /var/log/mylog.log*
-rw-------. 1 root root  505 7月  12 19:30 /var/log/mylog.log
-rw-------. 1 root root 4739 7月  12 19:20 /var/log/mylog.log-20190712
#旧的日志文件已经轮替
[root@localhost ~]# lsattr /var/log/mylog.log
-----a---------- /var/log/mylog.log
#新的日志文件被自动加入了 chattr 的 a 属性
```

logrotate 命令在使用“-f”选项之后，就会不管日志是否符合轮替条件，而强制把所有的日志都进行轮替。

7.4　日志分析工具

日志是非常重要的系统文件，管理员每天的重要工作就是分析和查看服务器的日志，判断服务器的健康状态。但是，日志管理又是一项非常枯燥的工作，如果需要管理员手工查看服务器上所有的日志，那实在是一项非常痛苦的工作。有些管理员就会偷懒，省略日志的检测工作，但是这样做非常容易导致服务器出现问题。

那么，有取代的方案吗？有，那就是日志分析工具。这些日志分析工具会详细地查看日志，同时分析这些日志，并且把分析的结果通过邮件的方式发送给 root 用户。这样，我们每天只要查看日志分析工具的邮件，就可以知道服务器的基本情况，而不用挨个检查日志了。这样，管理员就可以从繁重的日常工作中解脱出来，去处理更加重要的工作。

在 CentOS 中自带了一个日志分析工具，就是 logwatch。不过，这个工具默认没有安装（因为我们选择的是最小化安装），所以需要手工安装。安装命令如下：

```
[root@localhost Packages]# yum -y install logwatch
```

安装完成之后，需要手工生成 logwatch 的配置文件。默认配置文件是/etc/logwatch/conf/logwatch.conf。不过，这个配置文件是空的，需要把模板配置文件复制过来。命令如下：

```
[root@localhost  ~]#  cp  /usr/share/logwatch/default.conf/logwatch.conf  /etc/
logwatch/conf/logwatch.conf
#复制模板配置文件
```

在这个配置文件的内容中绝大多数是注释，我们把注释去掉，那么这个配置文件的内容如下所示：

```
[root@localhost ~]# vi /etc/logwatch/conf/logwatch.conf
#查看配置文件
LogDir = /var/log
#logwatch会分析和统计/var/log/中的日志
TmpDir = /var/cache/logwatch
#指定logwatch的临时目录
Output = mail
#定义输出位置。"stdout"是标准输出。也可以改为"mail"，输出到邮件
Format = text
Encode = none
#定义日志标准输出及格式
MailTo = root
#日志的分析结果，给root用户发送邮件
MailFrom = Logwatch
#邮件的发送者是Logwatch，在接收邮件时显示
Range = All
#分析哪天的日志。可以识别"All""Today""Yesterday"，用来分析"所有日志""今天日志""昨天日志"
Detail = Low
#日志的详细程度。可以识别"Low""Med""High"。也可以用数字表示，范围为0~10，"0"代表
#最不详细，"10"代表最详细
Service = All
#分析和监控所有日志
Service = "-zz-network"
#但是不监控-zz-network服务的日志。"-服务名"表示不分析和监控此服务的日志
Service = "-zz-sys"
Service = "-eximstats"
```

这个配置文件基本不需要修改（笔者在实验时把 Range 项改为了 All，否则一会儿的实验可以分析的日志过少；把输出位置 Output 改为了 mail，输出到邮件），就会默认每天执行。它为什么会每天执行呢？聪明的读者已经想到了，一定是 crond 服务的作用。没错，logwatch 一旦安装，就会在/etc/cron.daily/目录中建立 0logwatch 文件，用于在每天定时执行 logwatch 命令，分析和监控相关日志。

如果想让这个日志分析工具马上执行，则只需执行 logwatch 命令即可。命令如下：

```
[root@localhost ~]# logwatch
#马上执行logwatch命令
[root@localhost ~]# mail
#查看邮件
Heirloom Mail version 12.5 7/5/10.  Type ? for help.
"/var/spool/mail/root": 3 messages 1 new
   1 root              Thu Jul 11 10:05  18/610
   2 root              Thu Jul 11 10:27  18/610
>N   3 logwatch@localhost.l    Fri  Jul  12  20:28  107/5622    "Logwatch  for
```

```
localhost.localdomain (Linux)"
#第三封邮件就是刚刚生成的日志分析邮件，"N"代表没有查看
& 3
Message  4:
From root@localhost.localdomain  Fri Jul 12 20:31:06 2019
Return-Path: <root@localhost.localdomain>
X-Original-To: root
Delivered-To: root@localhost.localdomain
To: root@localhost.localdomain
From: logwatch@localhost.localdomain
Subject: Logwatch for localhost.localdomain (Linux)
Auto-Submitted: auto-generated
Precedence: bulk
Content-Type: text/plain; charset="iso-8859-1"
Date: Fri, 12 Jul 2019 20:31:04 +0800 (CST)
Status: R


 ################### Logwatch 7.4.0 (03/01/11) ####################
        Processing Initiated: Fri Jul 12 20:31:04 2019
        Date Range Processed: all
        Detail Level of Output: 0
        Type of Output/Format: mail / text
        Logfiles for Host: localhost.localdomain
 ##################################################################
  #上面是日志分析的时间和日期

…省略部分输出…

 -------------------- Connections (secure-log) Begin ------------------------
#分析 secure.log 日志的内容。统计新建了哪些用户和组，以及错误登录信息
 New Users:
   user1 (1000)

 New Groups:
   user1 (1000)


 Root logins on ttys: 2 Time(s).
 …省略部分输出…
 -------------------- Connections (secure-log) End ------------------------
```

```
--------------------- Smartd Begin ------------------------


**Unmatched Entries**
Device: /dev/sda, [VMware,  VMware Virtual S 1.0 ], 21.4 GB
Device: /dev/sda, IE (SMART) not enabled, skip device
Try 'smartctl -s on /dev/sda' to turn on SMART features
Device: /dev/sda, [VMware,  VMware Virtual S 1.0 ], 21.4 GB
Device: /dev/sda, IE (SMART) not enabled, skip device
Try 'smartctl -s on /dev/sda' to turn on SMART features

---------------------- Smartd End ------------------------


--------------------- SSHD Begin ------------------------
#分析SSHD的日志。可以知道哪些IP地址连接过服务器

 SSHD Started: 4 Time(s)

 Users logging in through sshd:
   root:
     192.168.44.1: 11 times
   user1:
     192.168.44.1: 1 time

---------------------- SSHD End ------------------------


--------------------- yum Begin ------------------------
#统计yum安装的软件。可以知道我们安装了哪些软件

 Packages Installed:
   perl-Date-Manip-6.41-2.el7.noarch
   logwatch-7.4.0-34.20130522svn140.el7.noarch
   perl-Sys-MemInfo-0.91-7.el7.x86_64
   perl-Sys-CPU-0.54-4.el7.x86_64

---------------------- yum End ------------------------


--------------------- Disk Space Begin ------------------------
```

```
#统计磁盘空间情况
 Filesystem       Size  Used Avail Use% Mounted on
 /dev/sda3         17G  1.3G   16G   8% /
 devtmpfs         481M     0  481M   0% /dev
 /dev/sda1       1014M  130M  885M  13% /boot


 ---------------------- Disk Space End -------------------------


 ###################### Logwatch End #########################
```

有了这个日志分析工具，日志管理工作就会轻松很多。当然，Linux 系统支持很多日志分析工具，在这里只介绍了 CentOS 自带的 logwatch，大家可以根据自己的习惯选择相应的日志分析工具。

本章小结

本章重点

- 日志的重要性。
- 日志服务配置文件的格式。
- 自定义日志文件。
- 日志轮替。
- 日志分析工具。

本章难点

- 日志等级。
- 日志轮替。
- 日志分析工具的使用。

第8章

常在河边走，哪有不湿鞋：备份与恢复

学前导读

不知道大家有没有丢失过重要的数据呢？丢失数据的理由是多种多样的，有人是因为在重装系统时，没有把加密文件的密钥导出，重装系统后密钥丢失，导致所有的加密数据不能解密；也有人是因为在火车上笔记本电脑被别人调包，从而导致硬盘中的重要数据丢失；还有人是因为在系统中误执行了"rm -rf /"命令，导致整个根目录被人为清空。但由此带来的后果是一样严重的。保护重要数据的最有效的方法就是"不要把鸡蛋放在同一只篮子里"，这就是数据备份最主要的作用。

本章内容

- 8.1 数据备份简介
- 8.2 备份和恢复命令：xfsdump 和 xfsrestore
- 8.3 备份命令 dd

8.1 数据备份简介

数据备份的基本原则是：不要把鸡蛋放在同一只篮子里！

有人说，既然数据备份非常重要，那我把重要数据在硬盘中保存一份，在移动硬盘中也保存一份，再刻录一张光盘，这样数据应该非常安全了吧？对个人用户来讲，这样保存数据已经足够了；但是，对企业用户来讲，还是有安全隐患的，因为这些数据还是放在同一个地方的。还记得美国的“9·11”事件吗？像美国纽约世贸中心那样的庞然大物也轰然倒塌。当然，相比这样的灾难来讲，数据的损失已经是微不足道的了，不过，这仍然说明异地备份的重要性。所以，我们在备份数据的时候，不仅要把数据保存在多个存储介质中，还要考虑把重要数据异地保存。

8.1.1 Linux 服务器中的哪些数据需要备份

既然备份这么重要，那么，对 Linux 服务器来讲，到底需要备份哪些数据呢？当然，最理想的就是把整块硬盘中的数据都备份，甚至连分区和文件系统都备份，这样如果硬盘损坏，那么我们可以直接把备份硬盘中的数据导入损坏的硬盘中，甚至可以直接用备份硬盘代替损坏的硬盘。从数据恢复角度来说，这样的整盘备份是最方便的（dd 命令就可以实现整盘备份，类似于 Windows 系统中的 GHOST 软件）。不过，这种备份的备份时间比较长，占用的硬盘空间较大，不太适合经常进行。最常进行的备份还是把系统中的重要数据进行备份。那么，哪些数据是 Linux 服务器中较为重要的、需要定时备份的数据呢？

1. Linux 服务器中的重要数据

Linux 服务器中的哪些数据需要备份，可能不同的管理员有不同的理解。不过，有这样一些数据是大家公认的需要备份的数据。

- /root/目录：/root/目录是管理员的家目录，很多管理员会习惯在这个目录中保存一些相关数据，那么，当进行数据备份时，需要备份此目录。
- /home/目录：/home/目录是普通用户的家目录。如果是生产服务器，那么这个目录中也会保存大量的重要数据，应该备份。
- /var/spool/mail/目录：在一般情况下，用户的邮件也是需要备份的重要数据。
- /etc/目录：系统重要的配置文件保存目录，当然需要备份。
- 其他目录：根据系统的具体情况，备份你认为重要的目录。比如，在系统中有重要的日志，或者安装了 RPM 包的 MySQL 服务器（RPM 包安装的 mysql 服务，数据库保存在/var/lib/mysql/目录中），那么/var/lib/mysql/目录就需要备份；如果在服务器中安装了多个操作系统，或者编译过新的内核，那么/boot/目录就需要备份。

2. 安装服务的数据

在 Linux 服务器中会安装各种各样的应用程序，这些应用程序当然也有重要数据需要备份。不过，应用程序是多种多样的，每种应用程序到底应该备份什么数据也不尽相同，要具体情况具体对待。这里拿最常见的 Apache 服务和 mysql 服务来举例。

- Apache 服务需要备份如下内容：
  - 配置文件。RPM 包默认安装的 Apache 服务需要备份/etc/httpd/conf/httpd.conf 配置文件；源码包安装的 Apache 服务则需要备份/usr/local/apache2/conf/httpd.conf 配置文件。

- 网页主目录。RPM 包默认安装的 Apache 服务需要备份/var/www/html/目录中所有的数据；源码包安装的 Apache 服务需要备份/usr/local/apache2/htdocs/目录中所有的数据。
- 日志文件。RPM 包默认安装的 Apache 服务需要备份/var/log/httpd/目录中所有的日志；源码包安装的 Apache 服务需要备份/usr/local/apache2/logs/目录中所有的日志。

其实，对源码包安装的 Apache 服务来讲，只要备份/usr/local/apache2/目录中所有的数据即可，因为源码包安装的服务的所有数据都会保存到指定目录中。但如果是 RPM 包默认安装的 Apache 服务，就需要单独记忆和指定了。

- mysql 服务需要备份如下内容：
  - 对于源码包安装的 mysql 服务，数据库默认安装到/usr/local/mysql/data/目录中，只需备份此目录即可。
  - 对于 RPM 包默认安装的 mysql 服务，数据库默认安装到/var/lib/mysql/目录中，只需备份此目录即可。

如果是源码包安装的服务，则可以直接备份/usr/local/目录，因为一般源码包安装的服务都会安装到此目录中。如果是 RPM 包默认安装的服务，则需要具体服务具体对待，备份正确的数据。

8.1.2　备份策略

在进行数据备份时，可以采用不同的备份策略。主要的备份策略一般分为完全备份、增量备份和差异备份，我们分别来介绍。

1．完全备份

完全备份是指把所有需要备份的数据全部备份。当然，完全备份可以备份整块硬盘、整个分区或某个具体的目录。完全备份的好处是数据恢复方便，因为所有的数据都在同一个备份中，所以只要恢复完全备份，所有的数据都会被恢复。如果完全备份备份的是整块硬盘，那么甚至不需要数据恢复，只要把备份硬盘安装上，服务器就会恢复正常。但是，完全备份的缺点也很明显，那就是需要备份的数据量较大，备份时间较长，占用的空间较大，所以完全备份不可能每天执行。

我们一般会对关键服务器进行整盘完全备份，如果服务器出现问题，则可以很快地使用备份硬盘进行替换，从而减少损失。我们甚至会对关键服务器搭设一台一模一样的服务器，这样只要远程几个命令（或使用 Shell 脚本自动检测，自动进行服务器替换），备份服务器就会接替原本的服务器，从而使故障响应时间大大缩短。

2．增量备份

完全备份随着数据量的加大，备份耗费的时间和占用的空间会越来越多，所以完全备份不会也不能每天进行。这时增量备份的作用就体现出来了。增量备份是指先进行一次完全备份，在服务器运行一段时间之后，比较当前系统和完全备份的备份数据之间的差异，只备份有差异的数据。服务器继续运行，再经过一段时间，进行第二次增量备份。在进行第二次增量备份时，当前系统和第一次增量备份的数据进行比较，也只备份有差异的数据。第三次增量备份是和第二次增量备份的数据进行比较，以此类推。我们画一张示意图，如图 8-1 所示。

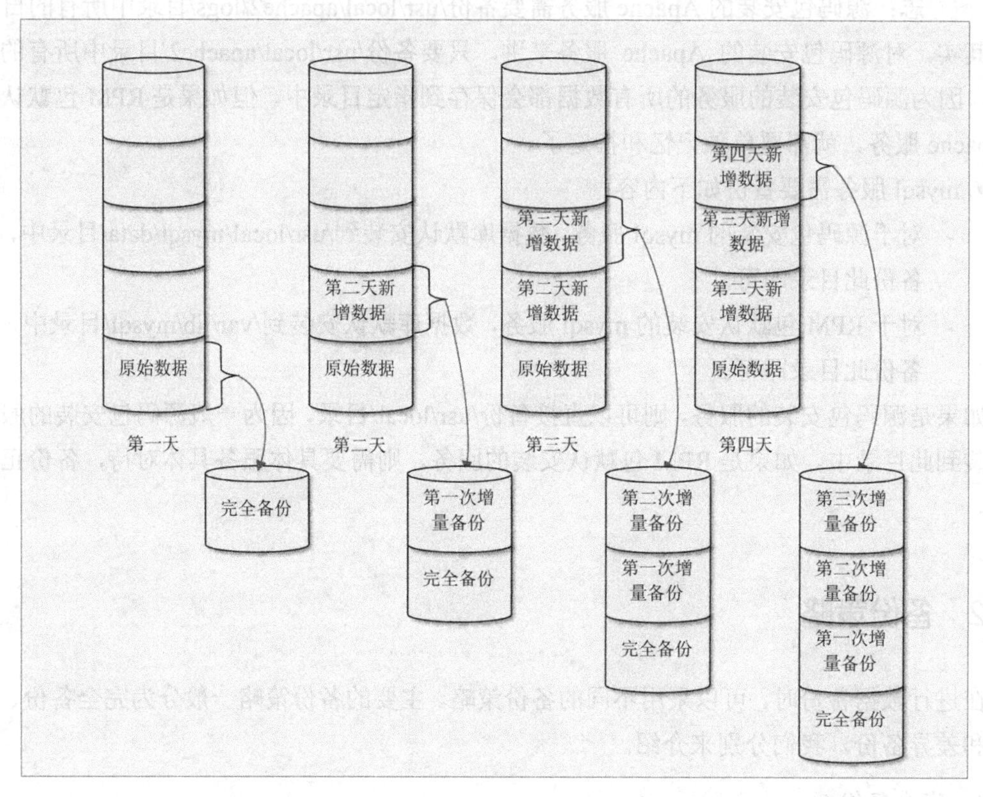

图 8-1　增量备份

假设我们在第一天进行一次完全备份。在第二天进行增量备份时，只会备份第二天和第一天之间的差异数据，但是第二天的总备份数据是完全备份加第一次增量备份的数据。在第三天进行增量备份时，只会备份第三天和第二天之间的差异数据，但是第三天的总备份数据是完全备份加第一次增量备份的数据，再加第二次增量备份的数据。当然，在第四天进行增量备份时，只会备份第四天和第三天的差异数据，但是第四天的总备份数据是完全备份加第一次增量备份的数据，加第二次增量备份的数据，再加第三次增量备份的数据。

这种备份的好处是每次备份需要备份的数据较少，耗时较短，占用的空间较小；坏处是数据恢复比较麻烦，如果是图 8-1 的例子，那么，当进行数据恢复时，就要先恢复完全备份的数据，再依次恢复第一次增量备份的数据、第二次增量备份的数据和第三次增量备份的数据，最终才能恢复所有的数据。

3．差异备份

差异备份也要先进行一次完全备份，但是，和增量备份不同的是，每次差异备份都备份和原始的完全备份不同的数据。也就是说，差异备份每次备份的参照物都是原始的完全备份，而不是上一次的差异备份。我们也画一张示意图，如图 8-2 所示。

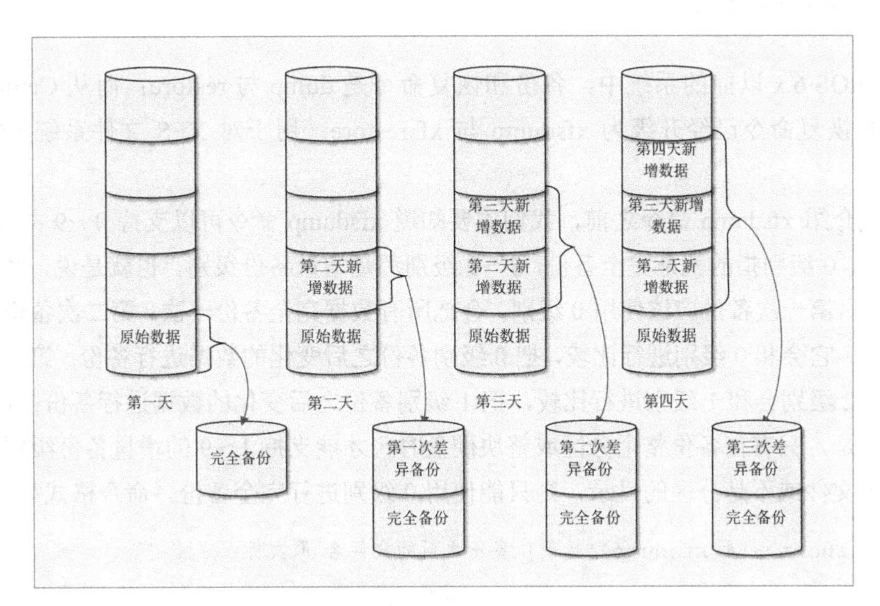

图 8-2　差异备份

假设我们在第一天也进行一次完全备份。在第二天进行差异备份时，会备份第二天和第一天之间的差异数据，而第二天的备份数据是完全备份加第一次差异备份的数据。在第三天进行差异备份时，仍和第一天的原始数据进行对比，把第二天和第三天所有的数据都备份在第二次差异备份中，第三天的备份数据是完全备份加第二次差异备份的数据。在第四天进行差异备份时，仍和第一天的原始数据进行对比，把第二天、第三天和第四天所有的不同数据都备份到第三次差异备份中，第四天的备份数据是完全备份加第三次差异备份的数据。

相比较而言，差异备份既不像完全备份一样把所有数据都进行备份，也不像增量备份在进行数据恢复时那么麻烦，只要先恢复完全备份的数据，再恢复差异备份的数据即可。不过，随着时间的增加，和完全备份相比，变动的数据越来越多，那么差异备份也可能会变得数据量庞大、备份速度缓慢、占用空间较大。

8.2　备份和恢复命令：xfsdump 和 xfsrestore

其实，数据备份就是把数据复制一份保存在其他位置，如果能够压缩一下，当然就更好了。使用 tar 或 cp 命令可以实现数据的备份吗？当然可以，不过它们只能实现完全备份，如果要实现增量备份和差异备份，就必须写 Shell 脚本来实现了。在 Linux 系统中准备了专用的备份和恢复命令，那就是 xfsdump 和 xfsrestore，它们可以轻松地实现数据备份和数据恢复，而且可以直接实现增量备份和差异备份。

8.2.1 xfsdump 命令

在 CentOS 6.x 以前的系统中，备份和恢复命令是 dump 与 restore；而从 CentOS 7.x 开始，备份和恢复命令已经升级为 xfsdump 与 xfsrestore，用于对 XFS 文件系统进行备份与恢复。

在正式介绍 xfsdump 命令之前，我们需要知道 xfsdump 命令可以支持 0～9 共 10 个备份级别。其中，0 级别指的就是完全备份，1～9 级别都是增量备份级别。也就是说，当我们备份一份数据时，第一次备份应该使用 0 级别，会把所有数据完全备份一次；第二次备份就可以使用 1 级别了，它会和 0 级别进行比较，把 0 级别备份之后变化的数据进行备份；第三次备份使用 2 级别，2 级别会和 1 级别进行比较，把 1 级别备份之后变化的数据进行备份；以此类推。需要注意的是，只有在备份整个分区或整块硬盘时，才能支持 1～9 的增量备份级别；如果只是备份某个文件或不是分区的目录，则只能使用 0 级别进行完全备份。命令格式如下：

```
[root@localhost ~]# xfsdump [选项] 备份之后的文件名 原文件或分区
选项：
    -l n:         指定备份级别，l 是小写字母，n 是数字 0～9
    -f 文件名:    指定备份之后的文件名
    -L:           指定会话标签，可以任意写，用于说明备份文档的作用和用途
    -M:           指定标签，也是用于说明备份文档的作用和用途的，可以任意写
    -s 目录名:    只备份指定分区中的某一个目录
```

这里的“-L”“-M”两个标签都是用于说明备份文档的作用和用途的，是 xfsdump 命令的必备选择，在进行备份时必须写入。如果在 xfsdump 命令中不指定这两个标签，则在命令执行时会用交互输入的方式要求用户输入。

先看看如何备份分区。

1．备份分区

先来看看如何使用 0 级别备份分区。命令如下：

```
[root@localhost ~]# df -h
文件系统         容量  已用   可用  已用%  挂载点
/dev/sda3        17G   1.3G   16G    8%   /
devtmpfs         481M  0      481M   0%   /dev
tmpfs            492M  0      492M   0%   /dev/shm
tmpfs            492M  7.5M   485M   2%   /run
tmpfs            492M  0      492M   0%   /sys/fs/cgroup
/dev/sda1        1014M 130M   885M  13%   /boot
tmpfs            99M   0      99M    0%   /run/user/0
#在系统中只分了/分区和/boot 分区。根分区太大，备份速度太慢，我们还是备份/boot 分区吧

[root@localhost ~]# xfsdump -l 0 -L "full" -M "full" -f /root/boot.dump0 /boot
```

```
#备份/boot分区，使用0级别进行完全备份，备份到/root/boot.dump0文件中
# "-l 0"前一个字符是小写字母l，后一个字符是数字0，别混淆
# "-L"和"-M"说明写"full"，代表完全备份

[root@localhost ~]# ll -h /root/boot.dump0
-rw-r--r--. 1 root root 97M 8月   9 15:34 /root/boot.dump0
#备份文件已经生成
```

如果/boot分区的内容发生了变化，则可以使用1级别进行增量备份。当然，如果/boot分区的内容继续发生变化，则可以继续使用2～9级别进行增量备份。命令如下：

```
[root@localhost ~]# ll -h /etc/services
-rw-r--r--. 1 root root 655K 6月   7 2013 /etc/services
#/etc/services文件是常用端口的说明，这个文件有655KB大小
[root@localhost ~]# cp /etc/services /boot/
#复制文件到/boot分区

[root@localhost ~]# xfsdump -l 1 -L "dump1" -M "dump1" -f /root/boot.dump1 /boot
#进行1级别增量备份
# "-l 1"前一个字符是小写字母l，后一个字符是数字1

[root@localhost ~]# ll  -h  /root/boot.dump*
-rw-r--r--. 1 root root  97M 8月   9 15:34 /root/boot.dump0
#boot.dump0是完整备份，大小有97MB
-rw-r--r--. 1 root root 680K 8月   9 15:39 /root/boot.dump1
#boot.dump1是增量备份，大小只有680KB
```

xfsdump命令可以非常方便地实现增量备份。如果要进行第二次增量备份，则只需把备份级别写为2，以后依次增加即可。

如何实现差异备份呢？其实也很简单，先使用0级别完全备份一次，以后的每次备份都使用1级别进行备份。

2．备份文件或目录

xfsdump命令也可以备份文件或目录。不过，只要不是备份分区，就只能使用0级别进行完全备份，而不再支持增量备份。/etc/目录是重要的配置文件目录，那么我们就备份这个目录来看看吧。命令如下：

```
[root@localhost ~]#xfsdump -l 0 -L "etc0" -M "etc0" -f /root/etc.dump0 -s etc /
#在使用"-s"选项指定目录时，只能写相对路径，否则会报错
#最后的"/"指的是根分区。备份指定目录，需要采用这种格式
[root@localhost ~]# ll  -h /root/etc.dump0
-rw-r--r--. 1 root root 28M 8月   9 15:47 /root/etc.dump0
#查看备份文件
```

不过，如果使用增量备份会怎么样呢？命令如下：

```
[root@localhost ~]# xfsdump -l 1 -L "etc.dump0" -M "etc.dump0" -f /root/etc.dump0 -s
etc /
xfsdump: using file dump (drive_simple) strategy
xfsdump: version 3.1.7 (dump format 3.0) - type ^C for status and control
xfsdump: ERROR: cannot find earlier dump to base level 1 increment upon
xfsdump: Dump Status: ERROR
#备份失败了，因为目录备份只能使用 0 级别
```

8.2.2 xfsrestore 命令

xfsrestore 命令是 xfsdump 命令的配套命令，xfsdump 命令是用来备份分区和数据的，而 xfsrestore 命令是用来恢复数据的。我们尝试还原一下之前的备份，命令如下：

```
[root@localhost ~]# mkdir test
#建立测试目录，一会儿用于数据还原
[root@localhost ~]# xfsrestore -f /root/boot.dump0 /root/test/
#把/boot 分区的 0 级别备份还原到/root/test/目录中

[root@localhost ~]# ls /root/test/
#查看目录下的内容
config-3.10.0-862.el7.x86_64
initramfs-3.10.0-862.el7.x86_64.img
efi
symvers-3.10.0-862.el7.x86_64.gz
grub
System.map-3.10.0-862.el7.x86_64
grub2
vmlinuz-0-rescue-9512604d996e4e45ad6b064ee687175e
initramfs-0-rescue-9512604d996e4e45ad6b064ee687175e.img
vmlinuz-3.10.0-862.el7.x86_64
#可以发现/root/test/目录下的内容和/boot 分区的内容一致

[root@localhost ~]# xfsrestore -f /root/boot.dump1 /root/test/
#再还原/boot 分区的 1 级别备份到/root/test/目录中
[root@localhost ~]# ls /root/test/
#查看还原目录
config-3.10.0-862.el7.x86_64
services
#1 级别备份，单独备份了我们复制进去的 services 文件，还原之后这个文件也恢复了
efi
symvers-3.10.0-862.el7.x86_64.gz
```

```
grub
System.map-3.10.0-862.el7.x86_64
grub2
vmlinuz-0-rescue-9512604d996e4e45ad6b064ee687175e
initramfs-0-rescue-9512604d996e4e45ad6b064ee687175e.img
vmlinuz-3.10.0-862.el7.x86_64
initramfs-3.10.0-862.el7.x86_64.img
```

增量备份的还原需要先还原 0 级别备份，再按 1～9 级别依次还原。如果是完全备份，则只需还原 0 级别备份即可。使用完之后，记得把/boot/services 文件删除，因为禁止在/boot 分区中手工建立文件。

8.3 备份命令 dd

dd 命令主要用来进行数据备份，并且可以在备份的过程中进行格式转换。其实，dd 命令可以把源数据复制成目标数据，而且不管源数据是文件、分区、磁盘还是光盘，都可以进行数据备份。命令格式如下：

```
[root@localhost ~]# dd if="输入文件" of="输出文件" bs="数据块" count="数量"
参数：
    if：定义输入数据的文件，也可以是输入设备
    of：定义输出数据的文件，也可以是输出设备
    bs：指定数据块的大小，也就是定义一次性读取或写入多少字节。模式数据块大小是 512 字节
    count：指定 bs 的数量
    conv=标志：依据标志转换文件
        标志有以下这些：
        ascii       由 EBCDIC 码转换至 ASCII 码
        ebcdic      由 ASCII 码转换至 EBCDIC 码
        ibm         由 ASCII 码转换至替换的 EBCDIC 码
        block       将结束字符块里的换行替换成等长的空格
        unblock     将 cbs 大小的块中尾部的空格替换为一个换行符
        lcase       将大写字符转换为小写
        notrunc     不截断输出文件
        ucase       将小写字符转换为大写
        swab        交换每一对输入数据字节
        noerror     读取数据发生错误后仍然继续
        sync        将每个输入数据块以 NUL 字符填满至 ibs 的大小；当配合 block
                    或 unblock 时，会以空格代替 NUL 字符填充
```

下面举几个例子。

如果只想备份文件，那么 dd 命令就非常简单了。命令如下：

```
例子 1：备份文件
[root@localhost ~]# dd if=/etc/httpd/conf/httpd.conf of=/tmp/httpd.bak
记录了 22+1 的读入
记录了 22+1 的写出
11753 字节(12 kB)已复制，0.000910365 秒，12.9 MB/秒
#如果要备份文件，那么 dd 命令和 cp 命令非常类似
[root@localhost ~]# ll -h /tmp/httpd.bak
-rw-r--r--. 1 root root 12K 8月   9 16:23 /tmp/httpd.bak
#查看一下生成的备份文件的大小
```

dd 命令还可以用来直接备份某个分区。当然，可以把分区备份成一个备份文件，也可以直接备份成另一个新的分区。先来看看如何把分区备份成文件。命令如下：

```
例子 2：备份分区为一个备份文件
[root@localhost ~]# df -h /boot/
文件系统           容量   已用   可用   已用% 挂载点
/dev/sda1       1014M  131M  884M   13% /boot
#查看一下/boot 分区的容量，我们准备备份/boot 分区
[root@localhost ~]# dd if=/dev/sda1 of=/tmp/boot.bak
#备份/boot 分区
[root@localhost ~]# ll -h  /tmp/boot.bak
-rw-r--r--. 1 root root 1.0G 8月   9 16:27 /tmp/boot.bak
#查看生成的备份文件，dd 是逐字节备份的，不区分是已写数据，还是空白空间
#所以备份之后的文件大小是 1GB，就是/boot 分区的大小

#如果需要恢复，则执行以下命令
[root@localhost ~]# dd if=/tmp/boot.bak of=/dev/sda1
```

如果想要把分区直接备份成另一个分区，就需要生成一个新的分区，这个分区的大小不能比源分区小，只能和源分区大小一致或比它大。命令如下：

```
例子 3：备份分区为另一个新的分区
[root@localhost ~]# dd if=/dev/sda1 of=/dev/sdb1

#如果需要恢复，则只需把输入项和输出项反过来即可，命令如下
[root@localhost ~]# dd if=/dev/sdb1 of=/dev/sda1
```

既然可以备份分区，当然也可以整盘备份。命令如下：

```
例子 4：整盘备份
[root@localhost ~]# dd if=/dev/sda of=/dev/sdb
#把磁盘 a 备份到磁盘 b

[root@localhost ~]# dd if=/dev/sda of=/tmp/disk.bak
#把磁盘 a 备份成文件 disk.bak
```

```
#备份恢复
#如果要备份到另一块硬盘上，那么，当源硬盘数据损坏时，只需用备份硬盘替换源硬盘即可
#如果要备份成文件，那么，在恢复时需要先把备份数据复制到其他 Linux 中，然后把新硬盘安装到这台 Linux
#服务器上，再把磁盘备份数据复制到新硬盘中。命令如下
[root@localhost ~]# dd if=/tmp/disk.bak of=/dev/sdb
```

需要注意的是，dd 命令是逐字节备份的，就算是空白空间也会备份，所以 dd 命令非常浪费时间。而当前我们的硬盘已经是按照 TB 计算的了，如果真要整盘备份，那么时间会非常长，长到无法接受。笔者曾经做过实验，用目前主流 1U 服务器（价格在 1.5 万元左右），使用 dd 命令备份整盘，速度大概是 50GB/小时。这样的速度对大硬盘备份已经是不可接受的，所以现在很少会用 dd 命令备份整块硬盘了。

虽然目前软盘使用得非常少，不过，如果需要进行软盘复制，就要利用 dd 命令。命令如下：

```
#例子 5：复制软盘
[root@localhost ~]# dd if=/dev/fd0 of=/tmp/fd.bak
#在 Linux 系统中，软盘的设备文件名是/dev/fd0
#这条命令先把软盘中的数据保存为临时数据文件

[root@localhost ~]# dd if=/tmp/fd.bak of=/dev/fd0
#然后更换新的软盘，把数据备份到新软盘中，就实现了软盘的复制
```

如果需要备份的是光盘，那么，在 Linux 系统中就使用 dd 命令制作光盘的 ISO 镜像。命令如下：

```
#制作光盘的 ISO 镜像
[root@localhost ~]# dd if=/dev/cdrom of=/tmp/cd.iso
#把光盘中所有的数据制作成 ISO 镜像
[root@localhost ~]# mkdir /mnt/cd
#建立一个新的挂载点
[root@localhost ~]# mount -o loop /tmp/cd.iso /mnt/cd
#挂载 ISO 文件到挂载点
```

有时需要制作指定大小的文件，比如，在增加 swap 分区时，就需要建立指定大小的文件，这时也使用 dd 命令。命令如下：

```
[root@localhost ~]# dd if=/dev/zero of=/tmp/testfile bs=1M count=10
#数据输入项是/dev/zero，会向目标文件中不停地写入二进制的 0
#指定数据块大小是 1MB
#指定生成 10 个数据块。也就是定义输出的文件大小为 10MB
 [root@localhost ~]# ll -h /tmp/testfile
-rw-r--r--. 1 root root 10M 6月   5 18:46 /tmp/testfile
#生成的 testfile 文件的大小刚好是 10MB
```

dd 命令在进行整盘复制时，类似于 GHOST 工具的功能，不过，通过 dd 命令复制出来的硬盘数据要比 GHOST 复制出来的硬盘数据稳定得多。虽然 dd 命令功能强大，不过也有一个明显的缺点，就是在进行数据复制的时候，需要同时复制空白空间，时间较长。

实现数据备份还有非常多的方法和工具，如 tar 和 cpio 命令。至于网络复制工具，如 rsync 和 scp 等，需要较完善的网络知识才能够学习。

本章小结

本章重点

- 备份的概念。
- 备份和恢复命令：xfsdump 和 xfsrestore。
- 备份命令 dd。

本章难点

备份的概念和原理。

第9章

服务器安全“一阳指”：SELinux管理

学前导读

root 用户实在是一个超人，它在 Linux 系统当中就是无所不能的，而且读、写和执行权限对 root 用户完全不起作用。root 用户的存在极大地方便了 Linux 系统的管理，但是也造成了一定的安全隐患。大家想象一下，如果 root 用户被盗用了，或者 root 用户本身对 Linux 系统并不熟悉，在管理 Linux 系统的过程中产生了误操作，则会造成什么样的后果？其实，绝大多数系统的严重错误都是由于 root 用户的误操作引起的，来自外部的攻击产生的影响反而不是那么严重。root 用户的权限过高了，一些看似简单、微小的操作，都很有可能对系统产生重大的影响。最常见的错误就是 root 用户为了管理方便，给重要的系统文件或系统目录设置了 777 权限，这会造成严重的安全隐患。

SELinux 是由美国国家安全局（NSA）开发的，整合在 Linux 内核当中，针对特定的进程与指定的文件资源进行权限控制的系统。即使你是 root 用户，也必须遵守 SELinux 的规则，才能正确地访问系统资源，这样可以有效地防止 root 用户的误操作（当然，root 用户可以修改 SELinux 的规则）。需要注意的是，系统的默认权限还是会生效的。也就是说，用户既要符合系统的读、写、执行权限，又要符合 SELinux 的规则，才能正确地访问系统资源。

本章内容

9.1 什么是 SELinux
9.2 SELinux 的安装与启动管理
9.3 SELinux 安全上下文管理
9.4 SELinux 日志查看
9.5 SELinux 的策略规则

9.1 什么是 SELinux

9.1.1 SELinux 的作用

SELinux 是 Security Enhanced Linux 的缩写，也就是安全强化的 Linux。SELinux 是由美国国家安全局(NSA)开发的，用于解决原先 Linux 中自主访问控制(Discretionary Access Control，DAC）系统中的各种权限问题（如 root 权限过高等）。在传统的自主访问控制系统中，Linux 的默认权限是对文件或目录的所有者、所属组和其他人的读、写和执行权限进行控制的。而在 SELinux 中采用的是强制访问控制（Mandatory Access Control，MAC）系统，也就是控制一个进程对具体文件系统上面的文件或目录是否拥有访问权限。当然，判断进程是否可以访问文件或目录的依据是在 SELinux 中设定的很多策略规则。

说到这里，我们需要介绍一下这两个访问控制系统的特点。

- 自主访问控制系统是 Linux 的默认访问控制方式，也就是依据用户的身份和该身份对文件及目录的 rwx 权限来判断是否可以访问。不过，在自主访问控制系统的实际使用中，我们也发现了一些问题。
  - root 权限过高，rwx 权限对 root 用户并不生效，一旦 root 用户被窃取，或者 root 用户本身的误操作，都是对 Linux 系统的致命威胁。
  - Linux 默认权限过于简单，只有所有者、所属组和其他人的身份，权限也只有读、写和执行，并不利于权限细分与设定。
  - 不合理权限的分配会导致严重后果，比如，给系统敏感文件或目录设定 777 权限，或者给敏感文件设定特殊权限——SetUID 权限等。
- 强制访问控制系统则通过 SELinux 的默认策略规则来控制特定的进程对系统的文件资源的访问。也就是说，即使你是 root 用户，但是当你访问文件资源时，如果使用了不正确的进程，那么也是不能访问这个文件资源的。这样一来，SELinux 控制的就不再是用户及权限，而是进程（不过，Linux 的默认权限还是有作用的。也就是说，一个用户要能访问一个文件，既要求这个用户的进程符合 SELinux 的规定，也要求这个用户的权限符合 rwx 权限）。每个进程能够访问哪个文件资源，以及每个文件资源可以被哪些进程访问，都靠 SELinux 的策略规则来确定。不过，系统中有这么多的进程，也有这么多的文件，如果手工来进行分配和指定，那么工作量过大。所以 SELinux 提供了很多的默认策略规则，这些策略规则已经设定得比较完善，我们稍后再来学习如何查看和管理这些策略规则。

举一个例子吧！假设在 Apache 上发现了一个漏洞，使得某个远程用户可以访问系统的敏感文件（如/etc/shadow）。如果在 Linux 系统中启用了 SELinux，那么，因为 Apache 服务的进程并不具备访问/etc/shadow 的权限，所以这个远程用户通过 Apache 访问/etc/shadow 文件就会被 SELinux 所阻挡，从而起到保护 Linux 系统的作用。

9.1.2　SELinux 的运行模式

其实，上面说了这么多的概念，归根结底就是说 SELinux 更加安全。不过，SELinux 是如何运行的呢？我们在解释 SELinux 的运行模式之前，先解释几个概念。

- 主体（Subject）：想要访问文件或目录资源的进程。想要得到资源，基本流程是这样的：由用户调用命令，由命令产生进程，由进程去访问文件或目录资源。在自主访问控制系统中（Linux 默认权限中），靠权限控制的主体是用户；而在强制访问控制系统中（SELinux 中），靠策略规则控制的主体则是进程。
- 目标（Object）：这个概念比较明确，就是需要访问的文件或目录资源。
- 策略（Policy）：Linux 系统中进程与文件的数量庞大，那么，限制进程是否可以访问文件的 SELinux 规则数量就更加烦琐。如果每个规则都需要管理员手工设定，那么 SELinux 的可用性就会极低。还好我们不用手工定义规则，SELinux 默认定义了两个策略，规则已经在这两个策略中写好了，默认只要调用策略就可以正常使用了。这两个默认策略如下。
  - targeted：这是 SELinux 的默认策略，这个策略主要是限制网络服务的，对本机系统的限制极少。我们使用这个策略已经足够了。
  - mls：多级安全保护策略。这个策略限制得更为严格。
- 安全上下文（Security Context）：每个进程、文件和目录都有自己的安全上下文，进程具体是否能够访问文件或目录，就要看这个安全上下文是否匹配。如果进程的安全上下文和文件或目录的安全上下文能够匹配，则该进程可以访问这个文件或目录。当然，判断进程的安全上下文和文件或目录的安全上下文是否匹配，则需要依靠策略规则。

我们画一张示意图，来表示一下这几个概念之间的关系，如图 9-1 所示。

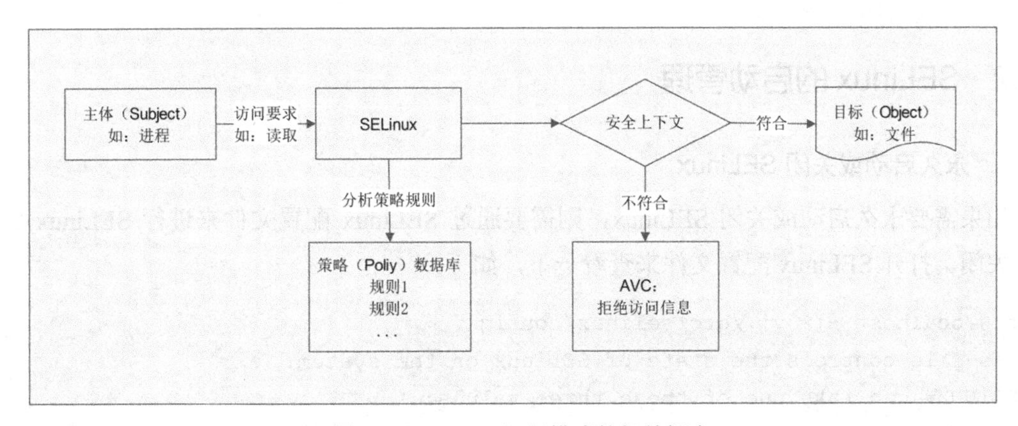

图 9-1　SELinux 运行模式的相关概念

解释一下这张示意图：当主体想要访问目标时，如果系统中启动了 SELinux，则主体的访问请求首先需要和 SELinux 中定义好的策略规则进行匹配。如果进程符合策略规则，则允许访问，这时进程的安全上下文就可以和目标的安全上下文进行匹配；如果进程不符合策略规则，则拒绝访问，并通过 AVC（Access Vector Cache，访问向量缓存，主要用于记录所有和 SELinux 相关的访问统计信息）生成拒绝访问信息。如果安全上下文匹配，则可以正常访问目标文件。当然，最终是否可以真正地访问到目标文件，还要匹配产生进程（主体）的用户是否对目标文件拥有合理的读、写、执行权限。

我们在进行 SELinux 管理的时候，一般只会修改文件或目录的安全上下文，使其和访问进程的安全上下文匹配或不匹配，用来控制进程是否可以访问文件或目录资源；而很少会去修改策略中的具体规则，因为规则实在太多了，修改起来过于复杂。不过，可以人为定义规则是否生效，用于控制规则的启用与关闭。

9.2 SELinux 的安装与启动管理

9.2.1 SELinux 附加管理工具的安装

在 CentOS 7.x 中，SELinux 被整合到 Linux 内核中，并且是启动的，所以不需要单独安装。不过，现在虽然 SELinux 的主程序默认已经安装，但是很多 SELinux 管理工具需要手工安装。安装命令如下：

```
[root@localhost ~]# yum -y install setroubleshoot
[root@localhost ~]# yum -y install setools-console
```

这两条命令要想正确运行，需要搭建正确的 yum 源。这两个软件包在安装时会依赖安装一系列的软件包，在这些软件包中包含了 SELinux 的常用工具。

9.2.2 SELinux 的启动管理

1．永久启动或关闭 SELinux

如果需要永久启动或关闭 SELinux，则需要通过 SELinux 配置文件来进行 SELinux 的启动与关闭。打开 SELinux 配置文件来查看一下，如下：

```
[root@localhost ~]# vi /etc/selinux/config
# This file controls the state of SELinux on the system.
# SELINUX= can take one of these three values:
#    enforcing - SELinux security policy is enforced.
#    permissive - SELinux prints warnings instead of enforcing.
#    disabled - No SELinux policy is loaded.
SELINUX=enforcing
#指定 SELinux 的运行模式。有 enforcing（强制模式）、permissive（宽容模式）、disabled
#（不生效）3 种模式
```

```
# SELINUXTYPE= can take one of three two values:
#    targeted - Targeted processes are protected,
#     minimum - Modification of targeted policy. Only selected processes are
protected.
#    mls - Multi Level Security protection.
SELINUXTYPE=targeted
#指定 SELinux 的默认策略。有 targeted（针对性保护策略，是默认策略）和 mls（多级安全保护策略）
#两种策略
[root@localhost ~]# reboot
#重启 Linux 系统
```

要想关闭和启动 SELinux，只需修改 SELinux 的运行模式即可。3 种运行模式的区别如下。

- SELINUX=enforcing：强制模式，代表 SELinux 正常运行，所有的策略已经生效。
- SELINUX=permissive：宽容模式，代表 SELinux 已经启动，但是只会显示警告信息，并不会实际限制进程访问文件或目录资源。
- SELINUX=disabled：关闭，代表 SELinux 被禁用了。

这里需要注意，如果从强制模式（enforcing）、宽容模式（permissive）切换到关闭模式（disabled），或者从关闭模式切换到其他两种模式，则必须重启 Linux 系统才能生效；但是，强制模式和宽容模式这两种模式互相切换不用重启 Linux 系统就可以生效。这是因为 SELinux 被整合到 Linux 内核中，所以必须重启 Linux 系统才能正确关闭和启动 SELinux。而且，如果从关闭模式切换到启动模式，那么重启 Linux 系统的速度会比较慢，这是因为需要重新写入安全上下文信息。

2. 临时启动或关闭 SELinux

也可以使用命令来进行 SELinux 运行模式的查看和修改。查看命令如下：

```
[root@localhost ~]# getenforce
#查看 SELinux 的运行模式
Enforcing                    ←当前 SELinux 的运行模式是强制模式
```

除可以查看 SELinux 的运行模式之外，也可以修改 SELinux 的运行模式。不过需要注意，setenforce 命令只能让 SELinux 在 enforcing 和 permissive 两种模式之间进行切换。如果从启动切换到关闭，或者从关闭切换到启动，则只能修改配置文件，setenforce 命令就无能为力了。

这种修改只是临时修改，在系统重启之后就会不起作用。命令格式如下：

```
[root@localhost ~]# setenforce 选项
选项：
    0:       切换成 permissive（宽容模式）
    1:       切换成 enforcing（强制模式）

例如：
[root@localhost ~]# setenforce 0
```

```
#切换成宽容模式
[root@localhost ~]# getenforce
Permissive
[root@localhost ~]# setenforce 1
#切换成强制模式
[root@localhost ~]# getenforce
Enforcing
```

知道了 SELinux 的启动和关闭方法，那么，如何查看当前 SELinux 的策略呢？这就要使用 sestatus 命令了。命令如下：

```
[root@localhost ~]# sestatus
SELinux status:                 enabled
#SELinux 是启动的
SELinuxfs mount:                /sys/fs/selinux
#SELinux 相关数据的挂载位置
SELinux root directory:         /etc/selinux
#SELinux 的根目录位置
Loaded policy name:             targeted
#目前的策略是针对性保护策略
Current mode:                   enforcing
#运行模式是强制模式
Mode from config file:          enforcing
#配置文件中指定的运行模式也是强制模式
Policy MLS status:              enabled
#是否支持 MLS 模式
Policy deny_unknown status:     allowed
#是否拒绝未知进程
Max kernel policy version:      31
#策略版本
```

9.3 SELinux 安全上下文管理

我们已经知道，在 SELinux 的管理过程中，一般通过调整安全上下文来管理进程是否可以正确地访问文件或目录资源，所以安全上下文管理是需要重点掌握的 SELinux 管理技巧。

9.3.1 查看安全上下文

我们已经知道，进程和文件都有自己的安全上下文，只有进程和文件的安全上下文匹配，该进程才可以访问该文件资源，所以我们应该可以查看进程和文件的安全上下文。先来看看如何查看文件或目录的安全上下文，其实就是使用 ls 命令。命令如下：

```
[root@localhost ~]# ls -Z
#使用选项-Z 查看文件或目录的安全上下文
[root@localhost ~]# ls -Z
-rw-------. root root system_u:object_r:admin_home_t:s0 anaconda-ks.cfg
```

查看文件的安全上下文非常简单，就是使用“ls -Z 文件名”命令。当然，要想查看目录的安全上下文，记得加“-d”选项，代表显示目录本身，而不显示目录下的子文件。命令如下：

```
[root@localhost ~]# ls -Zd /var/www/html/
drwxr-xr-x. root root system_u:object_r:httpd_sys_content_t:s0 /var/www/html/
```

那么，该如何查看进程的安全上下文呢？只需使用 ps 命令即可。命令如下：

```
[root@localhost ~]# systemctl restart httpd
#启动 RPM 包默认安装的 Apache 服务
[root@localhost ~]# ps auxZ | grep httpd
system_u:system_r:httpd_t:s0    root      1471  0.1  0.4 224024  5020 ?       Ss
23:25   0:00 /usr/sbin/http -DFOREGROUND
...省略部分输出...
```

也就是说，只要进程和文件的安全上下文匹配，该进程就可以访问该文件资源。在上面的命令输出中，加粗的就是安全上下文。安全上下文看起来比较复杂，它使用“:”分隔为 4 个字段，其实共有 5 个字段，只是最后一个“类别”字段是可选的。例如：

```
system_u:object_r:httpd_sys_content_t:s0: [类别]
#身份字段: 角色: 类型: 灵敏度: [类别]
```

下面对这 5 个字段的作用进行说明。

- 身份字段（User）：用于标识数据或进程被哪个身份所拥有，相当于权限中的用户身份。这个字段并没有特别的作用，知道就好。常见的身份类型有以下 3 种。
  - root：表示安全上下文的身份是 root。
  - system_u：表示系统用户身份，其中“_u”代表 User。
  - user_u：表示与一般用户账号相关的身份，其中“_u”代表 User。

User 字段只用于标识数据或进程被哪个身份所拥有，一般系统数据的 User 字段就是 system_u，而用户数据的 User 字段就是 user_u。那么，在 SELinux 中到底可以识别多少种身份呢？可以使用 seinfo 命令来进行查看。SELinux 的相关命令一般是以“se”开头的，所以较为好记。命令格式如下：

```
[root@localhost ~]# seinfo [选项]
选项:
    -u:       列出 SELinux 中所有的身份（User）
    -r:       列出 SELinux 中所有的角色（Role）
```

```
-t:      列出 SELinux 中所有的类型（Type）
-b:      列出所有的布尔值（策略中的具体规则名称）
-x:      显示更多的信息
```

seinfo 命令的功能较多，在这里只想查看 SELinux 中能够识别的身份，只需执行如下命令：

```
[root@localhost ~]# seinfo -u
Users: 8
  sysadm_u
  system_u
  xguest_u
  root
  guest_u
  staff_u
  user_u
  unconfined_u
```

可以看到，在 SELinux 中能够识别的身份共有 8 种。不过，这个字段在实际使用中并没有太多的作用，了解一下即可。

- 角色（Role）：主要用来表示此数据是进程还是文件或目录。这个字段在实际使用中也不需要修改，所以了解就好。常见的角色有以下两种。
  - object_r：代表该数据是文件或目录，这里的“_r”代表 Role。
  - system_r：代表该数据是进程，这里的“_r”代表 Role。

那么，在 SELinux 中到底有多少种角色呢？使用 seinfo 命令也可以查看。命令如下：

```
[root@localhost ~]# seinfo -r
Roles: 14
  auditadm_r
  dbadm_r
  guest_r
  staff_r
  user_r
  logadm_r
  object_r
  secadm_r
  sysadm_r
  system_r
  webadm_r
  xguest_r
  nx_server_r
  unconfined_r
```

- 类型（Type）：类型字段是安全上下文中最重要的字段，进程是否可以访问文件，主要就是看进程的安全上下文类型字段是否和文件的安全上下文类型字段相匹配，如果匹配则可以访问。不过需要注意，类型字段在文件或目录的安全上下文中被称作类型，但是在进程的安全上下文中被称作域（Domain）。也就是说，在主体（Subject）的安全上下文中，这个字段被称为域；在目标（Object）的安全上下文中，这个字段被称为类型。域和类型需要匹配（进程的类型要和文件的类型相匹配），才能正确访问。

在 SELinux 中到底有多少个类型也是通过 seinfo 命令查看的。命令如下：

```
[root@localhost ~]# seinfo -t | more
Types: 4757                ←共有 4757 个类型
  bluetooth_conf_t
  cmirrord_exec_t
  colord_exec_t
  container_auth_t
  foghorn_exec_t
  jacorb_port_t
  pki_ra_exec_t
…省略部分输出…
```

我们知道了类型的作用，可是我们怎么知道进程的域和文件的类型是否匹配呢？这就要查看具体的策略规则了，我们在后面再进行介绍。不过，我们已知 Apache 进程可以访问/var/www/html/（此目录为 RPM 包默认安装的 Apache 服务的默认网页主目录）目录中的网页文件，所以 Apache 进程的域和/var/www/html/目录的类型应该是匹配的。我们查看一下，命令如下：

```
[root@localhost ~]# ps auxZ | grep httpd
system_u:system_r:httpd_t:s0    root      1471  0.0  0.4 224024  5020 ?        Ss
23:25   0:00 /usr/sbin/http -DFOREGROUND
#Apache 进程的域是 httpd_t

[root@localhost ~]# ls -dZ /var/www/html/
drwxr-xr-x. root root system_u:object_r:httpd_sys_content_t:s0 /var/www/html/
#/var/www/html/目录的类型是 httpd_sys_content_t
```

Apache 进程的域是 httpd_t，/var/www/html/目录的类型是 httpd_sys_content_t，这个主体的安全上下文类型经过策略规则的比对，和目标的安全上下文类型相匹配，所以 Apache 进程可以访问/var/www/html/目录。

在 SELinux 中最常遇到的问题就是进程的域和文件的类型不匹配，所以我们一定要掌握如何修改类型字段。

- 灵敏度：灵敏度一般是用 s0、s1、s2 来命名的，数字代表灵敏度的分级。数值越大，代表灵敏度越高。
- 类别：类别字段不是必须有的，所以我们在使用 ls 和 ps 命令查看的时候并没有看到类别字段。但是，可以通过 seinfo 命令来查看，命令如下：

```
[root@localhost ~]# seinfo -u -x
#查看所有的User 字段，并查看详细信息
Users: 8
  sysadm_u                              ←User 字段名
    default level: s0                   ←默认灵敏度
    range: s0 - s0:c0.c1023             ←灵敏度可以识别的类别
    roles:                              ←该 User 能够匹配的 Role（角色）
      object_r
      sysadm_r
…省略部分输出…
```

9.3.2 修改和设置安全上下文

安全上下文的修改是我们必须掌握的，其实也并不难，主要是通过两个命令来实现的。命令格式如下：

```
[root@localhost ~]# chcon [选项] 文件或目录
选项：
   -R:     递归，当前目录和目录下的所有子文件同时设置
   -t:     修改安全上下文的类型字段，最常用
   -u:     修改安全上下文的身份字段
   -r:     修改安全上下文的角色字段
```

举一个例子：

```
[root@localhost ~]# echo 'test page!!!' >> /var/www/html/index.html
#建立一个网页文件，并写入"test page!!!"
```

可以通过浏览器查看这个网页，只需在浏览器的 URL 中输入“http://ip”即可，如图 9-2 所示。

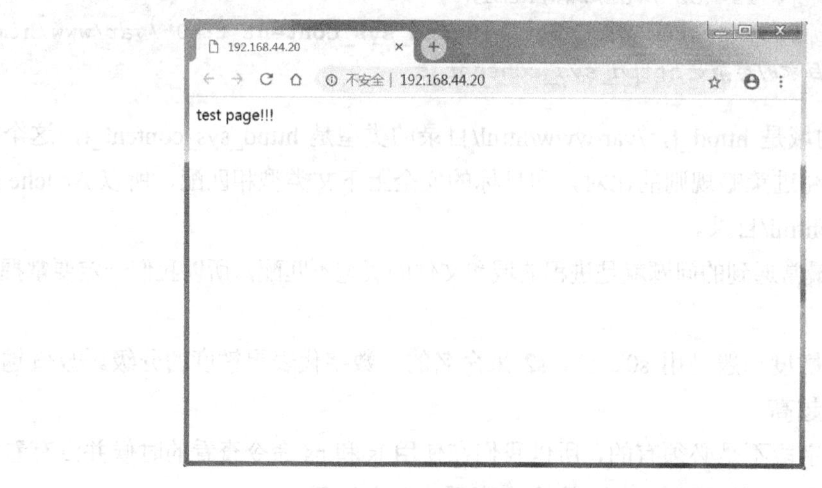

图 9-2　访问 Apache 测试页

```
[root@localhost ~]# ls -Z /var/www/html/index.html
-rw-r--r--.    root    root    unconfined_u:object_r:httpd_sys_content_t:s0
/var/www/html/index.html
#这个网页文件的安全上下文类型是 httpd_sys_content_t
[root@localhost ~]# seinfo -t | grep var_t
  var_t
#查看 SELinux 中所有的安全上下文类型，发现有一个类型是 var_t
[root@localhost ~]# chcon -t var_t /var/www/html/index.html
#把网页文件的安全上下文类型修改为 var_t
[root@localhost ~]# ls -Z /var/www/html/index.html
-rw-r--r--. root root unconfined_u:object_r:var_t:s0   /var/www/html/index.html
#这个网页文件的安全上下文类型已经被修改了
```

我们把网页文件的安全上下文类型修改了，这样 Apache 进程的安全上下文一定不能匹配网页文件的安全上下文，就会出现如图 9-3 所示的情况。

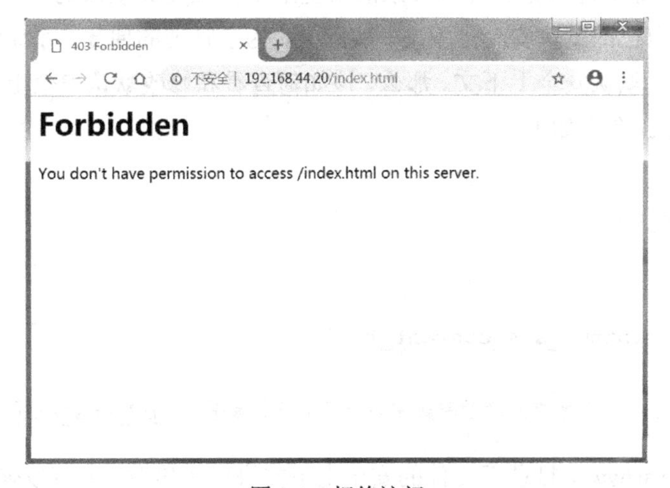

图 9-3　拒绝访问

大家注意，这里访问网页的时候，如果只输入 IP 地址“http://192.168.44.20”，就会发现 Apache 显示了测试页面。这是因为 index.html 文件已经不符合访问要求，Apache 会认为没有默认网页存在，所以显示测试页面。如果想要看到报错，则输入“http://192.168.44.20/index.html”。

这里网页就会提示权限拒绝，我们已经知道是安全上下文不匹配惹的祸！当然，通过 chcon 命令修改回来就可以修复。不过，还有一个命令 restorecon，它的作用就是把文件的安全上下文恢复成默认的安全上下文。SELinux 的安全上下文设定非常完善，所以使用 restorecon 命令就可以修复安全上下文不匹配所引起的问题。命令格式如下：

```
[root@localhost ~]# restorecon [选项] 文件或目录
选项：
   -R：递归，当前目录和目录下所有的子文件同时恢复
   -v：把恢复过程显示到屏幕上
```

```
例如：
[root@localhost ~]# restorecon -Rv /var/www/html/index.html
restorecon          reset          /var/www/html/index.html          context
unconfined_u:object_r:var_t:s0->unconfined_u:object_r:httpd_sys_content_t:s0
#这里已经提示安全上下文类型从 var_t 恢复成 httpd_sys_content_t
[root@localhost ~]# ls -Z /var/www/html/index.html
-rw-r--r--. root root unconfined_u:object_r:httpd_sys_content_t:s0 /var/www/
html/index.html
#查看一下，安全上下文已经恢复正常了，网页的访问也已经恢复正常了
```

9.3.3 查看和修改默认安全上下文

1. 查看默认安全上下文

既然 restorecon 命令能够把文件或目录的安全上下文恢复成默认的安全上下文，就说明每个文件和目录都有自己的默认安全上下文。实际上，为了管理的便捷，系统给所有的系统默认文件和目录都定义了默认安全上下文。那么，该如何查看和修改默认安全上下文呢？这就要使用 semanage 命令了。命令如下：

```
[root@localhost ~]# semanage fcontext -l
#查看所有的默认安全上下文
…省略部分输出…
/var/www(/.*)?                                                       all files
system_u:object_r:httpd_sys_content_t:s0
…省略部分输出…
#能够看到/var/www/目录下所有文件的默认安全上下文类型都是 httpd_sys_content_t
```

所以，一旦对/var/www/目录下文件的安全上下文进行了修改，就可以使用 restorecon 命令进行恢复，因为默认安全上下文已经明确定义了。

2. 修改默认安全上下文

那么，可以修改目录的默认安全上下文吗？当然可以。举一个例子：

```
[root@localhost ~]# mkdir /www/
#新建/www/目录，打算用这个目录作为 Apache 的网页主目录，而不再使用/var/www/html/目录
[root@localhost ~]# ls -Zd /www/
drwxr-xr-x. root root unconfined_u:object_r:default_t:s0 /www/
#而这个目录的安全上下文类型是 default_t，那么 Apache 进程就不能访问和使用/www/目录了
```

这时，可以直接设置/www/目录的安全上下文类型为 httpd_sys_content_t。但是，为了以后管理方便，笔者打算修改/www/目录的默认安全上下文类型。先查看一下/www/目录的默认安全上下文，命令如下：

```
[root@localhost ~]# semanage fcontext -l | grep "/www"
```

```
#查看/www/目录的默认安全上下文
```

查看出了一堆结果，但是并没有/www/目录的默认安全上下文，因为这个目录是手工建立的，并不是系统默认目录，所以并没有默认安全上下文，需要我们手工设定。命令如下：

```
[root@localhost ~]# semanage fcontext -a -t httpd_sys_content_t "/www(/.*)?"
#解释一下命令
    -a:             增加默认安全上下文
    -t:             设定默认安全上下文的类型
#这条命令会给/www/目录及目录下的所有内容设定默认安全上下文类型是 httpd_sys_content_t

[root@localhost ~]# semanage fcontext -l | grep "/www"
…省略部分输出…
/www(/.*)?                                         all files
system_u:object_r:httpd_sys_content_t:s0
#/www/目录的默认安全上下文出现了
```

这时已经设定好了/www/目录的默认安全上下文。

```
[root@localhost ~]# ls -Zd /www/
drwxr-xr-x. root root unconfined_u:object_r:default_t:s0 /www/
#但是，查看发现/www/目录的安全上下文并没有进行修改，那是因为我们只修改了默认安全上下文，
#而没有修改目录的当前安全上下文

[root@localhost ~]# restorecon -Rv /www/
restorecon reset /www context unconfined_u:object_r:default_t:s0->unconfined_
u:object_r:httpd_sys_content_t:s0
#恢复一下/www/目录的默认安全上下文，发现类型已经被修改为 httpd_sys_content_t
```

默认安全上下文的设定就这么简单。

9.4　SELinux 日志查看

在刚刚列举的 Apache 的例子中，index.html 文件的安全上下文是人为故意修改错误的，所以修改回来很简单。但是，在实际的生产服务器上，一旦 SELinux 出现问题，该如何判断问题出在哪里？又该如何修改呢？这时就要求助 SELinux 的日志系统了，在日志系统中详细地记录了 SELinux 中出现的问题，并提供了解决建议。

9.4.1　auditd 服务的安装与启动

在 CentOS 7.x 中，auditd 服务是默认已经安装并启动的，不再需要手工安装与启动。

9.4.2 auditd 日志的使用

auditd 服务会把 SELinux 的信息都记录在/var/log/auditd/auditd.log 文件中。这个文件中记录的信息非常多，如果手工查看，则效率非常低下。比如，在笔者使用的 Linux 中，这个日志的大小就有 776KB。

```
[root@localhost ~]# ll -h /var/log/audit/audit.log
-rw-------. 1 root root 776K 8月  13 00:10 /var/log/audit/audit.log
```

而且，这里的 Linux 只是实验用的虚拟机，如果是真正的生产服务器，那么这个日志的大小将更加恐怖（注意：audit.log 并没有自动加入 logrotate 日志轮替当中，需要手工让这个日志进行轮替，具体方法参考第 7 章）。所以，如果我们手工查看这个日志，那么效率会非常低下。还好，Linux 较为人性化，准备了几个工具来帮助我们分析这个日志，下面分别来学习一下。

1．audit2why 命令

audit2why 命令用来分析 audit.log 日志文件，并分析 SELinux 为什么会拒绝进程的访问。也就是说，这个命令显示的都是 SELinux 的拒绝访问信息，而正确的信息会被忽略。命令的格式也非常简单，如下：

```
[root@localhost ~]# audit2why < 日志文件名

例如：
[root@localhost ~]# audit2why < /var/log/audit/audit.log
type=AVC msg=audit(1565625114.461:243): avc:  denied  { getattr } for  pid=1475
comm="httpd" path="/var/www/html/index.html" dev="sda3" ino=50814264 scontext=
system_u:system_r:httpd_t:s0 tcontext=unconfined_u:object_r:var_t:s0 tclass=file
#这条信息的意思是拒绝了 PID 是 1475 的进程访问“/var/www/html/index.html”，
#原因是主体的安全上下文和目标的安全上下文不匹配。
#其中，denied 代表拒绝，path 指定目标的文件名，scontext 代表主体的安全上下文，
#tcontext 代表目标的安全上下文。
#仔细看看，其实就是主体的安全上下文类型 httpd_t 和目标的安全上下文类型 var_t 不匹配导致的

    Was caused by:
        Missing type enforcement (TE) allow rule.

        You can use audit2allow to generate a loadable module to allow this
access.
#给你的处理建议是使用 audit2allow 命令来再次分析这个日志文件
```

2．audit2allow 命令

audit2allow 命令的作用是分析日志，并提供允许的建议规则或拒绝的建议规则。这么说很难理解，我们还是尝试一下吧。命令如下：

```
[root@localhost ~]# audit2allow -a /var/log/audit/audit.log
#选项-a：指定日志文件名

#============= httpd_t ==============

#!!!! WARNING: 'var_t' is a base type.
#!!!! The file '/var/www/html/index.html' is mislabeled on your system.
#!!!! Fix with $ restorecon -R -v /var/www/html/index.html
allow httpd_t var_t:file getattr;
#提示非常简单，只需定义一个规则，允许httpd_t类型对var_t类型拥有getattr权限，
#即可解决这个问题
```

可是，我们到现在还没有学习如何修改策略规则，这该如何是好？其实，像这种因为主体和目标安全上下文类型不匹配的问题，全部可以使用 restorecon 命令恢复目标（文件）的安全上下文为默认安全上下文，即可解决，简单方便，完全不用自己定义规则。但是，audit2allow 命令对其他类型的 SELinux 错误还是很有帮助的。

3．sealert 命令

sealert 命令是 setroubleshoot 客户端工具，也就是 SELinux 信息诊断客户端工具。虽然 setroubleshoot 服务已经不存在了，但 sealert 命令还是可以使用的。命令格式如下：

```
[root@localhost ~]# sealert [选项] 日志文件名
选项：
    -a：分析指定的日志文件
```

使用这个工具分析一下 audit.log 日志文件，命令如下：

```
[root@localhost ~]# sealert -a /var/log/audit/audit.log
100% done
found 3 alerts in /var/log/audit/audit.log
--------------------------------------------------------------------------------

SELinux is preventing /usr/sbin/ip from read access on the 文件 /run/vmware-
active-nics.

*****  插件 restorecon (99.5 置信度) 建议 ******************************************

If you want to fix the label.
/run/vmware-active-nics default label should be vmware_host_pid_t.
Then you can run restorecon. The access attempt may have been stopped due to
insufficient permissions to access a parent directory in which case try to
change the following command accordingly.
Do
# /sbin/restorecon -v /run/vmware-active-nics
```

```
#提示非常明确，只要运行以上命令，即可修复 index.html 文件的问题
```

有了这些日志分析工具，我们就能够处理常见的 SELinux 错误了。这些工具非常好用，要熟练掌握。

9.5 SELinux 的策略规则

虽然策略中的规则数量众多，管理较为麻烦，但我们还是需要学习规则的基本管理，主要包括策略规则的查看、策略规则的开启与关闭。

9.5.1 策略规则的查看

我们已经知道，当前 SELinux 的默认策略是 targeted，那么，在这个策略中到底包含多少个规则呢？使用 seinfo 命令即可查看。命令如下：

```
[root@localhost ~]# seinfo -b
#还记得-b 选项吗？就是查看布尔值，也就是查看规则的名称
Conditional Booleans: 310                    ←在当前策略中包含 310 个规则
  auditadm_exec_content
  cdrecord_read_content
  cvs_read_shadow
  fcron_crond
  glance_api_can_network
  gluster_export_all_rw
  httpd_dontaudit_search_dirs
  httpd_manage_ipa
  httpd_run_ipa
…省略部分输出…
```

使用 seinfo 命令只能看到所有规则的名称，如果想要知道规则的具体内容，就需要使用 sesearch 命令。命令格式如下：

```
[root@localhost ~]# sesearch [选项] [规则类型] [表达式]
选项：
   -h:              显示帮助信息
规则类型：
   --allow:         显示允许的规则
   --neverallow:    显示从不允许的规则
   --all:           显示所有的规则
表达式：
   -s 主体类型：     显示和指定主体的类型相关的规则（主体是访问的发起者，这个 s 是 source
```

```
                        的意思，也就是源类型）
   -t 目标类型:         显示和指定目标的类型相关的规则（目标是被访问者，这个 t 是 target 的
                        意思，也就是目标类型）
   -b 规则名:           显示规则的具体内容（b 是 bool，也就是布尔值的意思，这里是指规则的名称）
```

下面举几个例子。首先演示一下，如果我们知道的是规则的名称，则应该如何查看规则的具体内容。命令如下：

```
例子 1：按照规则名称查看规则的具体内容
[root@localhost ~]# seinfo -b | grep http
  httpd_dontaudit_search_dirs
  httpd_manage_ipa
  httpd_run_ipa
  httpd_run_stickshift
  httpd_use_fusefs
  httpd_use_openstack
…省略部分输出…
  #查看和 Apache 相关的规则，有 httpd_manage_ipa 规则

[root@localhost ~]# sesearch --all -b httpd_manage_ipa
# 在 httpd_manage_ipa 规则中具体定义了哪些规则内容呢？使用 sesearch 命令查看一下
Found 6 semantic av rules:
  allow httpd_t var_run_t : lnk_file { read getattr } ;
  allow httpd_t var_run_t : dir { getattr search open } ;
  allow httpd_t var_t : lnk_file { read getattr } ;
  allow httpd_t memcached_var_run_t : dir { ioctl read write getattr lock
add_name remove_name search open } ;
  allow httpd_t var_t : dir { getattr search open } ;
  allow httpd_t memcached_var_run_t : file { ioctl read write create getattr
setattr lock append unlink link re
name open } ;

Found 47593 named file transition filename_trans:
type_transition authconfig_t device_t : chr_file sound_device_t "controlC2";
type_transition authconfig_t device_t : chr_file tun_tap_device_t "tap8";
type_transition updpwd_t etc_t : file passwd_file_t "passwd.lock";
…省略部分输出…
```

在每个规则中都定义了大量的具体规则内容，这些内容比较复杂，一般不需要修改，会查看即可。

可是，有时我们知道的是安全上下文的类型，而不是规则的名称。比如，已知 Apache 进程的域是 httpd_t，而/var/www/html/目录的类型是 httpd_sys_content_t。而 Apache 之所以可以访问/var/www/html/目录，是因为 httpd_t 域和 httpd_sys_content_t 类型相匹配。那么，该如何

查看这两个类型匹配的规则呢？命令如下：

```
例子 2：按照安全上下文类型查看规则内容
[root@localhost ~]# ps auxZ | grep httpd
system_u:system_r:httpd_t:s0    root      1471  0.0  0.5 224024  5056 ?        Ss
13:41   0:00 /usr/sbin/http -DFOREGROUND
#Apache 进程的域是 httpd_t
[root@localhost ~]# ls -Zd /var/www/html/
drwxr-xr-x. root root system_u:object_r:httpd_sys_content_t:s0 /var/www/html/
#/var/www/html/目录的类型是 httpd_sys_content_t

[root@localhost ~]# sesearch --all -s httpd_t -t httpd_sys_content_t
Found 28 semantic av rules:
…省略部分输出…
   allow httpd_t httpd_sys_content_t : file { ioctl read getattr lock open } ;
   allow httpd_t httpd_sys_content_t : dir { ioctl read getattr lock search
open } ;
   allow httpd_t httpd_sys_content_t : lnk_file { read getattr } ;
   allow httpd_t httpd_sys_content_t : file { ioctl read getattr lock open } ;
…省略部分输出…
#可以清楚地看到，httpd_t 域是允许访问和使用 httpd_sys_content_t 类型的
```

9.5.2 策略规则的开启与关闭

虽然不用修改规则的具体内容，但是，在默认情况下，并不是所有规则都是开启的，我们需要学习如何开启与关闭规则。规则的开启与关闭并不困难，使用 getsebool 命令来查看规则的开启与关闭状态，使用 setsebool 命令来修改规则的开启与关闭状态。

1. 查看策略规则是否开启

先来看看如何知道哪些规则是开启的，哪些规则是关闭的。这时需要使用 getsebool 命令。命令格式如下：

```
[root@localhost ~]# getsebool [选项] [规则名]
选项：
    -a：列出所有规则的开启状态

例如：
[root@localhost ~]# getsebool -a
abrt_anon_write --> off
abrt_handle_event --> off
abrt_upload_watch_anon_write --> on
antivirus_can_scan_system --> off
```

```
antivirus_use_jit --> off
auditadm_exec_content --> on
…省略部分输出…
#getsebool 命令明确地列出了所有规则的开启状态
```

2. 修改规则的开启状态

能够查看到规则的开启状态，使用 setsebool 命令就可以开启和关闭某个规则。当然，首先应该通过 sesearch 命令确认这个规则的作用。命令格式如下：

```
[root@localhost ~]# setsebool [选项] 规则名=[0|1]
选项：
    -P:          将改变写入配置文件中，永久生效
规则名=0:        将该规则关闭
规则名=1:        将该规则开启
```

举一个例子：

```
[root@localhost ~]# getsebool -a | grep httpd
#查看和 Apache 相关的规则
…省略部分输出…
httpd_enable_homedirs --> off
…省略部分输出…
#发现 httpd_enable_homedirs 规则是关闭的，这个规则主要用于允许 Apache 进程访问用户的家目录
#如果不开启这个规则，那么 Apache 的 userdir 功能将不能使用

[root@localhost ~]# setsebool -P httpd_enable_homedirs=1
#开启 httpd_enable_homedirs 规则
[root@localhost ~]# getsebool httpd_enable_homedirs
httpd_enable_homedirs --> on
#查看规则状态是开启

[root@localhost ~]# setsebool -P httpd_enable_homedirs=0
#关闭规则
[root@localhost ~]# getsebool httpd_enable_homedirs
httpd_enable_homedirs --> off
#查看规则状态是关闭
```

本章小结

本章重点

- SELinux 的概念。

- SELinux 的安装与启动管理。
- SELinux 安全上下文管理。
- SELinux 日志查看。
- SELinux 的策略规则。

本章难点

- SELinux 的概念。
- SELinux 安全上下文管理。